长江中下游重点桥梁工程与滩槽演变适应性及防护措施研究

王建军　杨云平　王晨阳　张　胡　刘万利◎著

CHANGJIANG ZHONGXIAYOU ZHONGDIAN
YU TANCAO YANBIAN
SHIYING XING JI FANGHU CUOSHI YANJIU

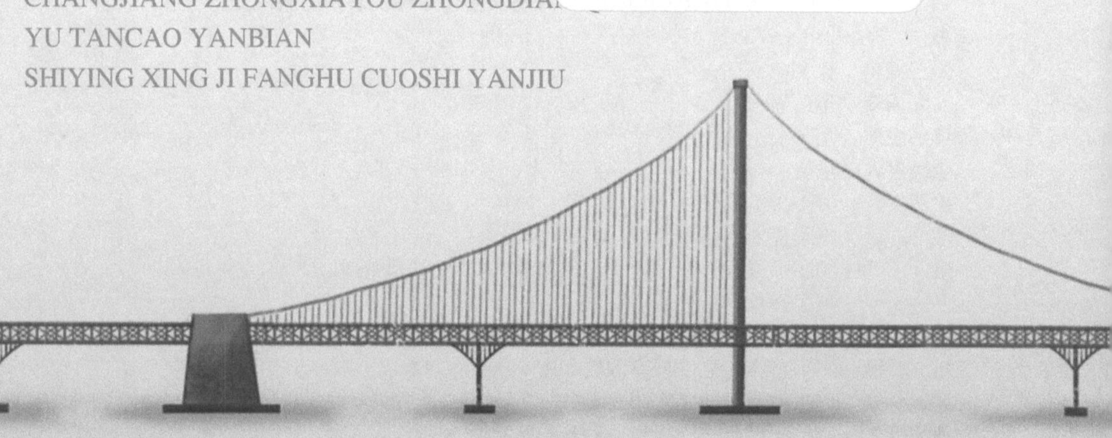

河海大学出版社
HOHAI UNIVERSITY PRESS
·南京·

内容提要

本书以长江中下游重点桥梁工程河段为研究对象，采用河床演变分析、数据资料分析、数学模型和物理模型试验研究等方法，揭示了长江中下游桥梁工程复杂河段河势及边心滩形态演变机理，明确了桥梁工程河段滩槽演变规律和趋势，形成了适用于长江中下游复杂河段桥梁工程建设的河床演变理论方法和桥区河段复杂边界条件下河床变形模拟试验技术。

本书可供从事桥梁工程设计施工、桥区河段航道工程建设与运维、复杂河段河床演变分析等方面工作的科技人员参考使用，也可供高等院校相关专业的师生作为参考用书。

图书在版编目(CIP)数据

长江中下游重点桥梁工程与滩槽演变适应性及防护措施研究 / 王建军等著. -- 南京 ：河海大学出版社，2023.11

ISBN 978-7-5630-8398-5

Ⅰ. ①长… Ⅱ. ①王… Ⅲ. ①长江中下游一桥梁工程一防护一研究②长江一泥沙运动一研究 Ⅳ. ①TV147

中国国家版本馆 CIP 数据核字(2023)第 198416 号

书　　名 长江中下游重点桥梁工程与滩槽演变适应性及防护措施研究
书　　号 ISBN 978-7-5630-8398-5
责任编辑 杜文渊
文字编辑 李蕴瑾
特约校对 李　浪　杜彩平
装帧设计 徐娟娟
出版发行 河海大学出版社
地　　址 南京市西康路 1 号(邮编:210098)
电　　话 (025)83737852(总编室)　(025)83722833(营销部)
(025)83787763(编辑室)
经　　销 江苏省新华发行集团有限公司
排　　版 南京布克文化发展有限公司
印　　刷 广东虎彩云印刷有限公司
开　　本 718 毫米×1000 毫米　1/16
印　　张 15.5
字　　数 280 千字
版　　次 2023 年 11 月第 1 版
印　　次 2023 年 11 月第 1 次印刷
定　　价 98.00 元

作者简介

王建军，天津大学硕士研究生，任职于交通运输部天津水运工程科学研究院，副研究员，主要从事港口与航道工程专业领域的科学研究工作。

近年来，主持或主要参与了国家重点研发项目、国家自然科学基金项目、交通运输部科技项目、长江黄金水道国家重点工程建设项目、基础理论研究课题、河工模型试验研究、河流水沙数值模拟技术研究等几十余项研究课题，取得了许多技术突破和创新，其中多项成果达到了国际领先水平或国际先进水平，为工程实施解决了诸多棘手的技术难题，为交通运输行业重要战略和国家战略制定提供了技术支撑。

曾获天科院青年科技英才荣誉称号；先后获省部级科技奖励一等奖 2 项、二等奖 5 项、三等奖 3 项；出版学术专著 4 部，发表学术论文 20 余篇，其中 SCI、EI 检索论文 10 篇；获得授权发明和实用新型专利 5 项、软件著作权 12 项。

序

桥梁作为沟通沿江两岸的重要交通基础设施，在促进经济社会发展方面发挥着不可替代的作用。20世纪至本世纪初，受桥梁设计及建造技术的限制，长江干线跨江桥梁主要建设在河势稳定、河道宽度较小的河段，桥式以一跨过江为主。随着长江干线过江通道数量逐渐增多，桥墩涉水且处于边心滩区域。由于桥墩与边心滩演变的不适应，部分桥区河段出现了主支汊异位，严重影响了航道条件稳定及船舶通航安全。另外，桥墩周围局部冲刷坑的形成，改变了河床洲滩形态和水沙输移特性，滩槽演变和航道条件变化趋势更趋复杂，目前桥梁工程与滩槽演变相互影响的内在作用机制尚不明晰。桥梁工程与航道工程耦合作用下形成了复杂的控制边界条件，“桥梁工程＋航道工程＋水沙调控”综合作用下的滩槽演变机制，是制约桥区河段河势及航道稳定的关键核心科学问题。

本书以长江中下游重点桥梁工程河段为研究对象，采用河床演变分析、数据资料分析、数学模型和物理模型试验研究等方法，揭示了长江中下游桥梁工程复杂河段河势及边心滩形态演变机理，形成了适用于长江中下游复杂河段桥梁工程建设的河床演变理论方法和桥区河段复杂边界条件下河床变形模拟试验技术。主要研究成果如下：

(1) 研究了桥区河段河势条件稳定性与上下游河势演变联动关系，厘清了上游河势变化与桥区河段适应性以及桥区河段对下游河段的传递影响，揭示了长江中下游桥梁工程河段河势及边心滩形态演变机理，明确了桥梁工程河段滩槽演变规律和趋势。

(2) 提出了长河段复杂边界条件下河床变形耦合模拟技术，实现了兼顾局部河床冲淤调整和上下游之间联动规律的模拟。

(3) 以长江中下游典型桥梁河段为对象，重点研究了拟建桥梁工程作用条件下，桥墩尺度与边心滩、航道浅滩的作用关系，提出了桥墩局部冲刷坑防护、航道边心滩守护等工程措施。

朱玉德、平克军、刘鹏飞等参与了本书有关研究、资料整理和绘图工作，李旺生研究员、李一兵研究员给予了技术上的指导，本书亦凝聚了他们的汗水和智慧，是大家共同劳动的结晶。交通运输部天津水运工程科学研究院内河港航研究中心的领导及全体同事在本书的编写和出版过程中给予了大力支持、关怀和资助。

在本书编写过程中，得到了长江航道局、中铁大桥勘测设计院集团有限公司、中铁大桥局集团有限公司等的大力支持和协助，同时也得到行业内有关专家的热情帮助与指导。在此，谨向所有给予支持与帮助的各级领导和专家表示衷心感谢！

由于作者水平有限，书中难免有疏漏和不妥之处，敬请读者批评指正。

编　者

2023 年 4 月于天津滨海新区

目录

第1章

绪论

1.1 工程背景

公路、铁路网建设中，跨越河流的桥梁工程逐渐增多，成为连接综合交通运输通道的重要载体。桥梁工程具有独特的跨越性，是能直接跨越连通湖泊、河流、洼地、山间等的便捷交通基础设施，尤其是跨越长江水运的桥梁，素有“一桥飞架南北，天堑变通途”的赞誉。20世纪90年代后，随着桥隧建造技术提升、新高速公路网规划建设，过江出行方式发生明显转变，桥隧逐渐取代渡船成为主流和更加经济合理的选择，截至2018年底，全国已建成过江通道108座，另有41座过江通道正在建设。根据2020年国家发展改革委公布的《长江干线过江通道布局规划(2020—2035年)》，明确2025年前重点推动实施79座过江通道，到2035年，规划布局长江干线过江通道276座，其中位于长江中下游的湖北省69座、安徽省32座、江苏省41座(图1.1-1)，沿线地区跨江出行更加便捷、物流效率显著提升，过江通道与综合交通运输体系一体衔接，与通信、能源等其他基础设施有效统筹，与生态环境保护、防洪安全、航运安全等协调发展，有力支撑长江经济带高质量发展。

桥梁作为沟通江河两岸的重要交通基础设施，在促进经济社会发展方面发挥着不可替代的作用。20世纪末至本世纪初，受桥梁设计及建造水平与技术等制约，长江跨江桥梁主要建设在河势稳定、河道宽度较小的河段，桥式以一跨过江的型式为主。在城市河段，由于江面较宽采取了多桥墩的桥式布置，如武汉长江大桥、南京长江大桥等。随着经济社会的发展，沟通江河两岸的桥梁工程逐渐增多，河道宽度显著大于桥梁设计最大跨度，桥墩涉水并处于活动边心滩上，如荆州长江大桥、马鞍山长江公铁大桥等。在桥墩涉水的桥梁工程中，由于桥墩与边心滩演变的不适应，部分桥区河段出现了主支汊异位，影响航道条件稳定及船舶通航安全，如荆州长江大桥、望东长江大桥等。目前正在建设中的马鞍山长江公铁大桥的主桥墩（Z4＃桥墩）位于牛屯河边滩边缘，随着桥梁建成时间的增长，桥墩周围形成局部冲刷坑，改变洲滩形态，而河道形态调整又会对水沙输移特性产生影响，使得未守护的牛屯河边滩中下段滩体的演变规律和航道条件变化趋势更为复杂。从《长江干线过江通道布局规划（2020—2035 年）》中规划桥梁位置来看，约 80％的桥梁工程处于有边心滩的河段，并且河道宽度显著高于目前的桥梁最大跨度，主桥墩必然涉水且对边心滩演变产生显著影响。

本书以长江中下游重点桥梁工程河段为研究对象，开展了桥区河段河势稳定性与上下游河势演变的联动关系、桥区河段滩槽形态及航道浅滩演变机理、桥梁工程对滩槽格局及航道浅滩的影响机制、“桥梁工程＋航道工程＋水沙调控”约束条件下桥区河段航道条件影响等研究。揭示了“桥梁工程＋航道工程＋水沙调控”综合作用下桥区河段边心滩演变与浅滩变化之间的联动机制，明晰了桥区河段边心滩变化与浅滩演变的关联性及边心滩形成后的切割、运移对主航道的影响。针对桥梁工程涉水影响，提出了具体的防护措施建议。

本书可在理论上加深桥区河段滩槽演变规律的认识，工程实践上可为长江中下游桥梁工程设计施工和桥区河段航道整治工程建设与运维等提供理论支撑，也可为其他河流桥区河段河道治理与航道工程设计规划等提供参考。

1.2 长江中下游河道概况

长江发源于“世界屋脊”——青藏高原的唐古拉山脉各拉丹冬峰西南侧，干流自西向东流经青海、四川、西藏、云南、重庆、湖北、湖南、江西、安徽、江苏、上海 11 个省（自治区、直辖市），横贯我国西南、华中、华东三大区，于崇明岛以东注入东海，全长约 6 300 km，总落差约 6 600 m，在世界大河中长度仅次于非洲的尼罗河和南美洲的亚马孙河，居世界第三位，流域面积达 180 万 km^2，约占我国国土面积的 18.8％。

长江干流宜昌以上为上游，长约 4 500 km，流域面积约 100 万 km^2，具有明显的高原山地峡谷河流特征，河床比降大、水量丰沛，水流湍急，水力资源

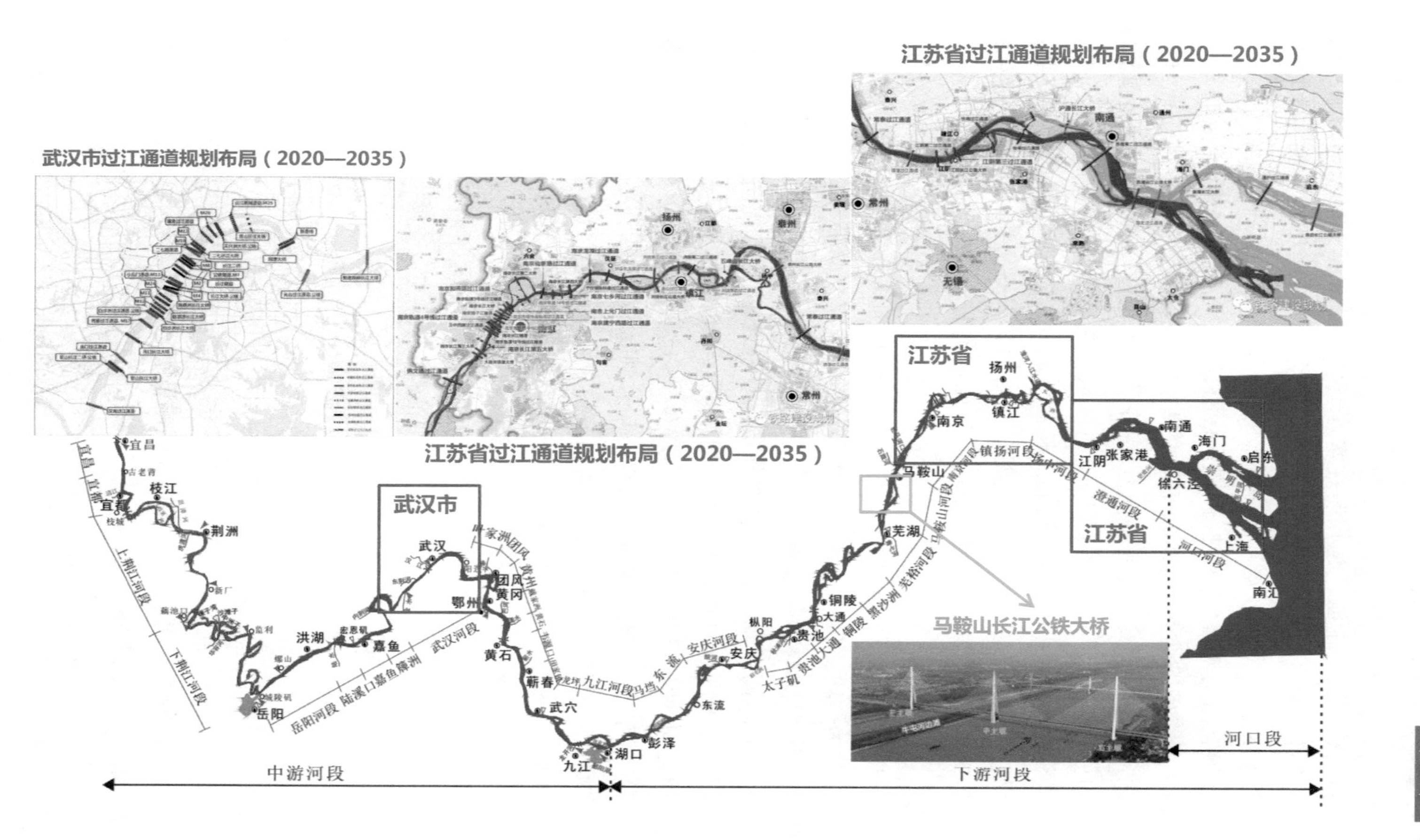

图 1.1-1　长江中下游过江通道布局示意图

丰富。目前长江上游干流已建控制性水库有位于湖北省宜昌市境内的三峡水库（2013 年 6 月开始试验性蓄水）以及位于金沙江下游干流上的向家坝水电站（2012 年 10 月下闸蓄水）、溪洛渡水电站（2013 年 5 月下闸蓄水）。

长江出宜昌三峡后，进入中下游平原地区，长约 1 800 km，流域面积约 80 万 km^2，属冲积平原河流，河床比降锐减，水流迟缓，支流众多，湖泊密布。长江干流入汇的主要支流自上而下为：南岸清江入汇，并有松滋、太平、藕池、调弦四口（调弦口已于 1959 年封堵）分泄江水入洞庭湖，与洞庭湖水系的湘、资、沅、澧汇合后，再在岳阳城陵矶汇入长江干流；长江经城陵矶后折向东北，到达武汉时有汉江汇入，再向东流至湖口又接纳鄱阳湖的赣、抚、信、饶、修等水系；湖口以下河道再流向东北，安庆以下南岸有青弋江、太湖水系，北岸有巢湖水系。

长江中下游宜昌至大通段全长约 1 026 km，按河床物质组成的不同，以大埠街为界分为两段：宜昌至大埠街 110 km 为山区河流向平原河流转变的过渡段，砂卵石河床，两岸多低矮的山丘、阶地发育；大埠街以下为广阔的冲积平原，沙质河床，两岸地势平坦，局部分布丘陵阶地，沿岸有堤防保护。其中，大埠街至洞庭湖湖口的城陵矶属荆江河段，长约 286 km，流经江汉平原与洞庭湖平原之间，两岸局部山矶节点分布较少，河道九曲回肠，历史上裁弯切滩频繁；城陵矶至武汉长江大桥全长 227.5 km，洞庭湖汇入后流量增大，江面较宽，左岸属江岸凹陷、右岸属江南古陆和下扬子台凹，主要为宽窄相间的藕节状分汊河道，总体河势较荆江段稳定，呈现顺直段主流摆动以及汊道主、支交替消长的河道演变特点；武汉至大通河段长约 402.5 km，两岸地势更趋平坦，右岸阶地较狭窄、左岸阶地和河漫滩宽阔，河谷两岸明显不对称，多为弯曲或微弯的两汊或多分汊河道，分汊河道内主流摆动、各支汊交替发展的河道演变特点较突出。河道形势见图 1.2-1。

大通至徐六泾，为长江下游的中下段，河道全长约 550 km。大通为潮区界，距入海口 624 km，潮流界在江阴和镇江之间，距入海口 200～300 km，自徐六泾节点形成后，徐六泾作为长江河口的上界。因此，大通至徐六泾河段分为两大段，其中大通至江阴为感潮河段，江阴至徐六泾为近河口段。

大通至江阴段上起羊山矶，下迄江阴鹅鼻嘴，全长 453.2 km，流经安徽省的铜陵、繁昌、无为、芜湖、当涂、和县、马鞍山和江苏省的南京、仪征、句容、丹徒、镇江、丹阳、江都、扬中、常州、泰州、泰兴、靖江、江阴等县市。本段河宽一般为 2～3 km，水深 20～40 m，河谷右岸靠近宁镇山脉和下属黄土（晚更新

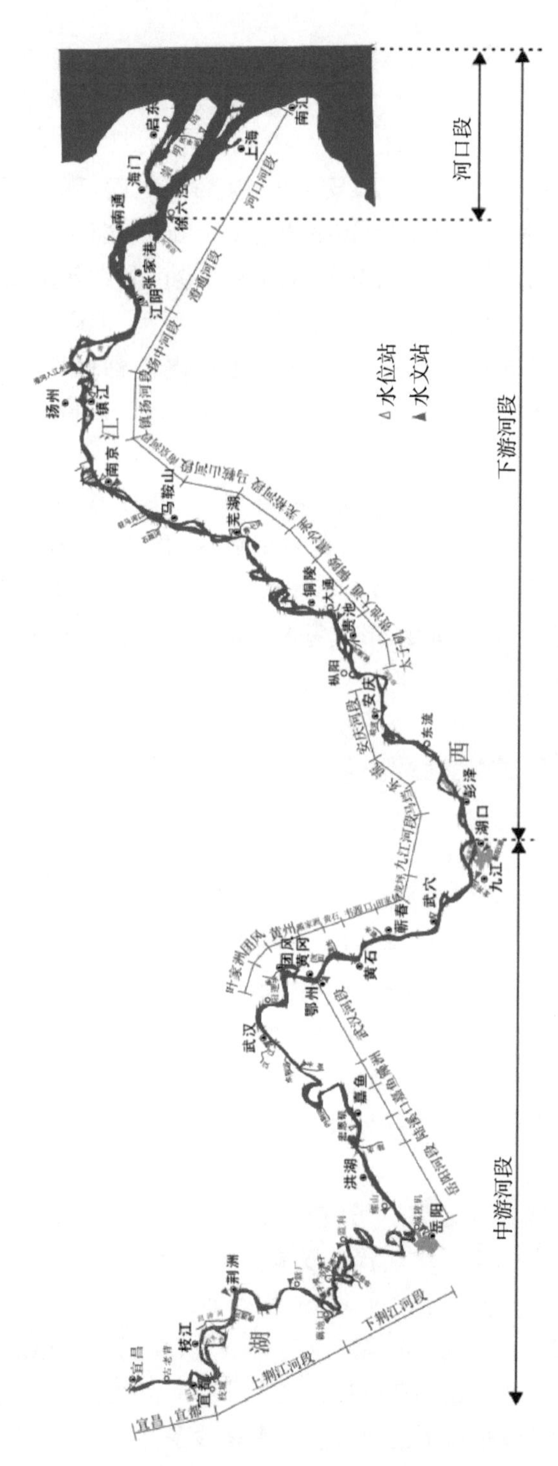

图 1.2-1　长江中下游河势图

世)阶地,左岸主要为平原,河漫滩较宽,最宽可达25 km。大通至江阴为感潮河段,本河段有滁河汇入,京杭大运河横贯南北,在镇江、扬州附近与长江干流相交,左岸三江营有淮河入江。

江阴至徐六泾河段位于江阴(澄)和南通(通)之间,称为澄通河段,上起江阴鹅鼻嘴,下至常熟徐六泾,河道全长约96.8 km,属近河口段。澄通河段南岸隶属江苏省无锡市江阴市、苏州市的张家港市和常熟市,北岸隶属泰州市的靖江市以及南通市的如皋市、通州区、港闸区、崇川区。澄通河段位于长江三角洲地区新三角洲地貌区,地质条件较稳定,自然地貌较为简单。澄通河段南、北两岸及江中沙岛地面高程一般为2.0～5.0 m,除黄山、肖山、长山、狼山、龙爪岩等山丘外,地势平坦。

从总体上看,河道的河型可分为顺直型、弯曲型、蜿蜒型和分汊型四大类。大通至徐六泾段河道流经广阔的冲积平原,沿程各河段水文泥沙条件和河床边界条件不同,形成的河型也不同,该段为分汊型河道。由于河道的冲积作用,经过漫长的历史演变,形成宽窄相间、具有江心洲、呈藕节状的分汊型河道。

1.3 国内外研究现状及发展动态

1.3.1 滩槽形态演变与人类活动的关系

近几十年来,人类活动的强烈干扰改变了河流自然输沙过程、输沙量和径流的年内分配,滩槽原有的形态及其演变趋势必然发生自适应调整,长江中下游原有的河势演变规律将被打破,部分河段深泓摆动频繁,河势演变更趋复杂,滩槽的冲淤特征与冲淤量、床面形态等发生改变,因此,研究河流滩槽形态对人类活动的自适应行为对洲滩和河槽演变规律及航道条件预测具有重要的科学意义。

河槽冲淤与地貌演变具有自适应特性,即河槽形态受到一定的自然或人类干扰后会向一定的相对均衡状态发展。伴随上游河段径流与来沙量的改变,河流的自适应行为包括河型、坡降、横断面形态、纵剖面形态等的调整变化(钱宁 等,1981)。同时,冲积河流的自适应过程具有较长期和短期之分(钱宁 等,1983)。较长期的适应过程是指冲积河流经过较长期的适应调整,其水流挟沙能力能够适应上游河段的来水来沙条件;而短期的适应过程是指河流能够迅速通过调整河槽冲淤幅度应对极端事件,如洪水事件(钱宁 等,1983)。总而言之,不论是短期适应过程还是长期适应过程,河流是通过水流作用对泥沙的侵蚀、搬运和堆积来实现的。

近期由于强烈的人类活动干扰,长江流域中下游至河口的自适应过程已由原有的自然演变向人为驱动下的综合作用为主的复杂过程转变(张晓鹤,2016),即流域降水变化、流域大坝水库群运行、局部涉水工程建设、流域水土保持、人工采砂、围垦等人类活动造成流域输沙量减少与河槽边界条件改变,将导致河槽自适应行为发生改变(Lai et al.,2017; Yang et al.,2011;石盛玉 等,2017;吴帅虎,2017)。

冲积河流通过自动调整河槽的冲淤过程与微地貌,以适应上游水沙条件和边界条件的改变,这种自动调整过程可称为自适应行为,其包括河槽的冲淤特征、冲淤量及微地貌类型的变化及其原因。河槽的自适应行为关系到河流两岸的防洪抗旱、涉水工程安全以及岸线资源开发与利用,故此研究长期以来受到众多科研人员的广泛关注。

由于三峡大坝等人类活动的影响,长江中下游来沙量显著减少,导致该河段河槽演变长期处于适应性调整过程中,因此,长江中下游水沙与河势演变研究一直受到高度关注,多位学者针对三峡工程蓄水运用后,长江中下游河段河床演变特点及整治工程适应性进行了研究(张明进,2014;李明,2013;张为,2006)。研究表明,三峡工程运行以来,在新水沙条件下长江中下游河段滩槽格局调整剧烈,通航汊道交替时有发生,航道条件难以长期稳定。长江汉口至吴淞口河槽正经历着河槽剧烈冲刷、床沙波动粗化、侵蚀型沙波形成与演变、河道形态变化等自适应行为(徐韦 等,2019;郑树伟,2018)。

综上分析,已有的研究重点关注了流域重大人类活动对河流水沙、地貌、滩槽及航道等的影响,针对桥梁工程运行形成的"桥梁工程+航道工程+水沙调控"联动变化关系,仍需要回答桥梁工程在滩槽形态演变、汊道分流关系等过程中的自适应关系。

1.3.2 桥墩局部冲刷

桥墩局部冲刷根据桥墩水流形态,分为单向流冲刷、潮汐往复流冲刷以及潮汐河口混合水流冲刷(李奇 等,2009;王晨阳 等,2010)。针对单向流桥墩局部冲刷问题,国内外学者已做过不少研究,针对冲刷坑形成机理和冲刷演化过程等问题(朱炳祥,1986;高正荣 等,2005),认为漩涡是造成桥墩局部冲刷的主要因素，包括墩前垂直向下的水流，墩后尾流漩涡和墩两侧的立轴漩涡；从冲刷机理方面（张华庆 等，2003）提出了决定桥墩局部冲刷深度的动力条件是墩前角区主马蹄涡强度大小。在早期研究基础上，Baker（1979）和AHAMED等（1995）通过流动显示研究了墩前角区流场的层流和湍流状态，并应用三维多谱勒激光测速仪对湍流状态下的角区流场进行了测量，得到了有关马蹄涡强度变化与流场参数的关系。

单向流条件下，水流形态单一，桥墩上游冲刷，下游淤积。与之相比，往复流条件下，桥墩上、下游均会出现冲刷，河床底质及水流入射角等对局部冲刷深度影响较大。对在潮汐往复流条件下桥墩局部冲刷国内学者研究相对较少，通过在水槽中设置往复流平台实现往复流条件，研究了往复流条件下泥沙冲刷情况（孙计超 等，2000）；研究了秦皇岛近海海区的往复流周期特性（张春江，2010）；采用数值模拟研究了往复流作用下悬移质泥沙的运动规律（李勇 等，2007）。

目前国内外学者关于桥墩局部冲刷计算公式应用较多的有美国联邦公路手册公式（2002）、Liu. H. K 公式（1972）、周玉利公式（1999），分别如式（1.3-1）—（1.3-4）所示。

美国联邦公路手册公式：

$$Z_m/D = 2.2(h/D)^{0.65} F_r^{0.4} \tag{1.3-1}$$

$$Fr = \overline{u}/(gh)^{1/2} \tag{1.3-2}$$

式中：$\overline{u}$ 和 h 分别为桥墩上游流速和水深，D 为桥墩直径，Z_m 为冲刷深度。

Liu. H. K 公式：

$$h_s/h = K_s(L_D/D)^{0.4} F_r^{0.3} \tag{1.3-3}$$

式中：h_s 为桥台冲刷深度；h 为行进水深；L_D 为阻水长度（垂直流向的投影长度）；K_s 为墩型系数，上、下游和端部都带有边坡时 $K_s=1.1$，端头为竖直墙桥台时 $K_s=2.15$；Fr 同上，是判断非均匀流流态的重要标准。

周玉利公式：

$$h_b = 0.304 K_\xi h^{0.29} B^{0.53} D^{-0.13} V^{0.61} \tag{1.3-4}$$

式中：h_b 为桥墩局部冲刷深度；K_ξ 为墩型系数；h 为行进水流水深；B 为计算墩宽；D 为河床质平均粒径；V 为墩前行进流速。

公式（1.3-1）—（1.3-2）目前应用较广，式中包含墩前水深、墩前流速、桥墩阻水宽度等因素，忽略了底沙特性、桥墩形式，在理论上缺少一定的严谨性，但其作为成熟的经验公式，在国内外众多项目、研究中得到广泛论证，曾成功应用于我国黄石大桥冲刷计算中。公式(1.3-3)是根据模型试验资料结合量纲分析的方法建立的桥台最大清水冲刷深度计算公式，由于公式建立在半经验半理论的基础上，引入墩型系数 K_s，考虑了不同墩型的阻水效果，但未考虑底沙特质。公式(1.3-4)直接通过流速与冲刷深度的资料，运用量纲分析原理，通过多元回归分析各国若干桥墩冲刷现场观测资料推导出各系数之间的关系及指数大小，既有真实可靠的资料支撑，又有科学理论的依据，有待于被广泛验证和应用。

长期以来，局部冲刷的研究以实验手段为主，目的主要是研究外部边界条件对冲刷的影响，获取经验性的最大冲刷深度公式。随着先进的实验手段的出现，研究局部绕流的漩涡形成机理及其对冲刷的作用逐渐受到重视。近些年来紊流数学模型获得了飞速的发展，由一、二维模型扩展到三维模型，在局部绕流冲刷研究中获得了应用，并逐渐成为局部冲刷研究的重要手段之一。多名学者(陈小莉，2008；王飞，2017)采用三维数学模型模拟了桥墩局部冲刷情况。如：采用三维紊流模型研究建筑物周围的水流三维紊动特性及局部冲刷机理，并采用泥沙模型对水流引起的局部冲刷进行了模拟，初步研究了尾流漩涡对局部冲刷防冲抛石体的影响。

综上分析，桥墩局部冲刷的数值模拟中，主要考虑了推移质运动的影响，在天然河道中，悬移质运动也在河床演变中起着重要作用，对三维悬移质输运模拟中的具体问题仍需要开展进一步的研究工作。

1.3.3 边心滩形态对航道条件影响

长江下游河段径流和潮流交互影响区域的水沙动力环境复杂，处于潮流界变动段的大型边滩表现为周期性的切割特征，切割沙体的纵向输移决定着汊道的发育程度。长江下游南京—浏河口段为潮流界变动区域(杨云平 等，2012)，其边心滩演变规律极为复杂。其中，枯季潮流界变动段的三益桥边滩(杨云平 等，2020)、高港边滩(应翰海 等，2020)展宽及向下游延伸，使得落成洲河段、鳗鱼沙河段 12.5 m 水深航道时常出浅。福姜沙河段处于洪季潮流界变动段(杨云平 等，2012)，靖江边滩位于进口的左岸侧，下游分布有福姜沙、双涧沙、长青沙等滩体，滩群间演变的关联性强。靖江边滩的可动性强，直接影响下游汊道稳定性及福北水道航道条件(徐元 等，2014；陈晓云，

2014;杨兴旺 等,2013;姜宁林 等,2011),且这一影响存在滞后性(徐元 等,2014)。三峡工程运行后,江阴水道河势演变对福姜沙河段影响渐弱,靖江边滩冲刷后淤涨速度将放缓,演变周期将有所加长(闻云呈 等,2018)。靖江边滩上游弯道节点年内主流摆动、丰水期上游丰富的泥沙来源以及下游福姜沙阻水分流是造成过渡段靖江边滩冲淤演变的主要影响因素(沈淇 等,2020)。二期工程实施后,改善了福姜沙河段航道水深条件(曲红玲 等,2019),仍需关注靖江边滩底沙活动对福北水道回淤的影响(王建军 等,2020;曲红玲 等,2019)。靖江边滩切割体下移形成过境泥沙(张旭东 等,2017),切割沙体体积越大,福北水道疏浚维护量也越大(王建军 等,2020)。综上,已有研究集中在福姜沙河段滩槽演变、航道维护等方面,重点分析了靖江边滩年内及周期性演变特征,以及边心滩演变对福北水道航道条件及疏浚维护的影响等内容。

类比径流控制河段,多分汊河段碍航程度远高于单一河型,是枯水期航道维护的难点,如沙市河段、天兴洲河段、东流水道及江心洲水道等。沙市河段太平口心滩、三八滩心滩及腊林洲边滩存在联动性的此消彼长关系(Zhang W et al,2016;朱玲玲 等,2011;汪飞 等,2015),腊林洲边滩在滩群演变中居主导地位(汪飞 等,2015;假冬冬 等,2017)。天兴洲河段上游汉口边滩演变具有以5～6年为周期缓慢下移和突然上提的特性,影响了汊道进口低滩冲淤的周期性(孙昭华 等,2013)。东流水道左岸边滩头冲尾淤及下移过程中,东港和西港发生汊道交替,航道条件极不稳定(刘洪春 等,2013)。江心洲水道牛屯河边滩尾部淤积下延态势,引起江心洲左缘岸线蚀退及上下何家洲头部后退,航道条件存在恶化态势(刘星童 等,2020)。

综上分析,边心滩形态及位置变化决定着航道条件的优劣,其中边滩上下游移动是诱因。桥梁工程的桥墩布置在活动边心滩上,在建设期和运行期均会影响边心滩的演变过程或是发展趋势。为此,针对大型冲积型河流的长江中下游段,仍需进一步开展“水沙条件＋桥梁工程”作用下的边心滩演变影响模式研究,探讨多维人类活动作用下的航道浅滩条件变化。

1.4 本书主要特色

本书以长江中下游重点桥梁工程河段为研究对象,目的是揭示长江中下游桥梁工程河段河势及边心滩形态演变机理,明确桥梁工程后滩槽演变规律和趋势，形成适用于长江中下游河段桥梁建设的河床演变理论方法和桥区河段复杂边界条件下河床变形模拟试验技术。主要取得了如下进展：

(1) 随着长江干线过江通道建设数量的逐渐增加，针对建设在活动边心滩区域的桥梁工程河段，开展了桥区河段河势条件稳定性与上下游河势演变联动关系研究，厘清了上游河势变化与桥区河段适应性以及桥区河段对下游河段的传递影响，揭示了长江中下游桥梁工程河段河势及边心滩形态演变机理，明确了桥梁工程河段滩槽演变规律和趋势。

(2) 主桥墩处于边心滩和主航道边缘区域的桥梁工程，在主桥墩上下游均出现了较大的局部冲刷坑，影响边心滩形态稳定与航道条件的发展趋势，基于已建桥梁工程河段的实测数据，研究桥墩局部冲刷范围，并识别普遍冲刷和局部冲刷的差异，建立悬移质和推移质耦合的三维水沙数值模型，模拟不同桥墩形态及尺度、水沙条件下的桥墩局部冲刷坑范围及形态特征；模拟反演桥墩局部冲刷坑形成后滩槽间水动力变化及底沙输移路径，分析桥墩对滩槽形态及浅滩尺度变化。提出了长河段复杂边界条件下河床变形耦合模拟技术，实现了兼顾局部河床冲淤调整和上下游之间联动规律的模拟。

(3) 长江中下游河床冲淤多变，桥梁工程河段也实施了航道整治工程，形成了新的滩槽约束边界，影响桥区河段浅滩形态与航道尺度。以长江中下游典型桥梁工程河段为对象，重点研究了拟建桥梁工程作用的条件下，桥墩尺度与边心滩、航道浅滩的作用关系，提出了桥墩局部冲刷坑防护、航道边心滩守护等工程措施。

第2章

长江中下游水沙特性

长江中下游径流段为宜昌至大通河段，全长约 1 183 km，其中宜昌—枝城为砂卵石河段，长度约 61 km，枝城—大埠街为砂卵石—沙质过渡段，长度约 50 km，大埠街以下为沙质河段，长度为 1 072 km（图 2-1）。干流河段内干流有宜昌、枝城、沙市、监利、螺山、汉口、九江及大通站等水文站；洞庭湖分流口为松滋口、太平口和藕池口，习称“洞庭湖三口”，湖区有湘江、资水、沅江和澧水入汇，习称“洞庭湖四水”，入江水文控制站为城陵矶站；汉江入江水文控制站为皇庄站；鄱阳湖入江水文控制站为湖口站，湖区有修水、赣江、抚河、信江及饶河入湖，习称五河。

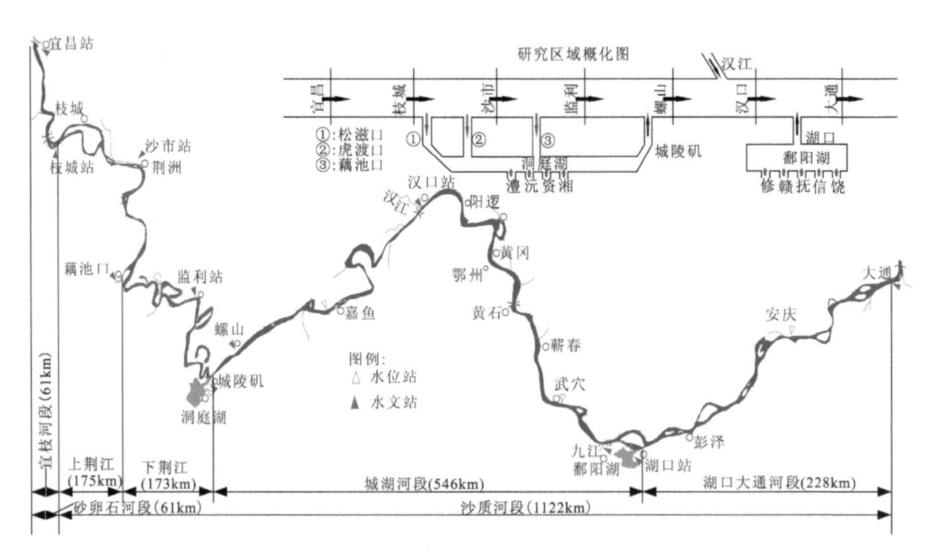

图 2-1 长江中下游水文站点分布图

2.1 径流条件分析

2.1.1 干流径流及过程化

2.1.1.1 年径流量变化

长江中下游干流各水文站径流量整体上变化不大,无明显增减趋势(表2.1-1)。2003—2016年与1955—2002年间比较,宜昌站、枝城站、沙市站、螺山站、汉口站及大通站均出现一定程度的减少,减幅分别为7.13%、8.38%、4.02%、5.99%、4.18%和3.89%,监利站增幅约为2.55%。

表2.1-1 长江中下游干流径流量变化统计表

(单位:10^8 m^3)

年份	宜昌	枝城	沙市	监利	螺山	汉口	大通
1955—1970	4 391	4 509	3 887	3 208	6 416	7 029	8 737
1971—1980	4 185	4 322	3 789	3 514	6 150	6 758	8 508
1981—1990	4 434	4 570	4 075	3 891	6 404	7 178	8 890
1991—2002	4 286	4 339	4 001	3 816	6 606	7 261	9 524
2003—2016	4 022	4 068	3 776	3 657	6 022	6 767	8 571
1955—2002	4 331	4 440	3 934	3 566	6 406	7 062	8 918
变化率	−7.13%	−8.38%	−4.02%	2.55%	−5.99%	−4.18%	−3.89%

注:变化率为2003—2016年与1955—2002年的比较。

1955—2016年间,宜昌站、枝城站、沙市站、监利站、螺山站、汉口站径流量最小年份均为2006年,大通站径流量最小年份为2011年(图2.1-1);宜昌站、枝城站、沙市站、监利站、螺山站、汉口站和大通站径流量最大年份均为1998年。各水文站年径流量最大值和最小值比值分别为1.84、1.83、1.71、1.62、1.79、1.70和1.86。

2.1.1.2 长江干流径流过程

2003—2008年与1991—2002年比较(图2.1-2),长江中下游主要水文控制站的月均流量变化特点为:10月和11月流量为减少趋势,与三峡水库汛后蓄水时间对应;12月至次年4月的月均流量变化不大;6月至8月流量为减少

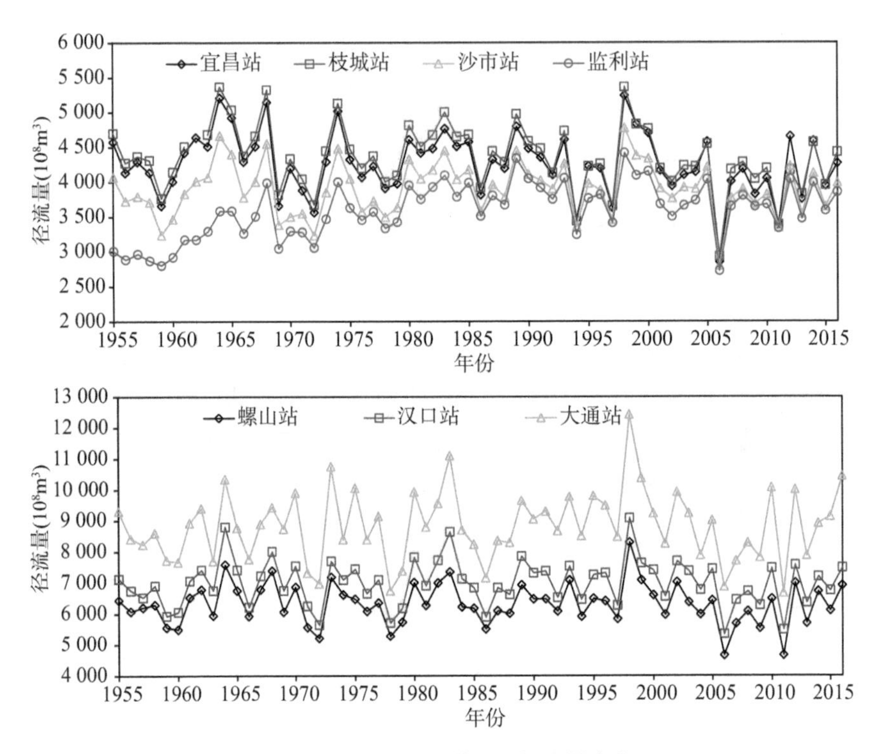

图 2.1-1 长江中下游干流径流量变化

趋势，主要与三峡水库削峰作用有关，同时也与气候变化下的径流量偏少有关；9 月份的月均略有增加。

2009—2016 年与 1991—2002 年比较(图 2.1-2)，长江中下游主要水文控制站的月均流量变化特点为：9 月至 11 月流量均为减少趋势，与三峡水库汛后蓄水时间对应；12 月至次年 5 月的月均流量为增加趋势，说明三峡水库枯水期的补水作用显著；6 月至 8 月流量为减少趋势，主要与三峡水库削峰作用有关，同时也与气候变化下的径流量偏少有关。2009—2016 年与 2003—2008 年比较，月均流量的变化特点与 1991—2002 年相类似。

2.1.2 洞庭湖湖区径流量变化

洞庭湖与长江干流的水量交换为 4 处(图 2.1-3)，其中分流口分三个，均位于长江干流河道的南岸，自上而下的第一个为松滋口，位于芦家河水道；第二个为太平口，位于沙市河段；第三个为藕池口，位于藕池口水道；出湖入江的位置在七里山附近，控制水文站为城陵矶站。

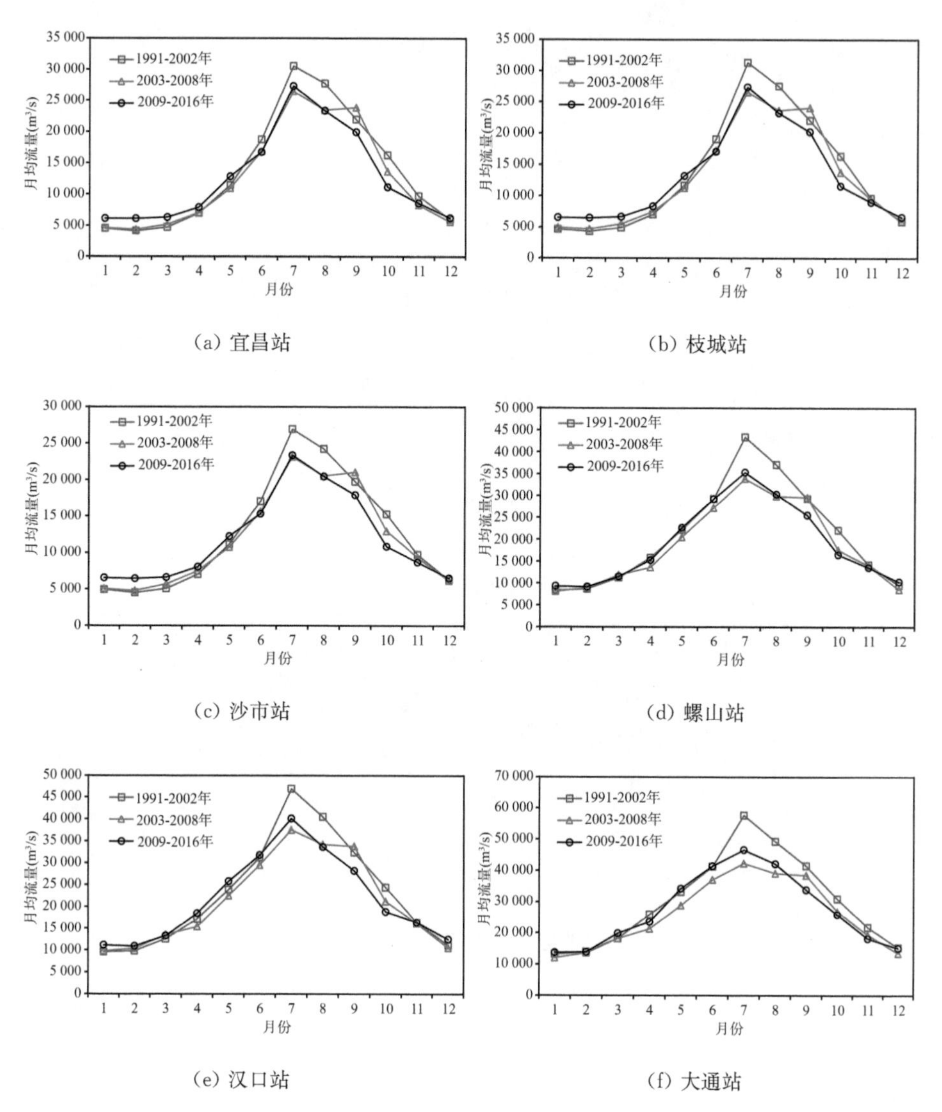

(a) 宜昌站

(b) 枝城站

(c) 沙市站

(d) 螺山站

(e) 汉口站

(f) 大通站

图 2.1-2 长江中下游主要水文控制站月均流量过程变化

2.1.2.1 三口入湖径流量

2003—2016 年与 1955—2002 年比较，洞庭湖松滋口、太平口及藕池口分流长江干流的径流量均为减少趋势，减幅依次为 32.37%、69.85% 和 50.31%，总径流总量减少约 49.29%(表 2.1-2)。

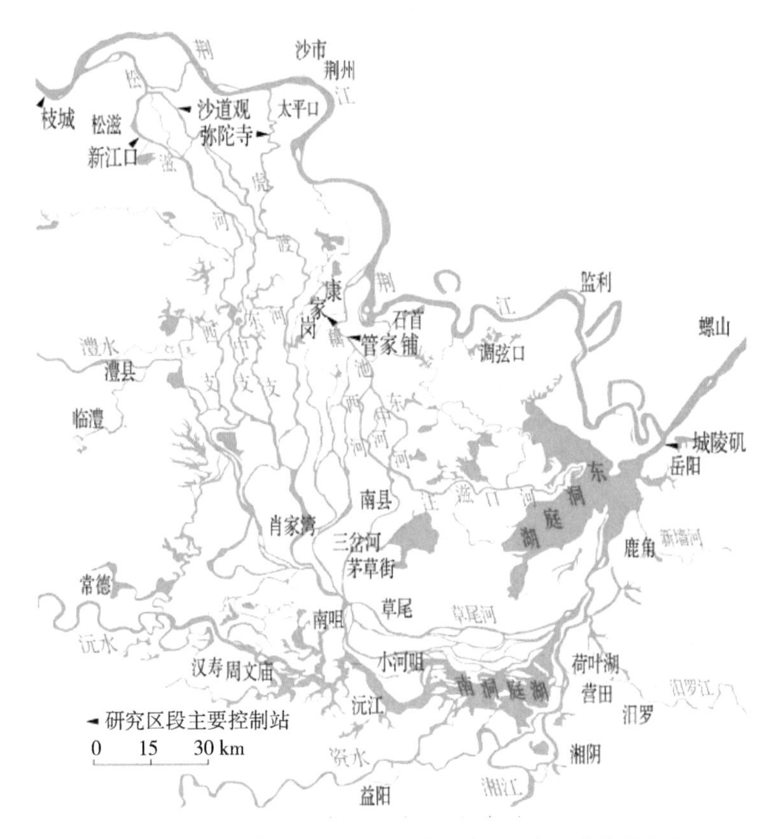

图 2.1-3 洞庭湖与长江干流分汇关系及水文站点分布图

表 2.1-2 洞庭湖与长江干流分汇的径流量变化统计表

（单位：10^8 m^3）

年份	松滋口	太平口	藕池口	三口总和	城陵矶
1955—1970	488	602	210	1 300	3 212
1971—1980	415	242	157	814	2 667
1981—1990	401	209	144	754	2 591
1991—2002	338	161	123	622	2 858
2003—2016	282	101	81	464	2 266
1955—2002	417	335	163	915	2 881
变化率	−32.37%	−69.85%	−50.31%	−49.29%	−21.34%

注：变化率为 2003—2016 年与 1955—2002 年比较。

1955—2016 年间，松滋口、太平口及藕池口的最小年径流量分别出现在

2006年、2006年和2011年，最大年径流量分别出现在1964年、1964年和1968年，年径流量最大值与最小值的比值分别为5.26、28.81和163.36(图2.1-4)。

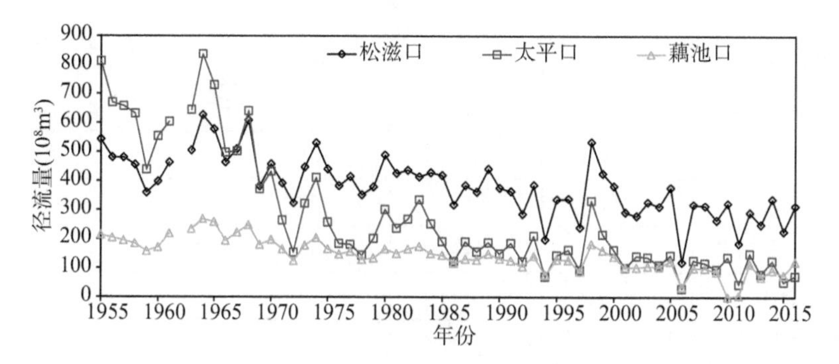

图2.1-4 洞庭湖松滋口、太平口和藕池口分流长江干流的径流量

1955—2016年间，洞庭湖三口的分流量为减少趋势，其减少的阶段性与荆江河段裁弯工程、葛洲坝利用及三峡水库蓄水时间对应(图2.1-5)。洞庭湖三口的总径流量最小的年份为2006年，最大的年份为1964年，年径流量最大值与最小值的比值为9.49。

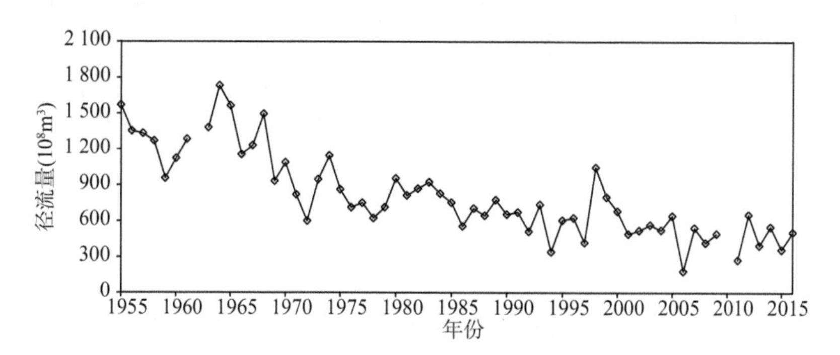

图2.1-5 洞庭湖三口入湖的总径流量

2.1.2.2 四水入湖径流量

2003—2016年与1955—2002年比较，洞庭湖湖区湘江、资水、沅江和澧水的径流量均为减少趋势，减幅依次为1.53%、11.11%、4.75%和6.67%，四水总径流量减少约4.56%(表2.1-3)。

表 2.1-3　洞庭湖湖区径流量统计表

（单位：10^8 m^3）

年份	湘江	资水	沅江	澧水	四水总和
1955—1970	606	236	672	162	1 676
1971—1980	631	217	647	142	1 637
1981—1990	615	216	579	143	1 553
1991—2002	764	261	691	146	1 862
2003—2016	643	208	621	140	1 612
1955—2002	653	234	652	150	1 689
变化率	−1.53%	−11.11%	−4.75%	−6.67%	−4.56%

注：变化率为 2003—2016 年与 1955—2002 年比较。

1955—2016 年间，湘江、资水、沅江和澧水最小年径流量分别出现在 1963 年、1963 年、2011 年和 2006 年，最大年径流量分别出现在 1994 年、1994 年、1977 年和 1992 年，年径流量最大值与最小值的比值分别为 3.67、2.61、2.28 和 2.97（图 2.1-6）。

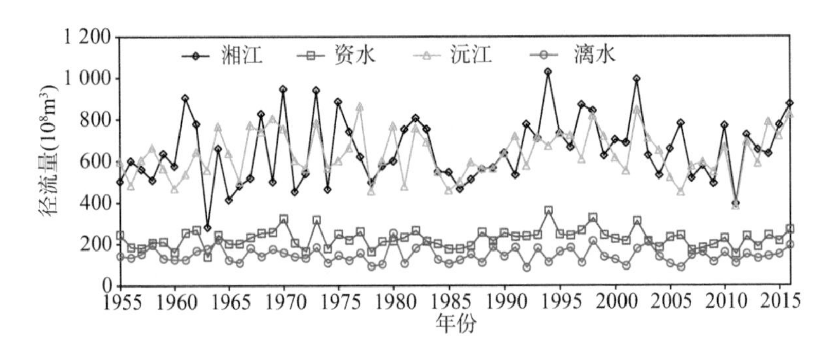

图 2.1-6　洞庭湖湘江、资水、沅江、澧水的入湖径流量

洞庭湖四水的总径流量最小的年份为 2011 年，最大的年份为 2002 年，最大径流量与最小径流量的比值为 2.26（图 2.1-7）。

2.1.2.3　洞庭湖入江径流量

1955—2016 年间，城陵矶站径流量为减少趋势（图 2.1-8）；年最小径流量出现在 2016 年，年最大径流量出现在 1998 年，最大值与最小值的比值为 2.76。2003—2016 年与 1955—2002 年比较，城陵矶站径流量减少约

21.34%。

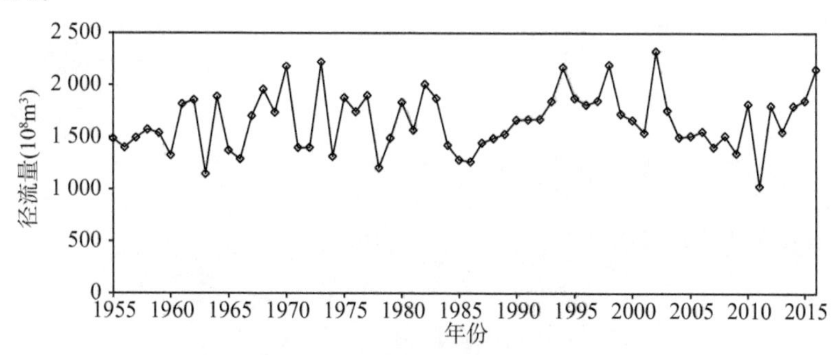

图 2.1-7 洞庭湖四水入湖径流量总量

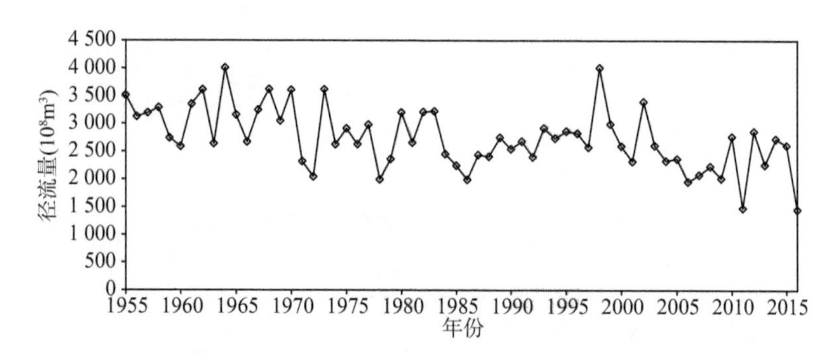

图 2.1-8 洞庭湖入江城陵矶站径流量变化

2.1.3 汉江径流量变化

汉江流域为长江中下游最大的支流，入汇长江的水文控制站为皇庄站，该站距丹江口水库坝址 223 km(图 2.1-9)。

1955—2016 年间，皇庄站径流量为减少趋势(图 2.1-10)；年最小径流量出现在 1999 年，年最大径流量出现在 1963 年，最大值与最小值的比值为 5.28。2003—2016 年与 1955—2002 年比较，皇庄站径流量减少约 10.26%。2014—2016 年汉江皇庄站年均径流量为 273.77×10^8 m^3，较 2003—2013 年间的 457.15×10^8 m^3，减少约 40.11%，变化的原因主要有气候变化、南水北调工程调水等，其中按照设计的调水规模为 130×10^8 m^3，占径流量减少总量的 70.89%。

2.1.4 鄱阳湖区径流量变化

鄱阳湖入江水文控制站为湖口站，湖区有赣江、抚河、信江、饶河及修水

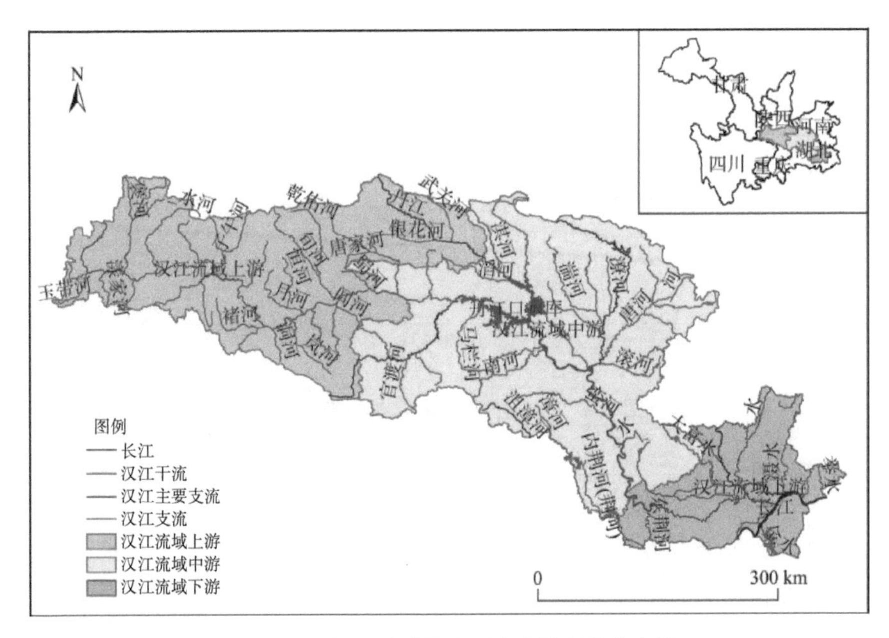

图 2.1-9　汉江流域及主要水文控制站分布图

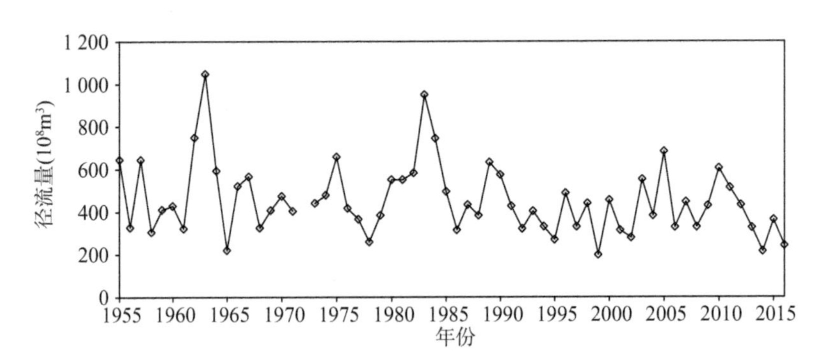

图 2.1-10　汉江入江控制站皇庄站径流量变化

入湖，习称鄱阳湖五河，各水文控制站位置见图 2.1-11。

2.1.4.1　五河入湖径流量变化

2003—2016 年与 1955—2002 年比较，鄱阳湖湖区赣江、抚河、饶河及修水的径流量均为减少趋势，减幅分别为 0.44%、5.51%、2.82%和 2.78%，信江增幅约为 1.67%（表 2.1-4）。整体上，鄱阳湖五河的总径流量减少约 0.91%。

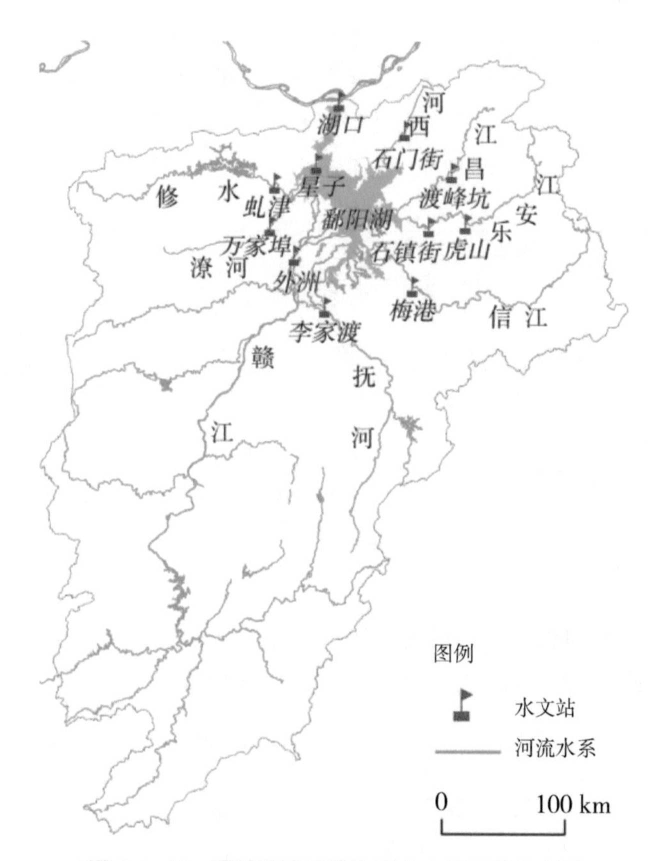

图2.1-11 鄱阳湖流域及主要水文控制站分布图

表2.1-4 长江鄱阳湖湖区的径流量变化统计表

(单位:10^8 m^3)

年份	赣江	抚河	信江	饶河	修水	五河总和	湖口
1955—1970	629	127	163	63	30	1 012	1 332
1971—1980	670	124	174	72	36	1 076	1 414
1981—1990	654	119	169	67	35	1 044	1 427
1991—2002	785	138	215	86	43	1 267	1 748
2003—2016	679	120	183	69	35	1 086	1 500
1955—2002	682	127	180	71	36	1 096	1 504
变化率	−0.44%	−5.51%	1.67%	−2.82%	−2.78%	−0.91%	−0.27%

注:变化率为2003—2016年与1955—2002年的比较。

1955—2016 年间，赣江、抚河、信江、饶河及修水最小年径流量分别出现在 1963 年、1963 年、1963 年、1963 年和 1968 年，最大年径流量分别出现在 1973 年、1998 年、1998 年、1998 年和 1998 年，年径流量最大值与最小值的比值分别为 4.78、5.86、4.20 和 4.77 和 3.98(图 2.1-12)。

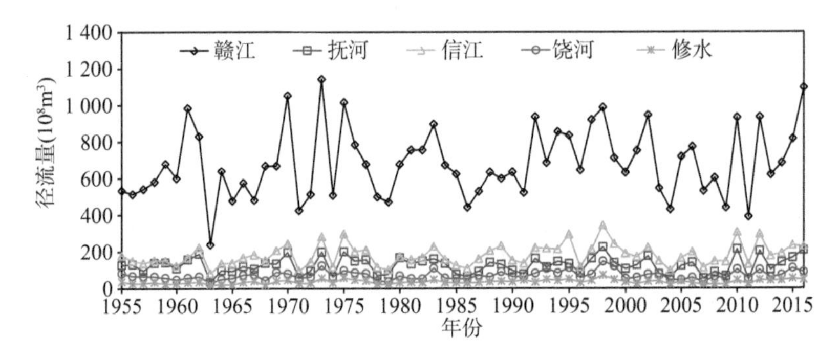

图 2.1-12　鄱阳湖赣江、抚河、信江、饶河、修水的入湖径流量

鄱阳湖五河的总径流量最小的年份为 1963 年，最大的年份为 1998 年，年径流量最大值与最小值的比值为 4.41(图 2.1-13)。

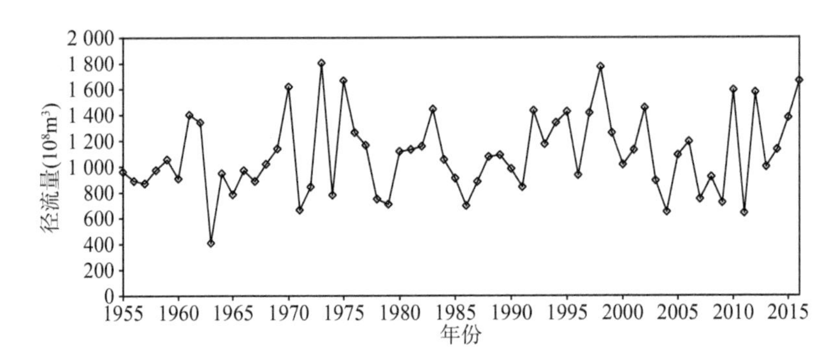

图 2.1-13　鄱阳湖五河入湖的径流总量

2.1.4.2　鄱阳湖入江径流量

鄱阳湖入江湖口站径流量增减趋势不显著，鄱阳湖五河的总径流量最小的年份为 1963 年，最大的年份为 1998 年，年径流量最大值与最小值的比为 4.41。1955—2002 年湖口站年均径流为 1 504×10^8 m^3，2003—2016 年为 1 500×10^8 m^3，总径流量变化不大(图 2.1-14)。

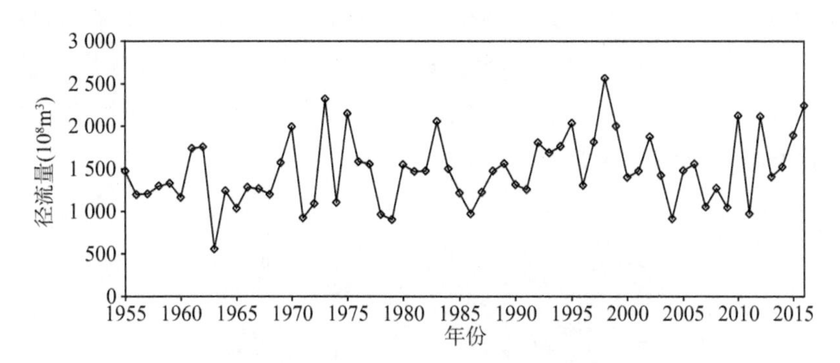

图 2.1-14 鄱阳湖入江湖口站径流量变化

2.2 输沙条件分析

2.2.1 干流年输沙量及过程

1955—2016 年间(表 2.2-1),长江中下游干流各水文站的输沙量均为减少趋势。2003—2016 年与 1955—2002 年比较,宜昌站、枝城站、沙市站、监利站、螺山站、汉口站及大通站的减幅分别为 92.28%、90.93%、86.52%、81.10%、78.29%、74.31%和 67.14%,减幅向下游逐渐减少。

表 2.2-1 长江中下游干流输沙量变化统计表

(单位:10^8 t)

年份	宜昌	枝城	沙市	监利	螺山	汉口	大通
1955—1970	5.44	5.56	4.32	3.72	4.16	4.50	4.99
1971—1980	4.80	4.89	4.51	3.96	4.50	4.12	4.26
1981—1990	5.41	5.79	4.67	4.61	4.67	4.17	4.27
1991—2002	3.92	3.95	3.52	3.15	3.20	3.12	3.27
2003—2016	0.38	0.46	0.57	0.72	0.89	1.03	1.40
1955—2002	4.92	5.07	4.23	3.81	4.10	4.01	4.26
变化率	−92.28%	−90.93%	−86.52%	−81.10%	−78.29%	−74.31%	−67.14%

注:变化率为 2003—2016 年与 1955—2002 年的比较。

1955—2016 年间,宜昌站、枝城站、沙市站、监利站、螺山站、汉口站和大通站的输沙量最小年份分别为 2015 年、2015 年、2015 年、2016 年、2011 年、

2006 年和 2011 年，最大年份分别为 1998 年、1998 年、1968 年、1988 年、1981 年、1964 年和 1964 年。各水文站的输沙量自 20 世纪 80 年代开始出现阶段性减少，三峡水库蓄水初期减幅增加，2006 年以来减幅有所降低，输沙量维持较低水平(图 2.2-1)。

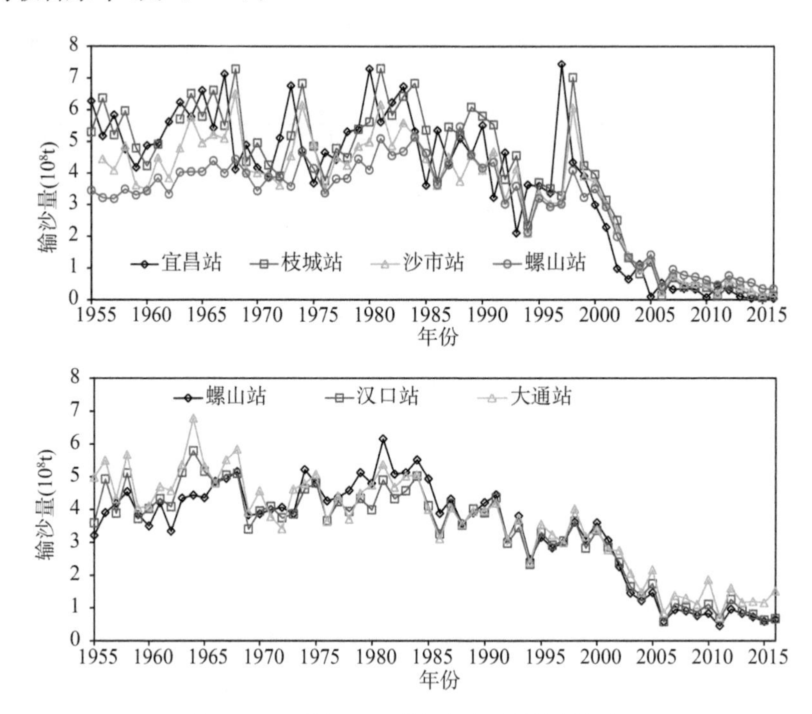

图 2.2-1　长江中下游各水文站输沙量变化

2.2.2　洞庭湖区输沙量变化

洞庭湖与长江干流的水量交换为四处，其中分流口分三个，均位于长江干流河道的南岸，自上至下的第一个为松滋口，位于芦家河水道；第二个为太平口，位于沙市河段；第三个为藕池口，位于藕池口水道。入湖位置位于七里山，控制水文站为城陵矶站。

2.2.2.1　三口入湖输沙量

2003—2016 年与 1955—2002 年比较，洞庭湖松滋口、太平口及藕池口分流长江干流的输沙量均为减少趋势，减幅分别为 87.87%、94.76%和 93.91%，三口的输沙总量减少约 92.09%(表 2.2-2，图 2.2-2)。

表 2.2-2　洞庭湖与长江干流分汇的输沙量变化统计表

（单位：10^8 t）

年份	松滋口	太平口	藕池口	三口总和	城陵矶
1955—1970	4 451	11 127	2 112	17 690	5 401
1971—1980	4 464	4 502	1 860	10 826	3 888
1981—1990	5 022	3 786	1918	10 726	3 215
1991—2002	3 399	542	1 230	5 171	2 430
2003—2016	523	292	109	924	1942
1955—2002	4 310	5 571	1 799	11 680	3 888
变化率	−87.87	−94.76	−93.94	−92.09	−50.05

注：变化率为 2003—2016 年与 1955—2002 年的比较。

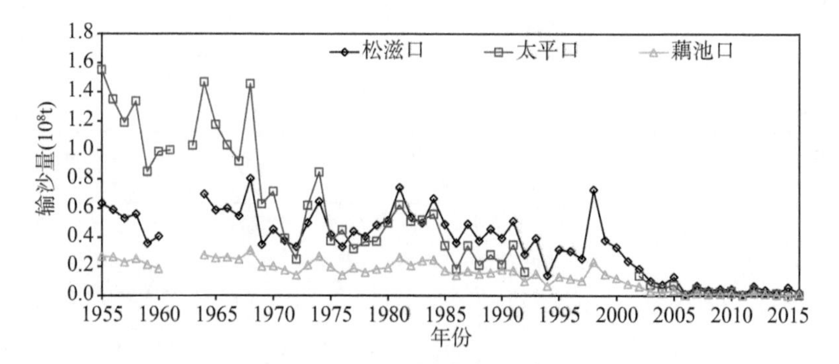

图 2.2-2　洞庭湖松滋口、太平口和藕池口分流长江干流的输沙量

1955—2016 年间，洞庭湖三口的总输沙量为减少趋势，其阶段性减少的年份与荆江河段裁弯工程、葛洲坝利用及三峡水库蓄水等年份对应（图 2.2-3）。洞庭湖三口输沙量最小年份为 2015 年，最大年份为 1968 年。

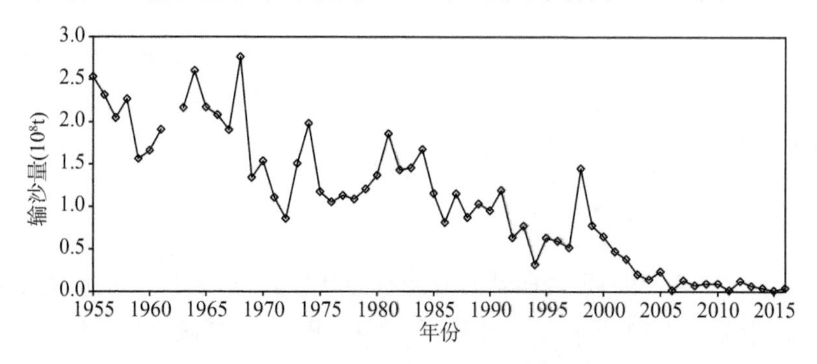

图 2.2-3　洞庭湖三口入湖的总输沙量

2.2.2.2 四水入湖输沙量

2003—2016 年与 1955—2002 年比较，洞庭湖湖区湘江、资水、沅江和澧水的输沙量均为减少趋势，减幅分别为 49.54%、76.96%、88.65%和 67.15%（表 2.2-3，图 2.2-4）。整体上，洞庭湖四水的输沙总量减少约 69.93%。

表 2.2-3 洞庭湖湖区输沙量统计表

（单位：10^4 t）

年份	湘江	资水	沅江	澧水	四水总和
1955—1970	987	268	1 394	634	3 283
1971—1980	1 182	160	1 413	654	3 409
1981—1990	947	141	716	568	2 372
1991—2002	785	157	630	352	1 924
2003—2016	489	44	121	182	836
1955—2002	969	191	1 066	554	2 780
变化率	−49.54	−76.96	−88.65	−67.15	−69.93

注：变化率为 2003—2016 年与 1955—2002 年的比较。

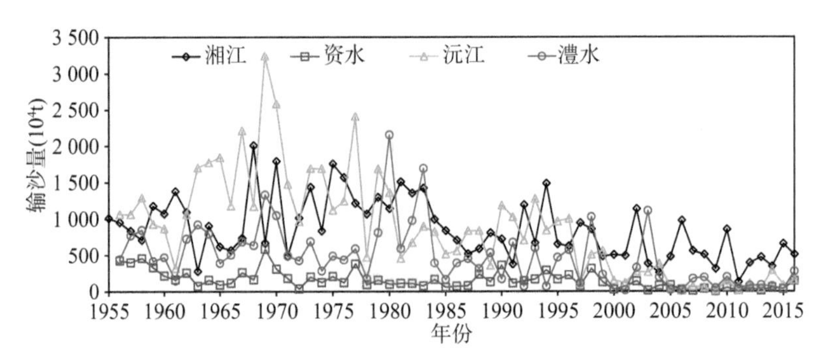

图 2.2-4 洞庭湖湘江、资水、沅江、澧水的入湖输沙量

洞庭湖四水的总输沙量为阶梯形减少趋势，出现显著减少的年份为 1985 年和 2003 年（图 2.2-5）。1955—2016 年间，洞庭湖四水年最小输沙量年份为 2011 年，最大为 1968 年。

2.2.2.3 洞庭湖入江沙量

1955—2007 年间，城陵矶站的输沙量为减少趋势，2007 年以后为小幅增加（图 2.2-6）。2003—2016 年与 1955—2002 年比较，城陵矶站的输沙量减少约 50.05%，减幅大于径流量的减幅。

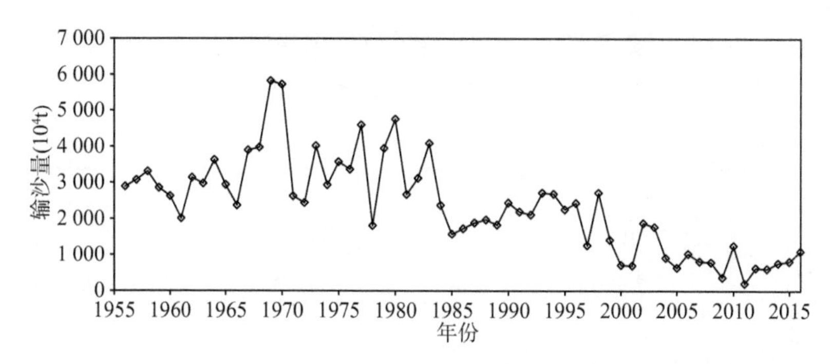

图 2.2-5 洞庭湖四水入湖的总输沙量

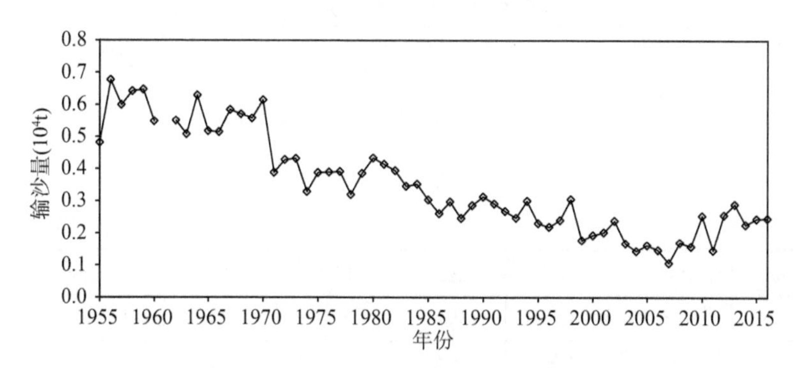

图 2.2-6 洞庭湖入江城陵矶站输沙量变化

2.2.3 汉江输沙量变化

汉江流域为长江中下游最大的支流，入汇长江的水文控制站为皇庄站，该站距丹江口水库坝址 223 km。

1955—2016 年间，皇庄站输沙量整体为减少趋势，1970 年以来年均输沙量维持在 $5\,000\times10^4$ t 以下(图 2.2-7)。2003—2016 年与 1955—2002 年比较，皇庄站的输沙量减少约 87.65%。

2.2.4 鄱阳湖区输沙量变化

鄱阳湖入江水文控制站为湖口站，湖区有赣江、抚河、信江、饶河及修水入湖，习称鄱阳湖五河。

2.2.4.1 五河入湖输沙量变化

2003—2016 年与 1955—2002 年比较，鄱阳湖湖区赣江、抚河、信江及修水的输沙量均为减少趋势，减幅分别为71.61%、27.40%、52.47%和39.47%，饶河的增幅约46.55%(表2.2-4，图2.2-8)。

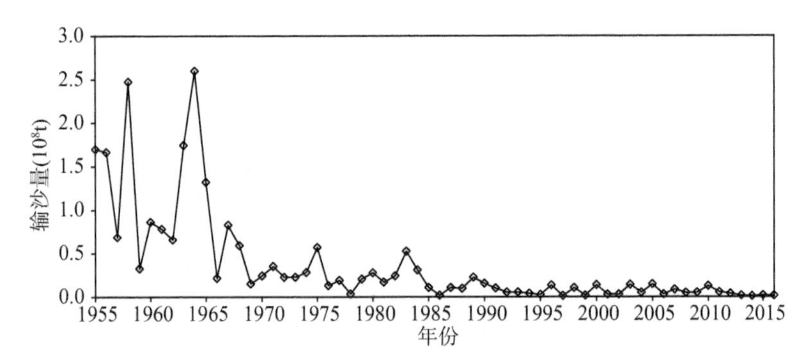

图2.2-7　汉江皇庄站输沙量变化

表2.2-4　长江鄱阳湖湖区的输沙量变化统计表

(单位：10^4 t)

年份	赣江	抚河	信江	饶河	修水	五河总和	湖口
1955—1970	1 170	125	234	42	30	1 601	1 437
1971—1980	1 057	155	252	56	53	1 573	1 328
1981—1990	992	158	210	57	38	1 455	1 250
1991—2002	551	154	197	85	40	1 027	1 084
2003—2016	264	106	106	85	23	584	1 396
1955—2002	930	146	223	58	38	1 395	1 287
变化率	−71.61	−27.40	−52.47	46.55	−39.47	−58.14	8.47

注：变化率为2003—2016年与1955—2002年的比较。

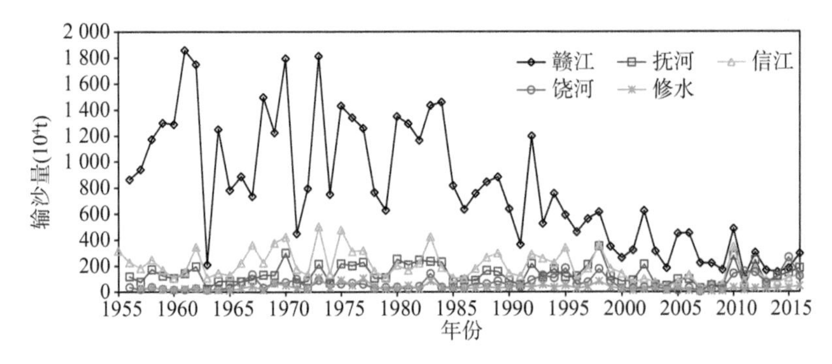

图2.2-8　鄱阳湖赣江、抚河、信江、饶河、修水的入湖输沙量

1955—2016年间，鄱阳湖五河的总输沙量为阶梯形的减少趋势。2003—2016年与1955—2002年比较，鄱阳湖五河的输沙量总量减少约58.14%(图2.2-9)。

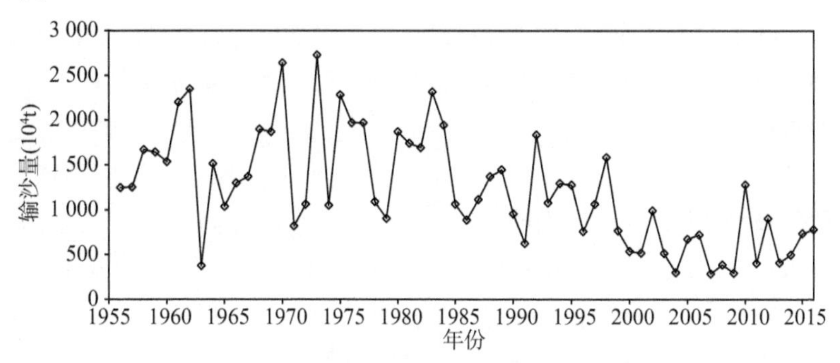

图2.2-9 鄱阳湖五河入湖的总输沙量

2.2.4.2 鄱阳湖入江输沙量

鄱阳湖入江湖口站的输沙量增减趋势不显著，1955—2002年湖口站年均输沙量为$1\,387\times10^4$ t，2003—2016年为$1\,396\times10^4$ t，增幅约8.47%(图2.2-10)。

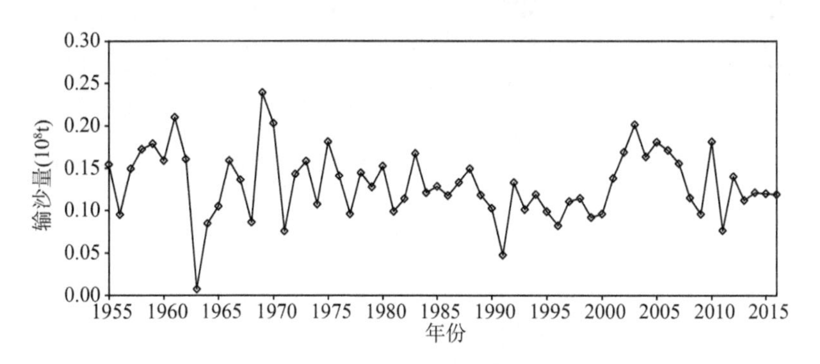

图2.2-10 鄱阳湖湖口站输沙量变化

2.3 水位变化分析

2.3.1 最低、最高及月均水位变化

三峡水库蓄水前，宜昌、枝城和沙市水文站的最低水位为波动下降趋势，

对应的最小流量为缓慢增加或是变化不大的变化趋势；三峡水库蓄水后，最枯水位和最小流量均为增加趋势（图 2.3-1）。以相同流量分析水位的变化，1955—2016 年的枯水期宜昌、枝城和沙市水文站的同流量对应的水位呈下降趋势。三峡水库蓄水前后螺山站和汉口站的最低水位和最小流量均为缓慢增加趋势，这一变化与对应时期的南洞庭湖三口分流量的减少有关；同流量对应的水位变化不大。

最高水位变化（图 2.3-2）：三峡水库蓄水前，宜昌站、枝城站、沙市站年最高水位呈波动下降，蓄水后无明显趋势性，但蓄水后最高值低于蓄水前；三峡水库蓄水前螺山站、汉口站最高水位略有抬高，蓄水后无明显抬高趋势。2003—2016 年与三峡水库蓄水前各阶段同流量对应水位比较，三峡水库蓄水后各站的水位均有所抬高，并未出现预期的下降趋势。

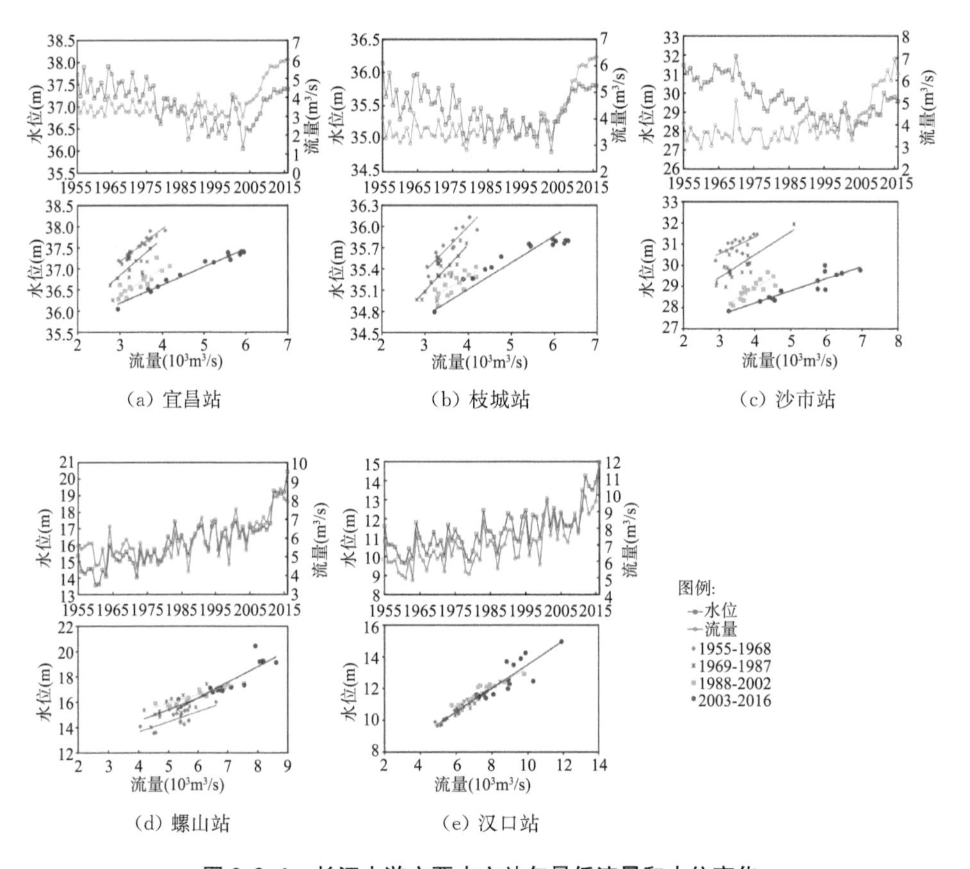

图 2.3-1　长江中游主要水文站年最低流量和水位变化

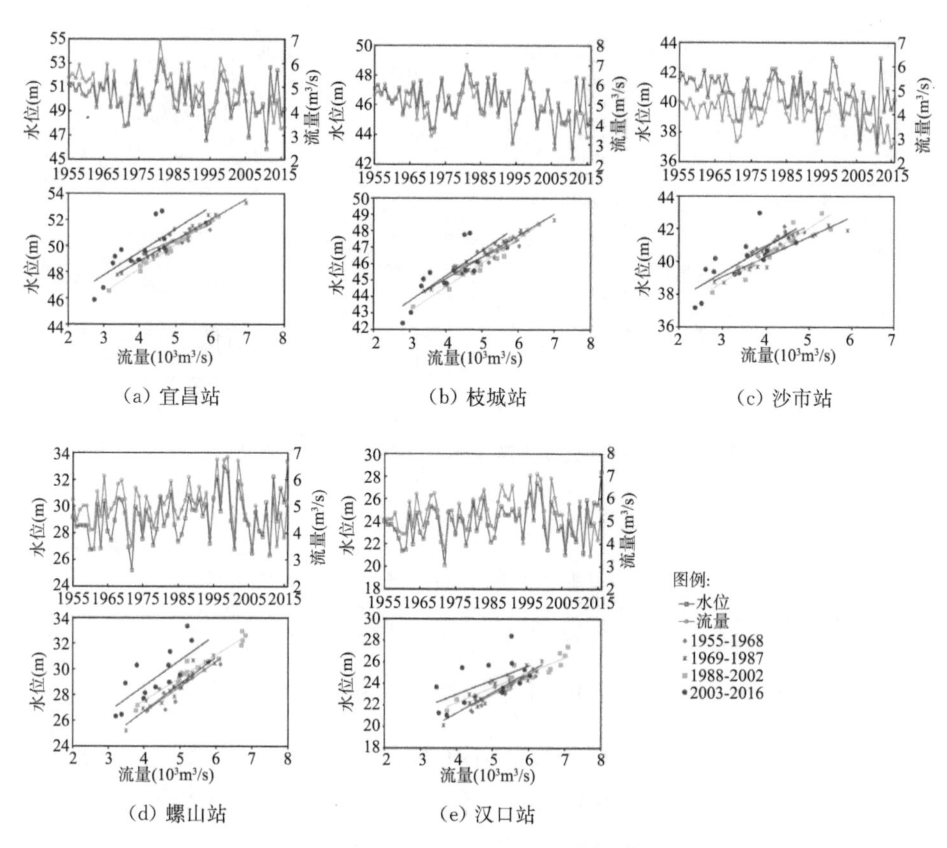

图 2.3-2 长江中游主要水文站年最高流量和水位变化

2.3.2 同流量—水位变化

选取三峡水库蓄水前,蓄水后的2003年、2009年和2016年为代表年份,宜昌站、沙市站、螺山站、汉口站和大通站枯水期同流量—水位均为下降趋势(图2.3-3),九江站先减少后增加,其中沙市站降幅最大。计算代表流量下的水位,2016年与三峡水库蓄水前比较,宜昌站、沙市站、螺山站、汉口站、九江站和大通站水位变化值分别为−1.21 m、−2.16 m、−0.74 m、−0.93 m、−0.97 m和−0.18 m,均为下降趋势;2016年与2003年比较,水位变化值分别为−0.93 m、−1.70 m、−0.93 m、−0.88 m、+1.00 m和−0.01 m。

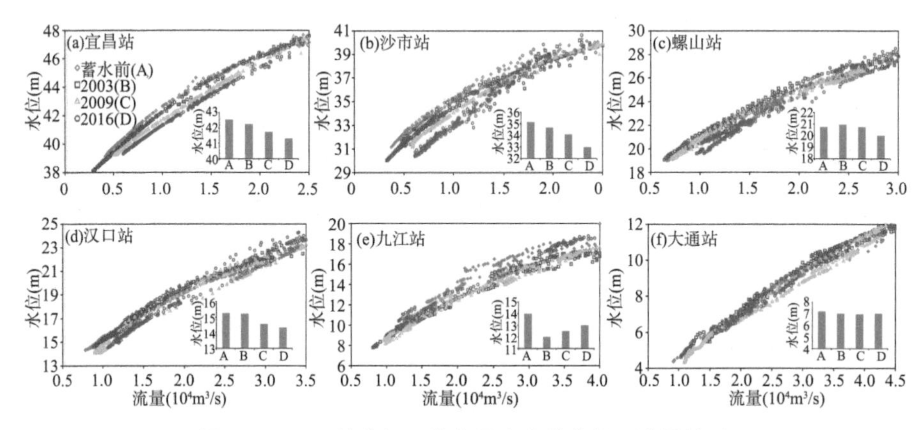

图 2.3-3　三峡大坝下游主要水文站水位—流量关系

注:宜昌站、螺山站和汉口站蓄水前年份为 1990 年,沙市站为 1991 年,九江站为 1992 年,大通站为 1998 年;依据各水文站的水位—流量关系,进行幂指数拟合,得到各年份的水位—流量关系表达式,计算某一流量下的水位值。宜昌站、沙市站、螺山站、汉口站同流量—水位计算的流量为 10 000 m^3/s,九江站和大通站的流量为 20 000 m^3/s。

2.3.3　三峡及上游梯级水库调蓄与长江中下游枯水位和洪水位关系

2003 年 6 月三峡水库开始蓄水利用,于 2010 年实现了 175 m 蓄水位。三峡水库蓄水后,通过调蓄作用,枯水期补水的天数逐渐增加,2008 年以来补水天数为全年的一半,补水作用使得坝下游宜昌站枯水位平均增加 1.0 m 以上,有效缓解了近坝段枯水期航道水深紧张的局面(表 2.3-1)。在汛期,三峡水库通过调蓄作用,削减了洪峰流量,有效减缓了坝下游河道的防洪压力。

表 2.3-1　三峡水库调度作用与成效

蓄水阶段	时段	补水天数	补水量($\times10^9$ m^3)	水位增加值(m)	年份	最大削峰流量(m^3/s)	削峰次数	削减径流量($\times10^8$ m^3)
初期蓄水	2003—2004	11	0.879	0.74	2003	未进行		
	2004—2005	无补偿调度			2004	未进行		
	2005—2006	无补偿调度			2005	未进行		
围堰蓄水	2006—2007	80	3.580	0.38	2006	未进行		
	2007—2008	63	2.250	0.33	2007	5 100	1	10.43

续表

蓄水阶段	时段	补水天数	补水量（$\times10^9$ m^3）	水位增加值（m）	年份	最大削峰流量(m^3/s)	削峰次数	削减径流量（$\times10^8$ m^3）
试验性蓄水	2008—2009	190	21.600	1.03	2008	未进行		
	2009—2010	181	20.020	1.00	2009	16 300	2	56.50
	2010—2011	194	24.331	1.13	2010	30 000	7	264.30
	2011—2012	181	26.143	1.31	2011	25 500	5	187.60
	2012—2013	178	25.410	1.29	2012	28 200	4	228.40
	2013—2014	182	25.280	1.26	2013	14 000	5	118.37
	2014—2015	82	6.100	1.26	2014	22 900	10	175.12
	2015—2016	170	21.760	1.26	2015	8 000	3	75.42
	2016—2017	—	—	—	2016	19 000	4	227.00

2.3.4 枯水位变化与航道通航水位关系

以 2003 年、2008 年、2012 年和 2014 年最低水位，分析水位的累积下降过程(图 2.3-4)，分析表明：整体上，宜昌—沙市河段的最低水位为累积下降趋势，其中白洋—陈二口河段的降幅较小，对上下游水位的维持起到卡口或节点控制作用。陈二口水尺下游的水位降幅有所增加，并有向上游传递趋势，应关注陈二口水尺以下河段因河槽冲刷引起水位下降的溯源传递作用。

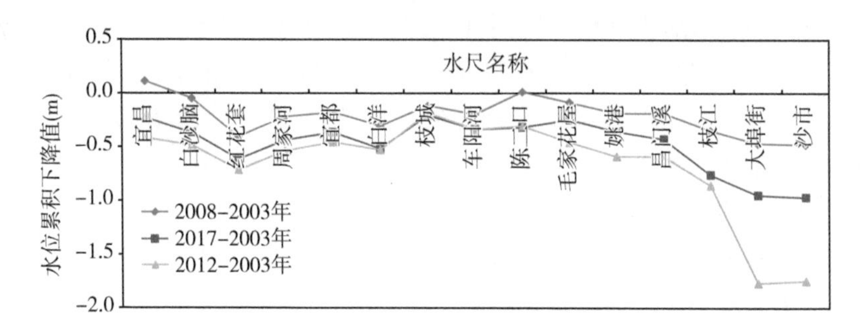

图 2.3-4 宜昌—沙市河段水位下降过程

2016 年最低通航水位与三峡水库蓄水前比较，宜昌—枝城和上荆江河段航道水位下降，下荆江及以下河段的最低通航水位升高。其中，沙市河段最低通航水位降幅最大，减幅约 2.16 m，城陵矶附近的增幅最大，增幅约 1.42 m(图 2.3-5)。宜昌—枝城和上荆江河段(约 210 km)，最低流量的增加难以抵消河道冲刷引起的枯水位下降，最低通航水位下降；下荆江及以下河段最低流量增加，可以抵消河道冲刷引起的枯水位下降，最低通航水位增加。

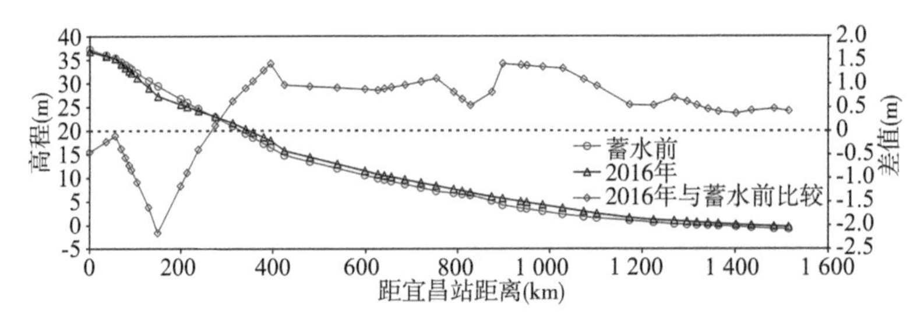

图 2.3-5　宜昌—江阴河段航道最低通航水位变化

2.3.5　洪水位变化与防洪情势关系

武汉市是长江中游防洪的重点城市，以汉口站为例，2003—2016 年间，汉口站超过防洪警戒水位的年份有 2010 年和 2016 年，其中 2010 年最高水位超过防洪警戒水位 1 cm，2016 年 7 月 7 日超警戒水位 107 cm，最高水位为 1870 年以来第 5 位。计算不同年份警戒水位对应的流量(图 2.3-6)：宜昌站、螺山站和汉口站防洪警戒水位的流量逐渐减小，2016 年较 1998 年分别减小 10 600 m^3/s、10 700 m^3/s、8 500 m^3/s，2016 年与 2003 年相比，也为减小趋势。在近坝段的宜昌站，因三峡水库削峰作用，大幅削减下泄流量，超过防洪警戒水位天数减少，多数年份未超过警戒水位，缓解了防洪情势。三峡水库蓄水前，螺山河段淤积是造成洪水位抬高的主要原因，蓄水后螺山—汉口河段河道冲刷，由于床面阻力增加、岸滩植被茂盛等引起的壅水作用较为明显，是螺山站洪水位抬高在三峡水库蓄水前后差异的原因所在。2013 年与 2003 年比较，汉口站 Q=50 000 m^3/s 流量对应水位抬高约 1.5 m，2016 年与 2003 年比较，这一抬高趋势未得到减缓，不利于武汉市的城市防洪安全。2016 年 7 月，长江中下游发生区域性大洪水，通过三峡水库及上游梯级水库联合调度，拦蓄洪水 227 亿 m^3，分别降低荆江河段、城陵矶附近区域、武汉以下河段水位 0.8～1.7 m、0.7～1.3 m、0.2～0.4 m，减少超警戒堤段长度 250 km，有效减轻了长江中游城陵矶河段和洞庭湖区域防洪压力，避免了荆江河段超警和城陵矶地区分洪，确保了荆江河段人民群众生命安全，确保了长江干堤安全。

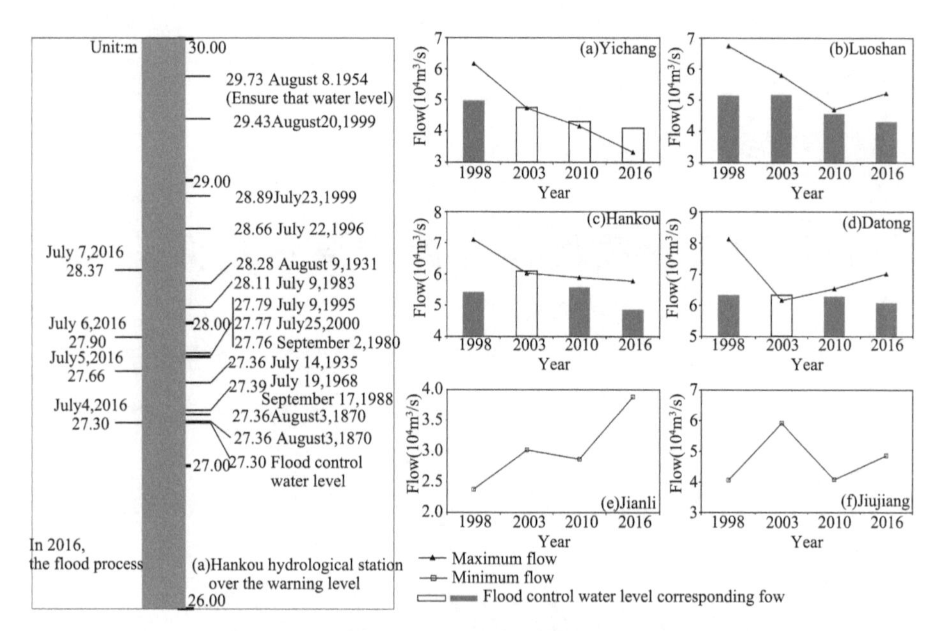

图 2.3-6 宜昌—江阴河段航道最低通航水位变化

注：▭表示该年未出现超过警戒水位情况，其警戒水位对应的流量是由 $Q—h$ 曲线得到的拟合值；▬表示该年出现超过警戒水位情况，其警戒水位对应的流量为实测值。

总结我国 38 个河流水位资料发现，三峡大坝导致平均年度洪峰流量显著减少，下降幅度在 7.40%和 95.14%之间。依据三峡水库调度规则，三峡水库拟实行中小洪水调度，将有效缓解宜昌—螺山河段防洪情势，在荆江大堤防洪标准提升后，该河段防洪压力大幅缓解。可以预见，三峡水库拦蓄中小洪水后，坝下游平滩以上河道长期得不到洪水塑造，一旦遭遇特大洪水，有效防洪能力必然进一步降低。在三峡水库蓄水后，长江中下游虽未发生类同于 1954 年、1998 年的流域大洪水，但防洪警戒水位对应流量减小，大洪水流量—高洪水位逐渐向中洪水流量—高水位转变，应引起足够重视。未来一段时间，长江防洪减灾形势依然严峻，防洪仍然是长江治理开发和保护的首要任务。应继续加强长江防洪减灾综合体系建设，强化长江防汛减灾管理，加快实现从洪水控制向洪水管理转变等措施，以统筹解决防洪安全问题。

第3章

长江中下游桥区河段滩槽演变规律

3.1 长江中下游河道冲淤变化

(1) 计算方法

依据河道的水位—流量关系，确定枯水位、基本水位及平滩水位，对应的河槽为枯水河槽、基本河槽和平滩河槽，其中枯水河槽为河道深槽，枯水河槽与基本河槽之间为低滩，基本河槽与平滩河槽之间为高滩[图 3.1-1-(a)，图 3.1-1-(b)]。在地形上沿程切割断面[图 3.1-1-(c)]，利用断面高度(h)和宽度(b)，计算河道内上、下游断面过水面积 A_i 和 A_{i+1}(公式 3.1-1)。

$$A_i=\frac{(h_i+h_{i+1}+\sqrt{h_ih_{i+1}})\times b_i}{3}\quad i=0,1,2,3\cdots m \tag{3.1-1}$$

利用截锥法公式(公式 3.1-2)，计算上、下游断面间相应水位下的河槽容积 V_j [图 3.1-1-(d)]，得到河槽总容积(公式 3.1-3)。

$$V_j=\frac{(A_j+A_{j+1}+\sqrt{A_jA_{j+1}})\times L_j}{3}\quad j=0,1,2,3\cdots n \tag{3.1-2}$$

$$V=\sum V_j \tag{3.1-3}$$

计算两年份地形的河槽容积 V_1 和 V_2，差值得到两年份地形的河槽容积变化量 ΔV，得到时段(T)内单位河长(L)的河槽冲淤强度(公式 3.1-4)。

$$V_{\text{冲淤强度}}=\frac{V_2-V_1}{\mathrm{L}_{length\ river}\times T} \tag{3.1-4}$$

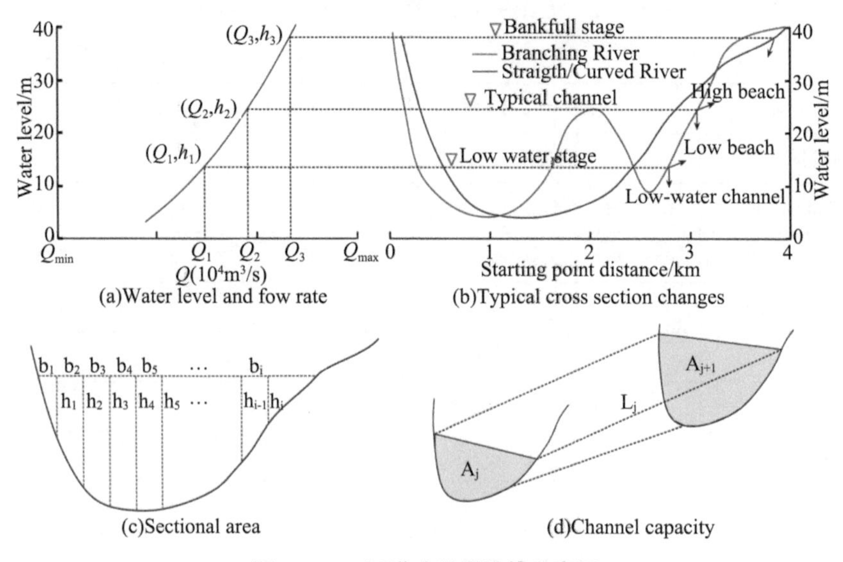

图 3.1-1 河道冲淤量计算示意图

(2) 河道冲淤量计算

2002 年 10 月—2016 年 10 月，宜昌—湖口河段枯水、平滩河槽总冲刷量分别为 19.70×10^8 m³ 和 18.51×10^8 m³(其中，荆江河段/汉口—湖口河段，未包含 2016 年平滩河槽冲刷量)，对应冲刷强度为 14.77×10^4 m³(km·a)$^{-1}$ 和 12.16×10^4 m³(km·a)$^{-1}$。2002 年 10 月—2016 年 10 月，宜昌—枝城河段、上荆江、下荆江、城陵矶—武汉河段、武汉—湖口河段枯水河槽冲刷量分别为 1.50×10^8 m³、5.22×10^8 m³、3.18×10^8 m³、4.45×10^8 m³ 和 5.35×10^8 m³，冲刷强度为 18.16×10^4 m³(km·a)$^{-1}$、21.71×10^4 m³(km·a)$^{-1}$、12.95×10^4 m³(km·a)$^{-1}$、12.68×10^4 m³(km·a)$^{-1}$ 和 12.93×10^4 m³(km·a)$^{-1}$，其中上荆江河段最大，宜昌—枝城河段次之，城陵矶—武汉河段最小。2002 年 10 月—2012 年 10 月(10 年)冲刷强度与预测值比较发现，三峡水库蓄水后坝下游河道实际冲刷强度高于预测值，城陵矶—湖口河段淤积与冲刷的趋势性相反。2016 年 10 月、2008 年 10 月与 2002 年 10 月比较，坝下游宜昌—城陵矶河段(410 km)内深泓为整体平均下切 1.50 m 和 1.12 m，其中坝下游宜昌—枝城河段(约 60 km)下切 2.98 m 和 2.25 m；2016 年 10 月、2008 年 10 月与 2002 年 10 月比较，城陵矶—湖口河段河段分别下切 0.15 m 和 0.11 m(表 3.1-1—表 3.1-3，图 3.1-2)。

表 3.1-1 宜昌—湖口河段枯水河槽冲淤量统计表

（单位：10^4 m^3）

枯水河槽	宜昌—枝城	上荆江	下荆江	城陵矶—汉口	汉口—湖口
河段长度(km)	59	171.7	175.5	251	295.4
2002—2003	−2 911	−2 300	−4 100	−1 415	7 219
2003—2004	−1 641	−3 900	−5 100	1 033	1 638
2004—2005	−2 173	−4 103	−2 277	−4 742	−13 705
2005—2006	−45	895	−2 761	2 071	889
2006—2007	−2 199	−4 240	−659	−3 443	1 343
2007—2008	−218	−623	−62	−104	−3 284
2008—2009	−1 286	−2 612	−4 996	−383	−8 877
2009—2010	−1 112	−3 649	−1 280	−3 349	−3 017
2010—2011	−784	−6 210	−1 733	1 204	−7 331
2011—2012	−813	−3 394	−656	−2 499	−5 328
2012—2013	−1 227	−5 840	−1 699	3 334	1 063
2013—2014		−5 167	−2 491	−13 523	−9 410
2014—2015	−593	−3 054	−1 514	−2 991	−3 549
2015—2016		−7 980	−2 505	−19 742	−11 127
合计	−15 002	−52 177	−31 833	−44 549	−53 476

表 3.1-2 宜昌—湖口河段基本河槽冲淤量统计表

（单位：10^4 m^3）

基本河槽	宜昌—枝城	上荆江	下荆江	城陵矶—汉口	汉口—湖口
河段长度(km)	59	171.7	175.5	251	295.4
2002—2003	−3 026	−2 100	−5 200	−2 548	1 538
2003—2004	−1 754	−4 600	−6 100	2 033	908
2004—2005	−2 279	−3 800	−2 800	−4 713	−15 150
2005—2006	−23	807	−2 708	1 265	117
2006—2007	−2 297	−4 347	−341	−3 261	1 723
2007—2008	11	−574	−177	1 295	248

续表

基本河槽	宜昌—枝城	上荆江	下荆江	城陵矶—汉口	汉口—湖口
2008—2009	−1 514	−2 652	−5 065	−1 489	−11 502
2009—2010	−1 056	−3 779	−1 040	−2 851	−1 388
2010—2011	−824	−6 225	−1 481	1 050	−5 674
2011—2012	−841	−3 941	−809	−2 792	−3 358
2012—2013	−1 246	−5 831	−1 699	3 808	1 570
2013—2014		−5 385	−2 908	−14 245	−9 281
2014—2015	−615	−3 095	−1 257	−2 794	−3 832
2015—2016		−8 160	−2 322	−21 834	−11 590
合计	−15 464	−53 682	−33 907	−47 076	−55 671

表 3.1-3　宜昌—湖口河段平滩河槽冲淤量统计表

(单位:10^4 m^3)

平滩河槽	宜昌—枝城	上荆江	下荆江	城陵矶—汉口	汉口—湖口
河段长度(km)	59	171.7	175.5	251	295.4
2002—2003	−3 765	−2 396	−7 424	−1 192	893
2003—2004	−2 054	−4 982	−7 997	2 445	1 191
2004—2005	−2 309	−4 980	−2 389	−4 789	−14 995
2005—2006	−10	676	−3 338	1 152	−16
2006—2007	−2 301	−3 996	641	−3 370	1 780
2007—2008	71	−250	76	3 567	1 383
2008—2009	−1 533	−2 725	−5 526	−2 183	−12001
2009—2010	−1 039	−3 856	−1 127	−2 857	−1 014
2010—2011	−811	−6 305	−1 238	1 586	−4 904
2011—2012	−807	−4 290	−652	−3 309	−3 508
2012—2013	−1 229	−5 853	−1 807	4 734	2 550
2013—2014		−5 632	−3 588	−14 066	−9 849
2014—2015	−571	−3 169	−1 013	−3 017	−3 898
2015—2016		—	—	−21 937	—
合计	−16 358	−47 758	−35 382	−43 236	−42 388

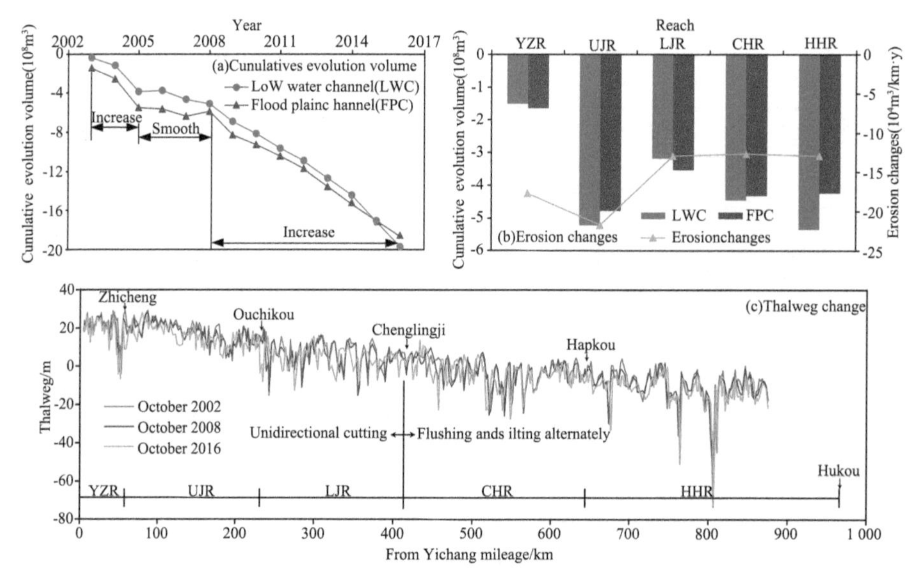

图 3.1-2　三峡大坝下移河道冲淤及深泓变化

注：依据河道的水位—流量关系，确定枯水位及平滩水位，对应的河槽为枯水河槽和平滩河槽，枯水河槽宜昌站流量为 6 000 m^3/s，平滩河槽为 30 000 m^3/s；深泓为河道的最深点，在分汊河段的深泓选取主汊进行绘制。

3.1.1　河道冲淤分布

3.1.1.1　砂卵石河段

（1）砂卵石河段平面形态、河床组成沿程不均匀变化使得蓄水后河床沿程冲刷也呈不均匀分布。

河床组成的可动性使得蓄水后的冲刷成为可能，河床组成的沿程变化也使得河段冲刷沿程呈不均匀变化的特点：在河床组成抗冲性较强的地方，冲刷量和冲刷幅度较小；在河床组成抗冲性较弱的地方，冲刷量和冲刷幅度大。

砂卵石河段沿程的冲淤总体上遵循枢纽下游河道一般冲刷的特点，即近坝处的宜枝河段（全长 60 km）总的冲刷量要略大于枝江河段（全长 64 km）的冲刷量。

在砂卵石河段的三个河段中，宜昌河段的冲刷量较小，宜都河段和枝江河段枯水河槽（按照水文局分析报告划分：枯水河槽、基本河槽和平滩河槽分别对应宜昌流量 5 000 m^3/s、10 000 m^3/s 和 30 000 m^3/s 的河槽）的冲刷量占砂卵石全河段总冲刷量的90%以上,因此2002—2014年河床冲刷主要在宜都河段和枝江河段,即宜都与枝江河段是砂卵石河段主要的冲刷部位。

砂卵石河段冲刷沿程分布不均匀性还体现在深泓纵剖面的变化上。蓄水后砂卵石河段深泓纵剖面总体冲刷下降,但下降幅度沿程变化很大:总体上深泓高程较低的部位下降幅度大,深泓高程较高的部位下降幅度小;另外宜都河段内大石坝、龙窝等深泓高程较高的部位也产生了较明显下降;深泓高程的不均匀下降使得纵剖面的起伏程度加大。2002年10月—2014年10月,砂卵石河段深泓下降幅度显示:全河段内深泓变幅最大的位置,主要集中在虎牙滩—枝城河段,其中白洋弯道和龙窝李家溪单一段深泓下切尤其显著;而下临江坪和关洲的深泓还有一定程度的淤高。在2008年10月—2014年10月期间,深泓变化主要集中在关洲—芦家河,其中幅度最为明显的在白洋弯道和陈二口附近。

(2) 蓄水初期砂卵石河段的主要冲刷部位在宜昌和宜都河段,2008年后,泥沙粗化,泥沙沿程补给减少,主要冲刷部位已经下移到关洲—芦家河水道河段。

对比分析宜昌河段、宜都河段和枝江河段在三峡蓄水运行后河床冲刷强度可以发现:

不同砂卵石河段的河床冲刷强度随时间的变化是不相同的:宜昌河段的河床冲刷强度在2002—2008年的头两年内就出现明显的下降,随后几年冲淤强度很小;宜都河段在蓄水之初冲刷强度最大,到2014年,该河段河床冲刷强度呈减弱态势,枝江河段河床的冲刷强度总体表现为增加。

在不同时段,冲刷强度最大的河段也不相同:在三峡开始围堰蓄水的第一年,宜昌河段的冲刷强度最大,宜都河段的冲刷强度也相对较大,略小于宜昌河段的冲刷强度,枝江河段的冲刷强度最小;在2003—2010年间,宜都河段的冲刷强度最大,枝江河段的冲刷强度次之,宜昌河段的最小;最近两年则表现为枝江河段的冲刷强度最大。按照大的时段统计,在2002—2010年间,宜都河段的冲刷强度最大,而在2010年后,枝江河段的冲刷量显著增大,冲刷强度已经超过了宜都河段。

2008年三峡水库175 m试验性蓄水后,在不饱和水流的持续冲刷下,宜昌和宜都河段床沙明显粗化,泥沙的沿程补给进一步减少,砂卵石河段主要冲刷部位逐渐从宜都河段下移到枝江河段,其中枝江河段的关洲水道段表现尤为突出。表3.1-4为关洲水道(枝城—陈二口)、芦家河水道(陈二口—昌门溪)冲刷量和冲刷强度统计表。可以看出:2008 年后,关洲和芦家河水道段的冲刷强度迅速增加,关洲水道在 2010—2014 年间单位河长总冲刷量约为 259 万 m^3/km,占蓄水后该水道冲刷总量的 71%;而芦家河水道 2008—2014 年间单位河长总冲刷量为 173 万 m^3/km,占蓄水后总量的 79%。

表 3.1-4　三峡水库蓄水后枝城—昌门溪河段冲刷量

时段	枝城—陈二口(14.9 km)		陈二口—昌门溪(12.1 km)	
	冲刷总量(10^4 m^3)	单位河长冲刷量(10^4 m^3/km)	冲刷总量(10^4 m^3)	单位河长冲刷量(10^4 m^3/km)
2003.03—2004.03	150.80	10.1	423.12	35.0
2004.03—2005.03	−1 075.00	−72.1	−901.90	−74.5
2005.03—2006.03	−43.40	−2.9	−121.00	−10.0
2006.03—2007.03	65.64	4.4	165.00	13.6
2007.03—2008.03	−442.45	−29.7	−121.28	−10.0
2008.03—2009.03	58.77	3.9	−577.00	−47.7
2009.03—2010.03	−289.19	−19.4	−343.70	−28.4
2010.03—2010.11	−1 358.00	−91.1	−102.00	−8.4
2010.11—2012.03	−1 401.00	−94.0	−171.00	−14.1
2012.03—2014.03	−1 100.00	−73.8	−900.00	−74.4

综合分析来看,在现状来水来沙条件下,宜昌河段冲刷已经基本完成;宜都河段在 2003—2008 年发生剧烈冲刷,随着河床进一步的粗化,河床抗冲性增强,2008—2010 年该河段的冲刷强度开始降低;目前,枝江河段已经进入剧烈冲刷期。

3.1.1.2　沙质河段

沙质河段河床冲刷沿程并不均匀,且有冲有淤,总体上表现为冲刷强度沿程减小。

从图 3.1-3 中可以看出,2002 年 10 月—2014 年 10 月,沙市河段、公安河段、石首河段和监利河段均表现为冲刷。从冲淤量沿程分布来看,枝江、沙市、公安、石首、监利河段冲刷量分别占荆江冲刷量的 22%、19%、15%、23% 和 21%,年均河床冲刷强度则仍以距离三峡大坝最近的沙市河段的 25.87 万 m^3/a 为最大。

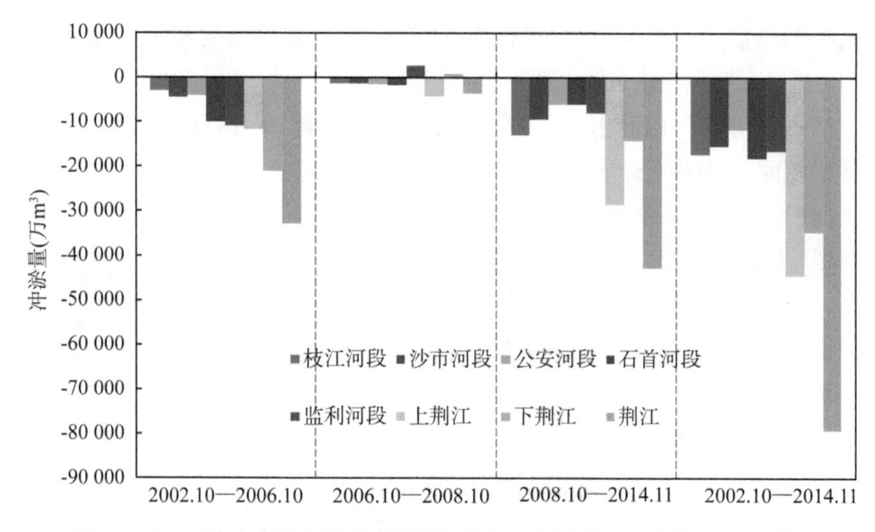

图 3.1-3 三峡水库蓄水运用后荆江河段河床冲淤量沿程分布(平滩河槽)

从图 3.1-4 可以看出，城陵矶—汉口河段中，嘉鱼以上河段(长约 97.1 km)河床冲刷强度相对较小，累计冲刷量为 0.442 亿 m³，占全河段冲刷总量的 20%(河长占比为 38.7%)，特别是位于江湖汇流口下游的白螺矶河段(城陵矶—杨林山，长约 21.4 km)和陆溪口河段(赤壁—石矶头，长约 24.6 km)，2001 年 10 月—2014 年 10 月河床平滩河槽冲刷量分别为 729 万 m³、972 万 m³；嘉鱼以下河床冲刷强度相对较大，平滩河槽冲刷量为 1.747 亿 m³，占全

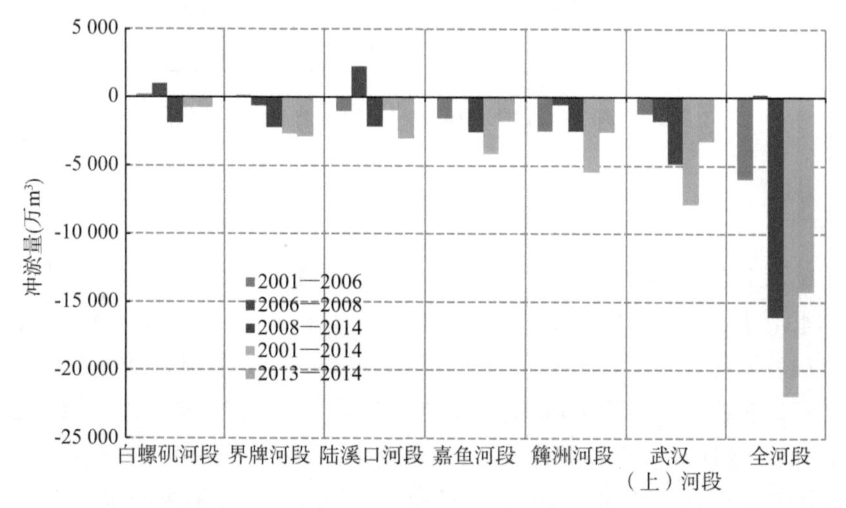

图 3.1-4 城陵矶—汉口河段 2001—2014 年不同时段平滩河槽冲淤量变化图

河段冲刷总量的 80%，嘉鱼、簰洲和武汉河段上段平滩河槽冲刷量分别为 0.417 亿 m^3、0.545 亿 m^3、0.781 亿 m^3。

从图 3.1-5 可以看出，2013 年 10 月—2014 年 10 月，汉口—湖口河段沿程冲淤相间。从沿程分布来看，河床冲刷主要集中在九江—湖口河段（包括九江河段，大树下—锁江楼河段，长约 20.1 km；张家洲河段，锁江楼—八里江口河段，干流长约 31 km），其冲刷量约为 1.606 亿 m^3，占河段总冲刷量的 44%；九江以上河段，以黄石为界，主要表现为"上冲下淤"，汉口—黄石河段的回风矶（长约 124.4 km）冲刷量较大，其平滩河槽累计冲刷泥沙 1.649 亿 m^3，黄石—田家镇河段（长约 84 km）淤积泥沙 0.185 亿 m^3，龙坪—九江河段平滩河槽累计冲刷泥沙 0.424 亿 m^3。

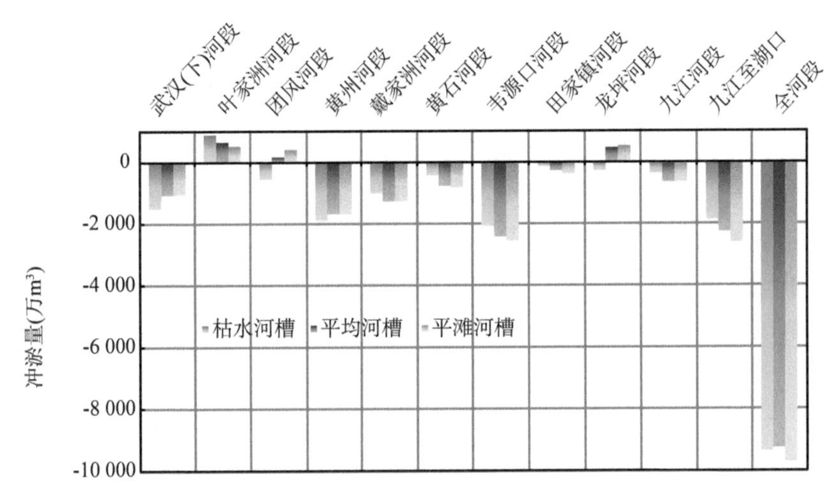

图 3.1-5　汉口以下河段 2013—2014 年冲淤量变化图

3.1.1.3　断面冲淤分布

断面形态上（图 3.1-6）：宜昌—枝城河段断面（宜 72#、枝 2#）调整集中在枯水河槽，枯水位以上河床变形不大；荆 6#断面位于关洲心滩中部，右汊（主汊）冲淤变化不大，左汊（支汊）冲深最大达 15 m，关洲心滩左缘崩退约 200 m，表现出支汊冲刷下切、主汊冲淤调整不大的演变特点。沙质河段断面（荆 42#、荆 60#和 CZ76）为冲深、展宽变化，或是两者并存，CZ76 断面为戴家洲洲头断面，由于航道整治工程作用心滩淤积，同时深槽为冲刷趋势，枯水河槽窄深化。

统计枯水河槽、低滩和高滩冲淤量占平滩河槽冲淤量比例(表3.1-5),分析表明:

(1) 三峡水库蓄水前,宜昌—枝城、上荆江河段枯水河槽冲刷,高、低滩小幅淤积;下荆江、城陵矶—湖口河段枯水河槽冲刷,高、低滩大幅淤积,表现出“冲槽淤滩”的变化特点。

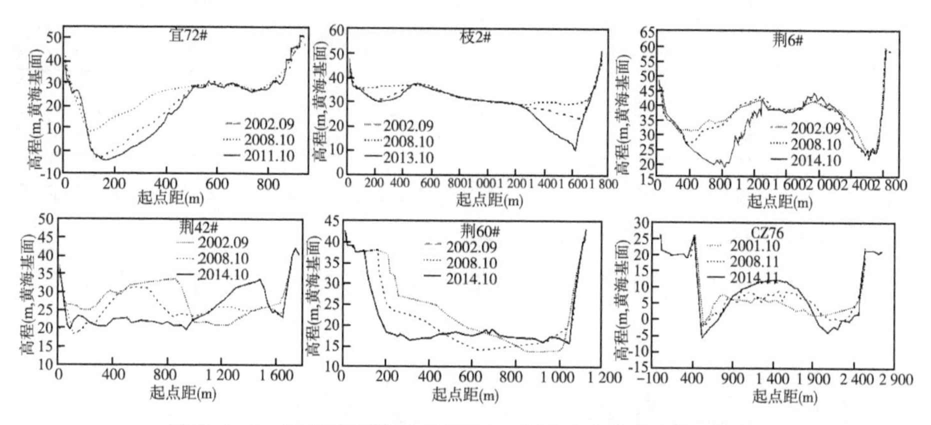

图3.1-6 砂卵石河段及砂卵石—砂质过渡段典型断面变化

(2) 2002年10月—2008年10月,宜昌—枝城、上荆江和下荆江河段枯水河槽、高、低滩均为冲刷趋势;城陵矶—汉口河段与三峡水库蓄水前一致,表现出“冲槽淤滩”的变化特点,且淤积集中在高滩;汉口—湖口河段为枯水河槽和低滩冲刷,高滩略有淤积。

(3) 2008年10月—2014年10月与2002年10月—2008年10月相比,宜昌—枝城、上荆江和下荆江河段冲刷更集中在枯水河槽,滩地冲刷比例减小;城陵矶—汉口河段冲刷仍集中在枯水河槽,低滩由淤积转为冲刷,高滩淤积减缓;汉口—湖口河段冲刷集中在枯水河槽,低滩由冲刷转为淤积,高滩持续淤积,表现出“冲槽淤滩”的变化特点。

表3.1-5 宜昌—湖口河段河槽冲淤比例变化

<table>
<tr><td rowspan="2">时间段</td><td>河段名称</td><td>宜昌—枝城</td><td>上荆江</td><td>下荆江</td><td>城陵矶—汉口</td><td>汉口—湖口</td></tr>
<tr><td>河长(km)</td><td>60.8</td><td>171.7</td><td>175.5</td><td>251.0</td><td>295.4</td></tr>
<tr><td rowspan="3">三峡水库蓄水前
(1981—2002年)</td><td>枯水河槽(%)</td><td>102.0</td><td>100.6</td><td>9.2</td><td>17.5</td><td>69.6</td></tr>
<tr><td>低滩(%)</td><td rowspan="2">−2.0</td><td rowspan="2">−0.6</td><td rowspan="2">−109.2</td><td rowspan="2">−117.5</td><td rowspan="2">−169.6</td></tr>
<tr><td>高滩(%)</td></tr>
</table>

续表

时间段	河段名称	宜昌—枝城	上荆江	下荆江	城陵矶—汉口	汉口—湖口
	河长(km)	60.8	171.7	175.5	251.0	295.4
2003—2008年(2002年10月—2008年10月)	枯水河槽(%)	88.6	89.6	73.2	301.8	60.4
	低滩(%)	1.7	2.2	11.6	−30.7	48.3
	高滩(%)	9.6	8.2	15.2	−171.1	−8.7
2009—2014年(2008年10月—2014年10月)	枯水河槽(%)	96.4	93.7	91.6	94.5	115.0
	低滩(%)	4.8	3.3	1.3	8.1	−11.4
	高滩(%)	−1.1	3.0	7.1	−2.6	−3.6

2012年10月与2003年10月相比，砂卵石河段深泓整体下切，河宽在宜昌—枝城河段为减小趋势，枝城—芦家河河段为增大趋势。宜昌—枝城河段枯水河槽断面冲刷特点以深蚀为主，断面向深蚀趋势发展，枝城—芦家河河段以深蚀为主，同时伴随侧蚀发生，断面向宽浅趋势发展(图3.1-7)。

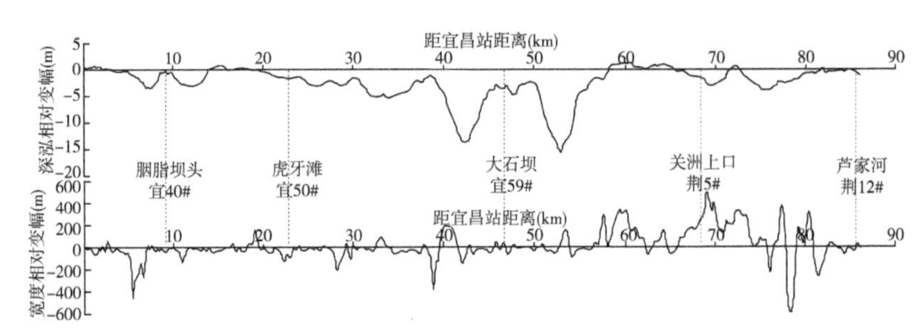

图3.1-7　宜昌—昌门溪河段深泓和河宽相对变幅(2003.10—2012.10)

3.1.2　基于河道单元尺度的冲淤进程

3.1.2.1　*砂卵石及砂卵石—沙质过渡段河床形态调整过程*

三峡水库蓄水后宜昌—宜都、宜都—枝城、枝城—陈二口、陈二口—昌门溪、昌门溪—杨家脑河段均为冲刷趋势，其枯水河槽累积冲刷量分别为−0.12亿m^3、−1.32亿m^3、−0.54亿m^3、−0.27亿m^3和−0.33亿m^3。冲刷趋势上，宜昌—宜都和宜都—枝城河段为冲刷趋势减缓，枝城—陈二口、陈二口—昌门溪和枝江河段冲刷趋势加剧。冲淤河槽分配上，宜昌—枝城和枝江河段枯水河槽冲刷量占平滩河槽比例分别为91.3%和92.5%，即河床冲刷集中在枯水河槽。

将蓄水后划分为2003—2006年、2006—2009年、2009—2012年和2012—2014年4个时段(图3.1-8),单位河长冲刷强度的变化规律为:宜昌—虎牙滩、虎牙滩—枝城河段先增强后减弱,在2009年后宜昌—虎牙滩河段甚至出现小幅淤积;枝城—陈二口、昌门溪—大埠街河段先增强后减弱,陈二口—昌门溪河段先减弱后增强,大埠街—涴市河段在2009年后为增强趋势,沙市河段冲淤交替变化。单位河长冲刷强度沿程上变化规律为:2003—2006年、2006—2009年间最大值出现在虎牙滩—枝城河段,2009—2012年、2012—2014年间分别在枝城—陈二口、大埠街—涴市河段,即坝下游强冲刷区下移,初步判断下移约80 km。

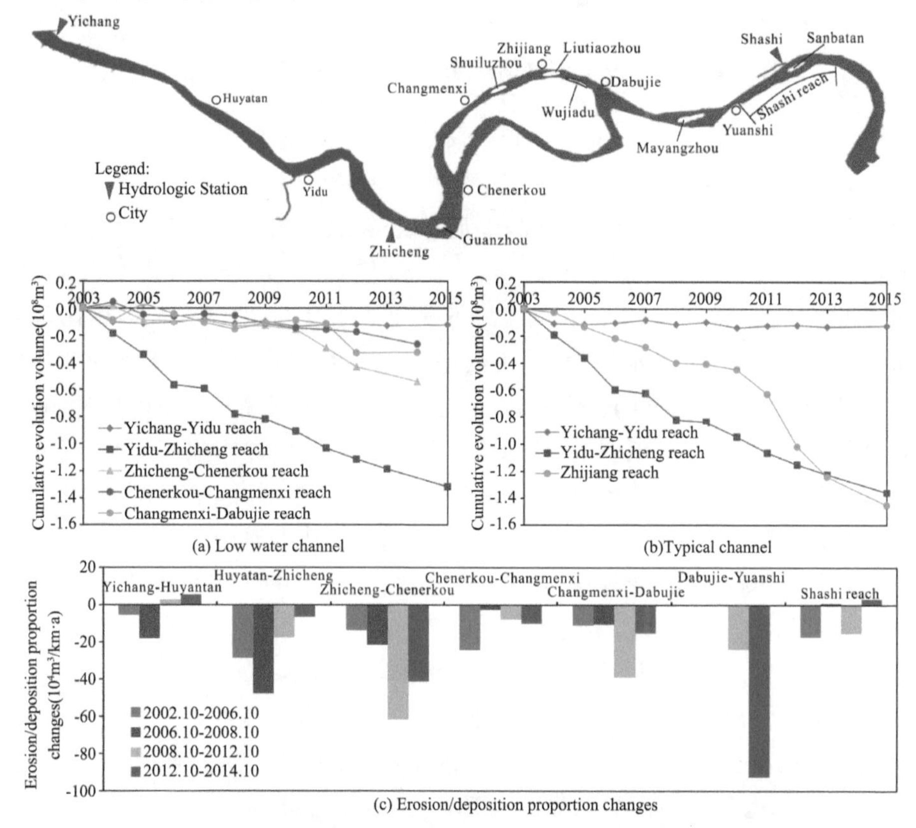

图3.1-8 砂卵石及砂卵石—沙质河段过渡段单位河长冲淤强度变化

3.1.2.2 沙质河段单位河长河床形态调整变化过程

1981—2002年,宜昌—湖口河段枯水河槽均为冲刷趋势,宜昌—枝城及上荆江河段冲刷集中在枯水河槽，枯水—平滩河槽之间略有淤积；下荆江、城陵矶—汉口及汉口—湖口河段为淤积趋势，表现出“冲槽淤滩”的演变特点（图3.1-9）。

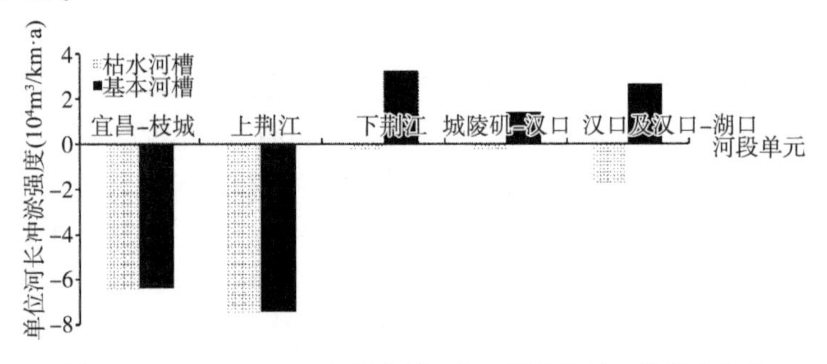

图3.1-9　1981—2002年间宜昌—湖口单位河长冲淤强度变化

2003年和2004年，汉口—湖口河段枯水河槽和基本河槽淤积，平滩河槽冲刷，2005年后累积性冲刷；上荆江、下荆江、城陵矶—汉口河段从2003年起为累积性冲刷。2003—2014年间，上荆江、下荆江、城陵矶—汉口、汉口—湖口河段总冲刷量分别为−4.11亿m^3、−2.80亿m^3、−2.18亿m^3、−3.89亿m^3（图3.1-10）。2003—2006年、2006—2008年及2008—2014年相比（图3.1-10），单位河长枯水河槽、基本河槽和平滩河槽冲刷强度变化规律：宜昌—枝城河段各河槽冲刷强度减弱；上荆江河段枯水河槽和基本河槽冲刷强度增强，平滩河槽为先减弱后增强；下荆江河段各河槽冲刷强度先减弱后增强；城陵矶—汉口河段枯水河槽和基本河槽冲刷强度增强，平滩河槽先减弱后增强；汉口—湖口河段枯水河槽冲刷强度增强，基本河槽和平滩河槽先减弱后增强。单位河长冲刷强度沿程变化规律：2003—2006年间宜昌—枝城河段最大，下荆江河段次之，城陵矶—湖口河段最小；2006—2008年间最大区域在宜昌—枝城河段，上荆江河段次之，下荆江河段最小；2008—2014年间最大区域在上荆江河段，汉口—湖口河段次之。2008—2014年间单位河长冲刷强度最大区域由2003—2008年的宜昌—枝城河段下移至上荆江河段，同时下荆江及以下河段冲刷强度增加，受清水下泄的影响程度增强。

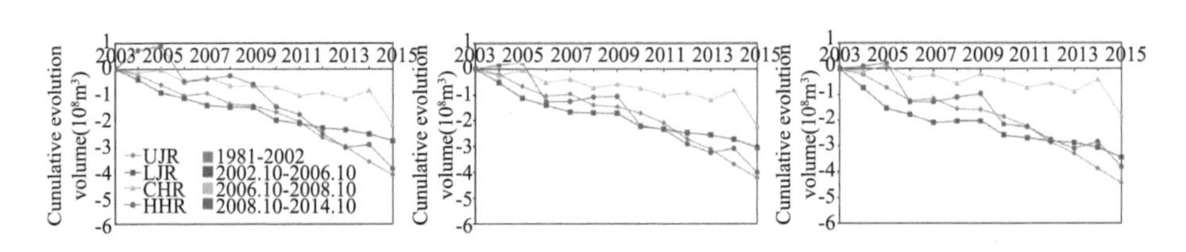

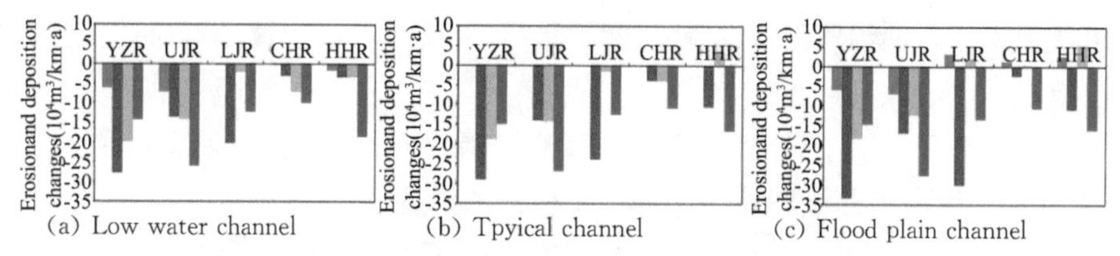

图 3.1-10 宜昌—湖口河段单位河长河床冲淤过程变化

注：宜昌—城陵矶河段枯水河槽、基本河槽和平滩河槽对应的宜昌站流量为 5 000 m^3/s、10 000 m^3/s、30 000 m^3/s；城陵矶—汉口河段各河槽对应的螺山站流量为 6 500 m^3/s、12 000 m^3/s、33 000 m^3/s；汉口—湖口河段各河槽对应的汉口站流量为 7 000 m^3/s、14 000 m^3/s、35 000 m^3/s。

3.2 长江中下游滩槽演变及形态特征

3.2.1 弯曲河段河道演变

下荆江上起藕池口，下迄洞庭湖出口——城陵矶，洞庭湖出流顶托作用使得下荆江演变规律更为复杂。下荆江全长约 175.7 km，直线距离 84.5 km，弯曲率达 2.08，而河床抗冲性较差，是三峡水库蓄水拦沙后，下游冲刷调整最为剧烈的河段之一。洪水灾害一直是下荆江的关键问题，自古便有“万里长江，险在荆江”的说法，为提升河段防洪能力，下荆江早在 20 世纪 80 年代就开始了岸线守护工程，目前下荆江险段已基本得到保护(图 3.2-1)。同时，下荆江弯道众多，且多连续弯道，存在“一弯变，弯弯变”的现象，选取下荆江河段作为代表对三峡水库蓄水后下游弯曲河型的河床演变规律调整及其驱动机制进行研究是合理的。

本书选取了下荆江较为典型的调关弯道、莱家铺弯道、监利弯道、反咀弯道、熊家洲弯道、七弓岭弯道、七洲弯道以及沙咀弯道等 8 个弯曲河道。研究河段全长 133.0 km，直线距离 74.5 km，平滩流量约为 22 000 m^3/s。其中监利弯道、熊家洲弯道属于典型的弯曲分汊河型，一方面可以将之视为凹岸汊道与凸岸汊道组成的弯曲河型，另一方面，对其凹岸汊、凸岸汊也可分别视作两个弯道。考虑到二者均为主汊年内分流持续超过 80%的汊道，因此针对这两个河段，仅以主汊作为弯曲河型进行分析。

3.2.1.1 弯曲河型演变规律调整

三峡水库蓄水以来，年输沙量持续减少，造成荆江河段平滩河槽、基本河槽、枯水河槽累积性冲刷的现象。但横向冲淤部位的变化则是由多种因素决定，尤其对于弯曲河段而言，三峡水库蓄水后凹、凸岸冲淤规律是本研究关注的重点。

图 3.2-2 绘制了各弯曲段弯顶部分横断面年际变化图（断面位置见图 3.2-1），并给出了凸淤凹冲与凸冲凹淤模式的示意图。

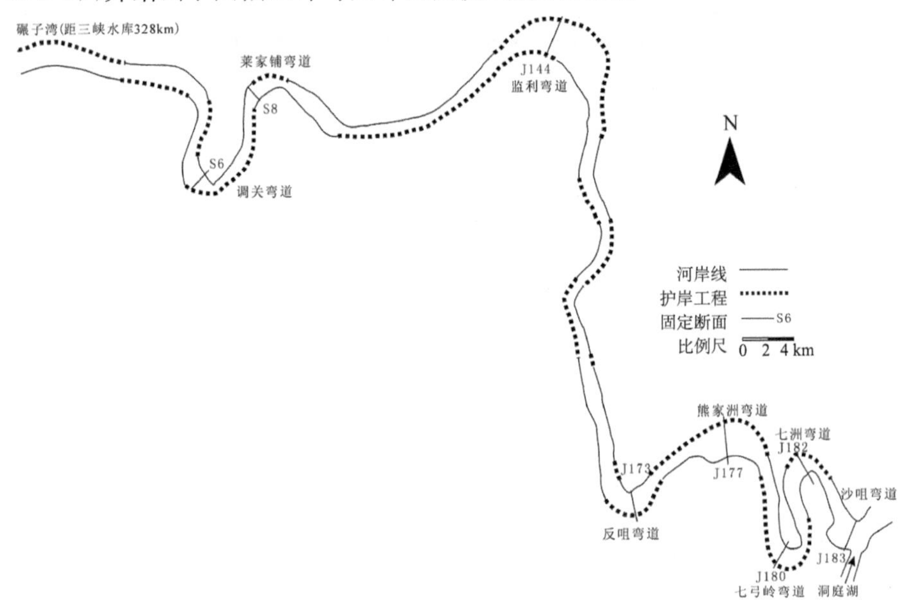

图 3.2-1　研究河段示意图

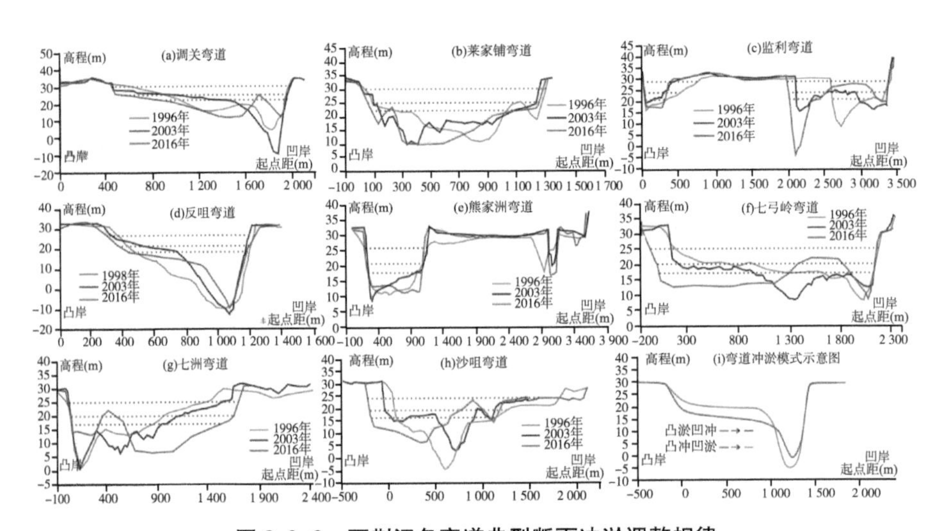

图 3.2-2　下荆江各弯道典型断面冲淤调整规律

注：虚线自下而上对应枯水河槽、基本河槽和平滩河槽

根据三峡水库蓄水前弯曲河道的演变特点，下荆江弯道可分为两个不同类别：第Ⅰ类弯曲河道表现为“凸淤凹冲”特点；第Ⅱ类弯曲河道表现为“凸冲凹淤”特点。三峡水库蓄水后，两类弯曲河道则一致表现为“凸冲凹淤”〔监利弯道[图 3.2-2-(c)]主槽内为维持滩槽格局，实施了凸岸的新河口边滩守护工程，保持了滩体完整，造成主汊的凹岸侧不断冲蚀崩退〕。为便于对滩槽冲淤规律的分析，依据滩体高程划分了枯水河槽、基本河槽以及平滩河槽。其中枯水河槽对应枯水位以下河槽，此时，监利站流量为 5 500 m^3/s；基本河槽对应与边滩平齐的水位，此时，监利站流量为 9 000 m^3/s；平滩河槽对应与河漫滩平齐的水位，此时，监利站流量为 22 000 m^3/s。对枯水河槽至基本河槽之间的边滩称之为低滩，基本河槽至平滩河槽之间的边滩称之为高滩，平滩河槽以上称之为河漫滩。

(1) 第Ⅰ类弯曲河型演变规律调整

第Ⅰ类弯曲河型以调关、莱家铺、反咀、熊家洲弯道为代表。调关弯道[图 3.2-2-(a)]在三峡水库蓄水前(1996—2003 年)枯水位以下滩体淤积明显，最大淤涨幅度达 7 m；凹岸河槽冲刷发展，河槽最大冲深达 15 m，深槽向凹岸摆动。在三峡水库蓄水后(2003—2016 年)，淤涨的凸岸低滩大幅冲刷，冲刷幅度超过 10 m，高滩基本维持不变，凹岸河槽淤积，局部淤积幅度超过 20 m，原有河槽部位形成了与基本河槽平齐的心滩，河势格局存在双槽争流的发展趋势。

莱家铺弯道[图 3.2-2-(b)]原有主槽偏向于凸岸侧(1996 年)，三峡水库蓄水前(1996—2003 年)，凸岸侧枯水河槽淤积较为明显，淤积幅度超过 6 m；而凹岸的低滩冲刷发展，冲刷幅度超过 12 m，形成新的河槽。三峡水库蓄水后(2003—2016 年)，凸岸低矮边滩再度冲刷，平均冲刷幅度 3 m 左右，高滩基本维持稳定，凹岸河槽淤积，在凹岸形成新的低滩，将河槽分为左右双槽，且以凸岸槽为主槽。

反咀弯道[图 3.2-2-(d)]断面为典型的Ⅴ形河槽断面，凸岸侧边滩较为平缓，凹岸侧较陡，三峡水库蓄水前(1996—2003 年)，反咀弯道枯水河槽的凸岸侧淤积明显，最大淤涨幅度超过 10 m，迅速形成枯水河槽以上的低滩，高滩基本维持稳定，河槽部位略有冲刷，幅度在 5 m 左右，但深泓位置变化不大，稳定在凹岸侧。三峡水库蓄水后(2003—2016 年)，高滩冲刷明显，平均冲刷幅度 5 m 左右；低滩发生小幅度冲刷，凹岸枯水河槽明显淤积，淤积幅度约为 5 m。

熊家洲弯道[图 3.2-2-(e)]主槽凸岸侧在三峡水库蓄水前(1996—2003 年)存在淤积现象,淤积集中于枯水河槽内,淤积幅度超过 5 m,凹岸侧河槽内冲刷幅度在 5 m 左右,由偏 U 形河槽发展为偏 V 形河槽;在三峡水库蓄水后(2003—2016 年),凹岸河槽的淤涨幅度超过了 1996 年,凸岸冲刷恢复 1996 年的水平,重新形成了 U 形河槽,枯水河槽以上的滩体基本维持不变。

从这四个弯道的变化规律来看,在三峡水库蓄水前均表现为凸岸侧淤涨,凹岸侧河槽冲刷;而在三峡水库蓄水后逐渐调整为凸岸侧边滩、河槽均冲刷,凹岸侧河槽发展、河漫滩基本不变。简而言之,即从"凸淤凹冲"发展为"凸冲凹淤"。

(2) 第Ⅱ类弯曲河型演变规律调整

第Ⅱ类弯曲河型则以七弓岭弯道、七洲弯道以及沙咀弯道为代表。七弓岭弯道[图 3.2-2-(f)]在三峡水库蓄水前(1996—2003 年),凸岸边滩冲刷发展,平均幅度约为 2 m,由高滩冲刷形成低滩,接近河道中心部位冲刷幅度最大,达 8 m,形成了 2003 年新的主河槽;原有凹岸河槽内,淤涨幅度超过 5 m,萎缩成为副槽。三峡水库蓄水后(2003—2016 年),这一趋势进一步加剧,凸岸低滩进一步冲刷至枯水河槽以下,并逐步取代凹岸侧河槽的主槽地位,平滩河槽以上的河漫滩甚至也发生了较为明显的冲蚀崩退;凹岸侧淤积形成高滩,将原有的单一河槽分为左右两汊,凹岸副槽相对稳定,深泓自 1996 年至 2013 年逐渐由凹岸摆动至凸岸。

七洲弯道[图 3.2-2-(g)]原有河道断面为 V 形断面,三峡水库蓄水前(1996—2003 年),凸岸的河漫滩、高滩、低滩均发生明显冲刷,平均冲刷幅度 2 m—5 m,凹岸河槽基本维持不变;三峡水库蓄水后(2003—2016 年),凸岸河漫滩与边滩的冲蚀幅度进一步增大,凸岸冲刷最大幅度超过 15 m,凹岸原有河槽淤涨,最大淤积厚度超过 10 m,形成基本河槽以上的高滩,将河道分为左右两汊,凸岸汊成为新的主槽。

沙咀弯道[图 3.2-2-(h)]凸岸侧明显分为两层阶梯状的滩体(1996 年),河漫滩与高滩在三峡水库蓄水前(1996—2003 年)以及三峡水库蓄水后(2003—2016 年)经历了不断崩塌后退的过程,崩退距离超过 200 m,而低滩则经历了三峡水库蓄水前淤涨、三峡水库蓄水后冲蚀的交替过程,凹岸侧河槽自三峡水库蓄水前至蓄水后一直维持淤积的态势。

总的来说,第Ⅱ类弯曲河型在三峡水库蓄水后基本维持了蓄水前凸岸冲刷崩退、凹岸河槽淤涨的趋势,且无论河漫滩、高滩、低滩在三峡水库蓄水后均存在不断冲蚀的现象，深泓线均经历了从凹岸到凸岸的过程，简而言之，第Ⅱ类弯曲河型在三峡水库蓄水前后均表现为“凸冲凹淤”特点。

3.2.1.2 水库下游弯曲河型演变的驱动因素

(1) 上游河势变化影响

弯曲河段上游河势对下游河段的演变有着极为重要的影响，素有“一弯变，弯弯变”之称。本书选取了第Ⅰ类弯道中的莱家铺弯道与反咀弯道以及第Ⅱ类弯道中的七弓岭弯道作为典型弯道代表，基于各弯道段深泓线资料，分析了上游河势变化对下游弯曲河型演变规律的影响。

莱家铺弯道位于河口至莱家铺连续弯道的尾端，由于上游调关弯道出口河槽窄深，存在节点作用，导致莱家铺弯道进口处深泓相对稳定，但弯顶部位深泓经历了右—左—右的摆动过程，演变规律也由三峡水库蓄水前的“凸淤凹冲”转为三峡水库蓄水后的“凸冲凹淤”。因此莱家铺弯道蓄水前后上游河势较为稳定，不是弯道演变规律调整的主要因素(图 3.2-3-A)。

反咀弯道上接铁铺顺直河段，三峡水库蓄水以来，顺直段深泓经历了先左摆后右摆的摆动过程，与此对应的，弯顶部位深泓同样经历了先左后右的摆动过程。深泓线的摆动反映了河道的冲淤调整情况，上游顺直段深泓线的摆动造成弯道进口主流的摆动，顺直段深泓左摆，主流冲刷凸岸，弯顶深泓左摆；顺直段深泓右摆，主流冲刷凹岸，弯顶深泓右摆，可见上游河势变化对反咀弯道冲淤规律调整有一定影响(图 3.2-3-B)。

熊家洲—城陵矶河段是典型的连续弯道段，三峡水库蓄水以来，七弓岭弯道段上游顺直段深泓经历了左—右—左的摆动过程，与此对应的，七弓岭弯道弯顶部分深泓也同样经历了左—右—左的摆动过程，与反咀弯道类似，上游河势的变化对七弓岭弯道冲淤规律的调整也存在一定的影响(图 3.2-3-C)。与此同时，受到七弓岭弯道深泓摆动的影响，下游的七洲弯道、沙咀弯道均经历了深泓线左—右—左的摆动过程，可见，连续弯道段上下游之间的关联性较为密切，上游河势变化对连续弯道段的冲淤规律调整有一定影响。

综上所述，上游河势变化是改变弯曲河型演变规律的影响因素之一，上游深泓的摆动会造成下游弯道进口入流条件的变化(图 3.2-3-D)，造成下游弯道冲淤规律的响应变化，进一步改变弯顶段深泓位置，这一影响在连续弯道段尤为明显。但即使上游河势稳定，莱家铺弯道蓄水前后仍然发生了由“凸淤凹冲”向“凸冲凹淤”的转变，因此，上游河势变化并非三峡水库下游群发性“凸冲凹淤”现象的主要驱动因素。

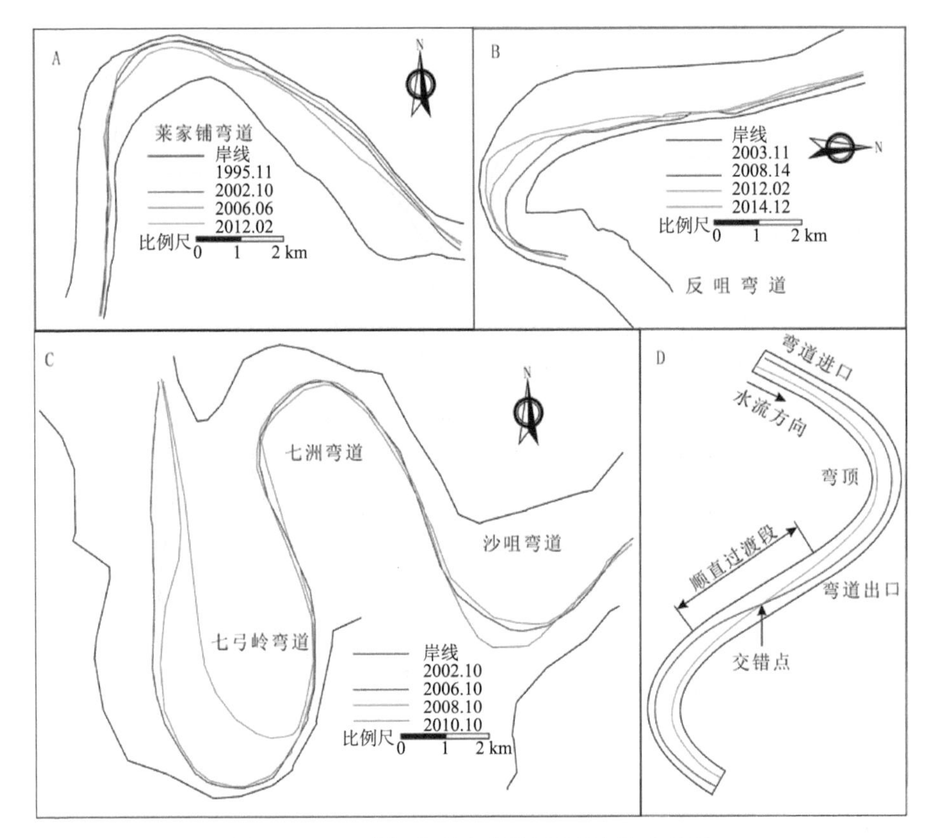

图 3.2-3　下荆江典型弯道段深泓线年际变化图

(2) 河道边界条件影响

自然条件下，随着弯道弯曲半径减小，洪水冲刷凸岸边滩极易导致弯道发生“凸冲凹淤、撇弯切滩”的现象，弯曲半径对弯道段演变的影响不可忽略。

自 1998 年以来，荆江河段人工护岸工程已经基本完成，河道岸线得到守护，横向摆动受到限制，河道整体弯曲半径基本稳定。采用试圆法对下荆江河段 2014 年河道中心线的弯曲半径进行统计(见表 3.2-1)。从统计结果来看，下荆江 8 个典型弯道的弯曲半径在 910～2 400 m 之间，弯曲半径最小的七弓岭弯道最先发生凸冲凹淤现象(三峡水库蓄水前)，并在上下游河势关联性的影响下，造成七洲、沙咀两弯道相继发生凸冲凹淤现象。

然而，自 1998 年以来，荆江河段人工护岸工程已经基本完成，在守护工程影响下，岸线在三峡水库蓄水前后维持不变，荆江各弯道段河道中心线弯曲半径也维持稳定。考虑到弯曲半径稳定的情况下，第Ⅰ类弯道由三峡水库蓄水前的凸岸边滩淤涨、凹岸河槽冲刷的演变特性转变为三峡水库蓄水后的凸岸边滩冲刷、凹岸河槽淤积的演变特性，规律发生了明显改变，这一改变与弯曲半径无关。

表 3.2-1 荆江弯曲河段弯曲半径统计(基于 2014 年 2 月河道中心线统计)

弯道名称	调关弯道	莱家铺弯道	监利弯道*	反咀弯道	熊家洲弯道*	七弓岭弯道	七洲弯道	沙咀弯道
弯曲半径(m)	1 170	1 400	2 400	1 150	1950	910	1 070	1 840

* 监利弯道、熊家洲弯道统计了主槽河道中心线的弯曲半径。

由此可见，河道边界条件对弯曲河型的演变存在着较为直接的影响作用，约束了河道的横向发展，改变了局部滩槽的变化特征(监利弯道)，但是三峡水库蓄水后，在弯曲半径维持稳定的情况下，第Ⅰ类弯曲河型演变规律发生了转变，可见河道边界条件并非造成水库下游弯曲河型群发性“凸冲凹淤”现象的主要驱动因素。

(3) 来水条件变化的影响

水流是河床演变的根本驱动力，水流条件的改变往往伴随着与之相应的河床变化。根据张植堂推导的适用于荆江河段的河湾水流动力轴线计算方程：

$$R_0 = 0.053R\left(\frac{Q^2}{gA}\right)^{0.348} \tag{3.2-1}$$

式中：R_0 为弯道主流线弯曲半径，R 为河道弯曲半径，Q 和 A 为流量和对应过流面积，y 为重力加速度。在流量增大的情况下，弯道主流的弯曲半径增加，弯道主流趋直，其结果就是主流速带向凸岸边滩靠近。因此，流量越大，主流速带越贴近凸岸；流量越小，主流速带越贴近凹岸。随着流量的增大，主流线向凸岸摆动，造成了滩面流速不断增大。基于张瑞谨挟沙力公式推导出如下方程：

$$S = k\left(\frac{u^3}{\omega gh}\right)^m \tag{3.2-2}$$

式中：k 、m 为根据当地条件决定的经验系数；ω 为泥沙沉速；g 为重力加速度；u 为测点垂向平均流速；h 为测点水深；决定固定测点各粒径组泥沙水流挟沙力的主要影响因素为 u^3/h 的比值，比值越大，水流冲刷动力越强。通过

图 3.2-4 可以看出，当流量由 7 000 m³/s 增大至 19 500 m³/s 时，各弯道凸岸均表现出了挟沙力增大的迹象，且挟沙力峰值区域向凸岸摆动。这一现象进一步说明，在流量逐渐增大至平滩流量的过程中，凸岸水流冲刷动力增强。

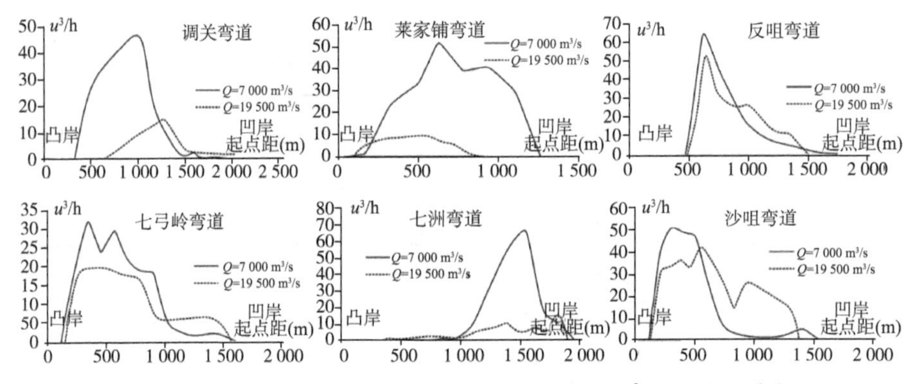

图 3.2-4　不同流量级下荆江各弯道挟沙力参数(u^3/h)沿断面变化

当流量超过平滩流量(22 000 m³/s)后，受到河漫滩阻力以及过流断面面积突然增加的影响，断面流速降低，全断面冲刷强度减弱，基于输沙量法统计的荆江沙质河床各流量级冲刷强度结果显示：当流量达到 25 000 m³/s 以上时，水流冲刷强度锐减至枯水流量(5 000 m³/s)级别；当流量继续增大时，冲刷强度再度呈现增加趋势(图 3.2-5)。结合凸岸边滩水流挟沙力变化以及各流量级水流冲刷强度的研究成果，可以发现：在三峡水库蓄水后缺少大洪水作用的情况下(35 000 m³/s 以上流量持续天数年均 1 天)，对凸岸冲刷力度最大的流量级应为平滩流量附近的流量级(图 3.2-5)：20 000～25 000 m³/s。

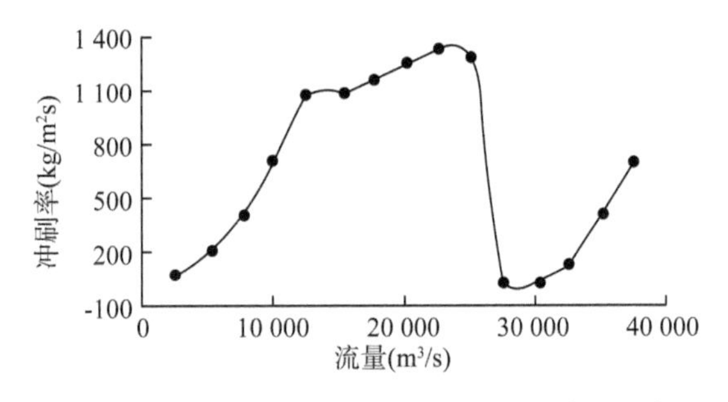

图 3.2-5　荆江沙质河床各流量级水流冲刷强度

以莱家铺边滩为例，由于其上游存在调关节点，上游河势较为稳定，受到边界条件、上游河势的影响较小。从滩体宽度变化来看，高滩[图 3.2-6-(a)]

在 2003 年以后基本维持不变，这与 35 000 m^3/s 以上洪水流量出现频率的锐减是一致的，三峡水库调蓄影响下，大洪水持续天数锐减至年均 1 天，因此莱家铺弯道高滩以上基本维持稳定，宽度变幅不超过 20 m。而低滩宽度[图 3.2-6-(b)]在三峡水库蓄水后则存在明显萎缩趋势，但在 2006—2007 年、2011—2012 年以及 2015—2016 年仍存在较为明显的淤涨，这与 2006 年、2011 年以及 2015 年平滩流量级持续时间的减少具有同步性(见表 3.2-2，2006 年 5 天，2011 年 17 天，2015 年 15 天)，综合来看，平滩流量级的持续时间影响了弯曲河段凸岸冲淤规律的变化，统计结果显示，当平滩流量持续时间低于 20 天时，凸岸一般表现为淤涨，超过 20 天时，凸岸一般表现为冲刷。

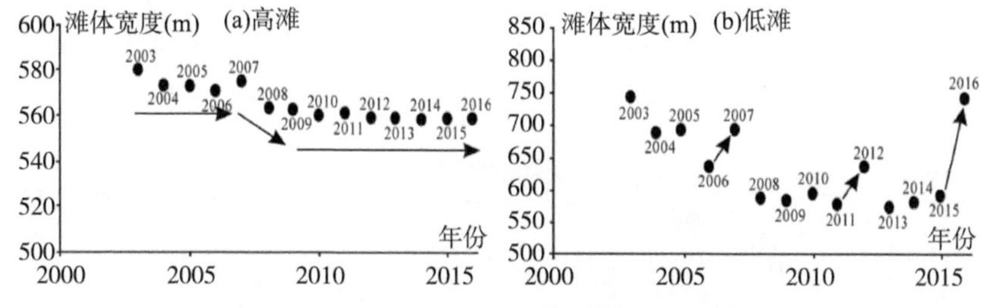

图 3.2-6　莱家铺弯道不同高程滩体宽度变化

表 3.2-2　三峡水库蓄水后监利站各流量级持续天数变化

(单位:天)

流量级(m^3/s)	均值	2003 年	2004 年	2005 年	2006 年	2007 年	2008 年
平滩流量(20 000～25 000)	34	43	36	40	5	27	33
洪水流量(>35 000)	1	0	5	1	0	6	0
流量级(m^3/s)	2009 年	2010 年	2011 年	2012 年	2013 年	2014 年	2015 年
平滩流量(20 000～25 000)	41	46	17	29	38	67	15
洪水流量(>35 000)	0	0	0	3	0	2	0

综上所述，不同流量级持续时间的变化直接影响了弯曲河段凹、凸岸不同区域冲淤规律的变化，在流量逐渐增大至平滩流量过程中，凸岸侧水流冲刷强度

(水流挟沙力)不断增强,最强冲刷力度为平滩流量级(20 000～25 000 m^3/s)。平滩流量级持续时间增长,凸岸低滩冲刷;平滩流量级持续时间少于20天,凸岸低滩淤积。流量过程改变是造成第Ⅰ类、第Ⅱ类弯曲河型在蓄水后"凸冲凹淤"现象群发的主要原因。

(4) 来沙条件变化的影响

河床冲刷的直接原因一般是不饱和含沙水流冲蚀河床表层泥沙,尤其是参与造床的泥沙含量的减少会加重河床变形幅度。根据莱家铺、七弓岭2009年河床床沙组成情况,粒径 $D>0.125$ mm的粗砂占90%以上,造床泥沙以粗砂为主。沙市、监利水文站分组沙输运量统计结果表明(图3.2-7),沙市站三峡水库蓄水后粗砂输运量由2003年的0.37亿t减少至2009年的0.15亿t,减幅超过50%,但由于河床粗砂补给,使得监利水文站2003—2009年粗砂输运量基本接近蓄水前均值,也就是说,三峡水库蓄水后(2003—2009年),监利站下游河段水流挟带的主要造床泥沙维持蓄水前水平。

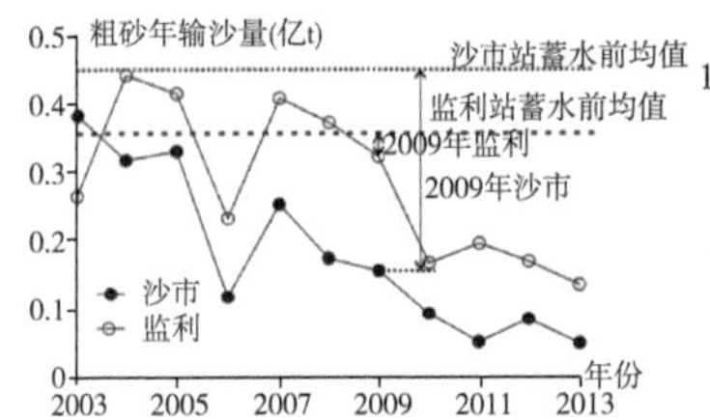

图3.2-7 沙市、监利水文站粗砂年均输运量变化

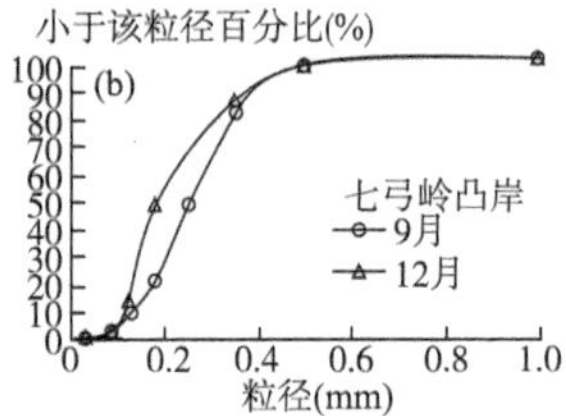

图3.2-8 莱家铺、七弓岭弯道凸岸床沙级配变化图

由此可以推断,沙市—监利站之间的莱家铺弯道造床泥沙未恢复蓄水前水平,而监利站下游的七弓岭弯道造床泥沙已恢复蓄水前水平。对比两弯道段凸岸床沙组成的变化情况可以发现(图3.2-8):莱家铺弯道,在2009年退水过程中(9—12月),凸岸存在床沙粗化的现象,说明退水过程凸岸仍在冲刷;而对于七弓岭弯道,在2010年退水过程中,凸岸床沙组成有细化趋势,床沙中值粒径略有减小[图3.2-8-(b)],说明退水过程七弓岭弯道凸岸略有淤积。

综上所述,三峡水库蓄水后(2003—2009年),监利站下游主要参与造床的粗砂含量并未发生明显减小,而"凸冲凹淤"的现象已经普遍出现。可见,在当前冲刷条件下,悬沙浓度的变化并非造成水库下游弯曲河型冲淤部位发生调整的主要诱因。但水流粗砂含量的减少,增强了水流冲刷能力,造成了下荆江河段的普遍蚀退，并致使弯道段退水期凸岸回淤受到限制，使得凸岸冲刷幅度更为剧烈。2010 年以后(图 3.2-7)，造床泥沙输运量进一步减小，在水流条件不变的情况下，未来凸岸冲刷可能进一步加剧。

(5) 洞庭湖顶托作用影响

七弓岭弯道、七洲弯道以及沙咀弯道距离洞庭湖出汇口——城陵矶较近，其水流动力势必受到洞庭湖出流影响，可能引起上游水位抬升、流速变缓、主流摆动等现象，进而影响到弯曲河道的演变规律。

利用数学模型，模拟了相同监利流量、不同洞庭湖出流情况下，熊家洲—沙咀弯曲段主流变化情况，结果表明：洞庭湖出流顶托作用主要对七弓岭、七洲以及沙咀弯道的主流变化有明显影响，对于熊家洲弯道主流影响不大。其中沙咀、七洲弯道在枯水流量(Q=6 000 m^3/s)时，洞庭湖出流顶托影响最大，造成了主流线由凹岸直接摆动至凸岸；而对于七弓岭弯道则在多年平均流量(Q=13 000 m^3/s)时，影响最大，造成了主流由凹岸直接摆动至凸岸。

表 3.2-3 不同洞庭湖出流影响下各弯道主流线摆动幅度

干流流量(m^3/s)	支流流量变化(m^3/s)	主流摆动幅度(m，向凸岸摆动为+)			
		熊家洲弯道	七弓岭弯道	七洲弯道	沙咀弯道
7 580	2 000～4 500	+15	+18	+55	+80
	4 500～12 000	+25	+65	+211	+170
13 000	4 000～9 000	+52	+95	+40	+95
	9 000～14 000	+45	+88	+21	+60

已有研究表明，三峡水库蓄水以来，洞庭湖出口洪道并无明显的冲淤调整，下游侵蚀基准面短期内也不存在明显的冲淤调整，因此三峡水库蓄水前后下荆江河段下边界条件较为稳定，洞庭湖出流对下荆江河床演变规律调整并无明显影响作用。

综上，弯道主流的顶托作用使得三峡水库蓄水后七弓岭、七洲、沙咀三个弯道河漫滩存在冲刷趋势，而其余河段的河漫滩在三峡水库蓄水后基本维持不变。但顶托作用的影响主要作用于七弓岭、七洲以及沙咀弯道，对上游弯道基本无影响。综上所述，洞庭湖顶托作用是造成七弓岭、七洲、沙咀弯道河漫滩冲刷的原因之一，但并非造成下荆江弯道群发性"凸冲凹淤"的主要驱动因素。

3.2.2 分汊河段演变特点及规律研究

长江中游分汊河道基本演变特征表现为主支汊周期性交替，但周期长短不一，长者可达数百年，如天兴洲河段1860年左汊已为主汊，而今主汊却在右汊，本轮演变周期至少150年；短的仅有十几年，如陆溪口水道1951—1967年仅十几年的时间就完成了一轮演变周期。三峡水库蓄水后，来水来沙条件发生变化，对下游汊道的演变特征产生了深远影响，下面主要从边心滩演变、深槽演变、上游河势影响、崩岸等方面出发，研究长江中下游分汊河段演变特点及规律。

(1) 边心滩演变

从年际变化来看，三峡水库蓄水前，边心滩随主支汊兴衰而此冲彼淤，但总体保持冲淤平衡。如沙市河段1971—1985年北汊枯水期分流比由50%增加至70%，与此对应腊林洲边滩面积逐渐增加，三八滩面积逐渐减小，但总面积变化不大(图3.2-9)；1998年和1999年大水过后，北汊枯水期分流比由70%减小至28%，相应腊林洲边滩有所冲刷，三八滩则有所淤积，总面积仍变化不大。三峡水库蓄水后，沙市河段凹岸杨林矶边滩面积由蓄水初期的0.33 km^{2}减少为2009年的0.06 km^2，三八滩面积由2003年的2.34 km^{2}萎缩至2009年的0.38 km^2(图3.2-9)，两者面积共减小2.23 km^2，占2003年两者总面积的83.5%；同期凸岸腊林洲边滩面积有微弱增长。可见，三峡水库蓄水后凹岸边滩和洲头低滩呈冲刷萎缩，凸岸边滩淤积，但整体呈冲刷萎缩趋势。此外，长江中游其他汊道，如监利河段、罗湖洲河段、戴家洲河段等均表现类似的演变特点。

长江中游分汊河道一般分布有凸岸边滩、凹岸边滩、洲头低滩等边心滩，这些边心滩年内随主流位置不同而冲淤变化。通常，凸岸边滩汛期处于缓流区、枯水期处于主流区，而凹岸边滩和洲头低滩则洪水期为主流区，枯水期为缓流区。三峡水库蓄水前，建立水道凸岸新河口边滩表现为"洪淤枯冲"，而凹岸洋沟子边滩和乌龟洲洲头低滩则表现为"洪冲枯淤"[图3.2-10-(a)]。三峡水库蓄水后，以天兴洲汊道为例，汛期凹岸汉口边滩冲刷变窄，天兴洲洲头低滩相应向后退缩、形态矮小；枯水期汉口边滩淤积变宽，洲头低滩也相对高大完整[图3.2-10-(b)]，即三峡水库蓄水后延续了蓄水前的边心滩年内演变特点。

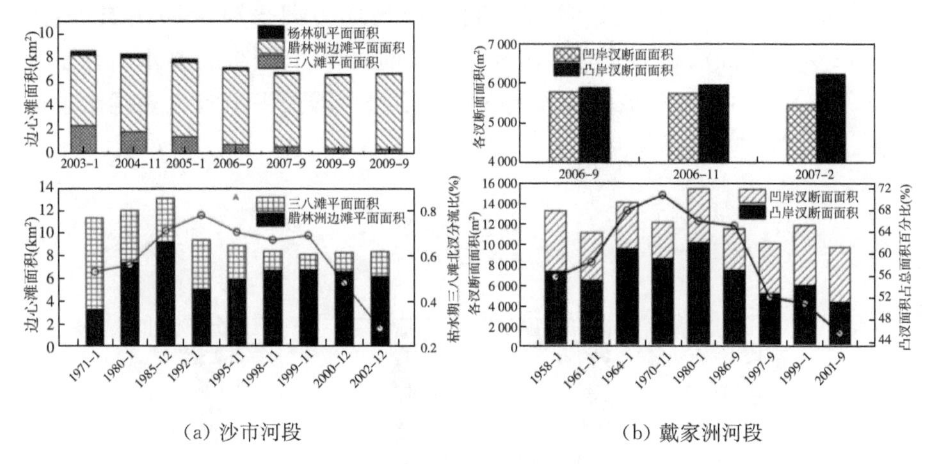

(a) 沙市河段　　　　(b) 戴家洲河段

图 3.2-9　典型河段深槽断面面积变化

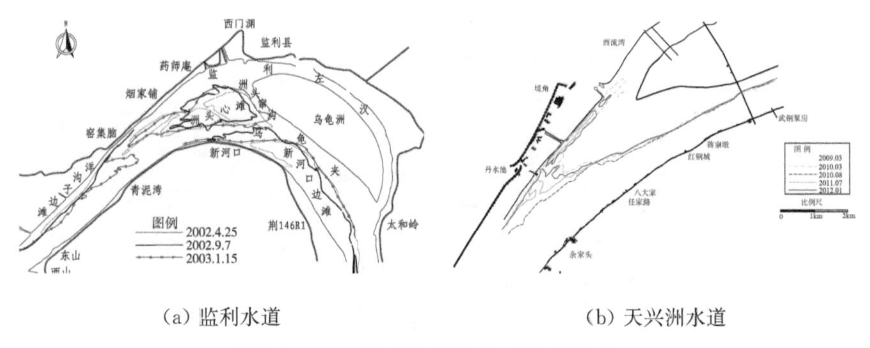

(a) 监利水道　　　　(b) 天兴洲水道

图 3.2-10　监利水道边心滩年内演变图

(2) 深槽演变

从年内变化来看，深槽随主流位置变化而呈规律性变化。一般而言，洪水期主流位于凹岸，枯水期主流位于凸岸，因此凹岸侧深槽表现为“洪冲枯淤”，凸岸侧深槽则表现为“洪淤枯冲”，这种规律蓄水后得到延续。图 3.2-9-(b)所示为戴家洲两汊道航基面以上 2.0 m 水位对应的断面面积，蓄水后戴家洲凹岸洪水期面积增加，表现为汊道冲刷；凸岸洪水期面积减小，表现为汊道淤积。

然而，三峡水库蓄水后，也出现了两汊深槽年际间均呈冲刷的趋势。实测资料显示，2003—2016 年张家洲左汊枯水位以下河槽累计冲刷 1 404 万 m^3，右汊冲刷 4 982 万 m^3(图 3.2-11)；天兴洲河段 2001—2006 年左汊枯水位下冲刷 264 万 m^3，右汊冲刷 165 万 m^3，即两汊深槽均发生明显冲刷。对于过流能力较小的凹岸汊，这种冲刷作用表现为洲头窜沟冲刷发展，图3.2-12为罗湖洲汊道洲头心滩窜沟深泓纵剖面年际变化图，蓄水后深泓逐渐刷深，2005—2009年最大刷深约8 m。监利水道洲头窜沟也表现出类似规律。

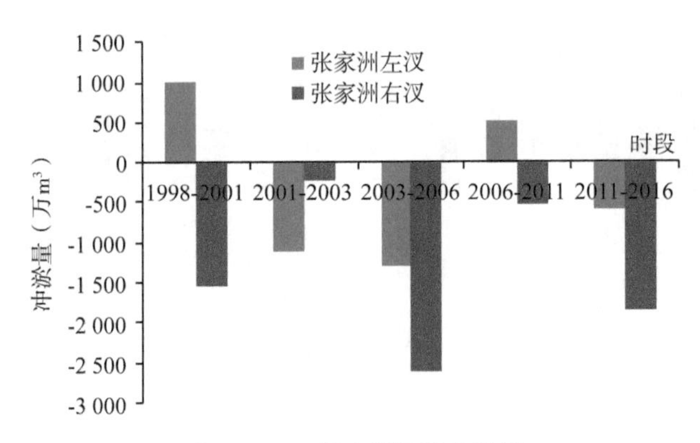

图3.2-11　张家洲汊道冲淤量

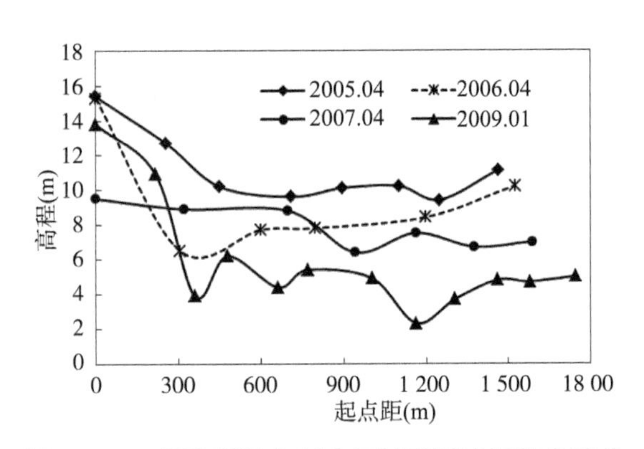

图3.2-12　罗湖洲洲头心滩窜沟深泓纵剖面年际变化

(3) 上游河势影响

从长江中游汊道演变对上游河势变化响应的统计结果(表3.2-4)可以看出，上游河势变化周期与汊道交替周期基本一致。如陆溪口水道，当上游新堤夹分流比较大、白沙边滩萎缩时，陆溪口新洲头部往往出现窜沟，形成新中港。已有研究也认为，正是由于20世纪中期蛇山以上主流左摆，才导致天兴洲河段主汊从左汊摆至右汊。

表 3.2-4 三峡水库蓄水前长江中游汊道演变对上游河势变化的响应

河道名称	时期	上游河势变化	汊道对上游河势变化的响应
新堤汊道	1967 年和 1982 年左右、2000—2004 年	上边滩下移至谷花洲附近	主汊从右汊摆至新堤夹
陆溪口汊道	1967 年和 1982 年左右、2000—2006 年	新堤夹为主汊、白沙边滩萎缩	新洲头部窜沟出现
天兴洲汊道	19 世纪中期—20 世纪初	蛇山以上主流偏靠右岸	左汊为主汊
	20 世纪中期以来	蛇山以上主流偏靠左岸	右汊为主汊
罗湖洲汊道	19 世纪中期	湖广水道深泓居中	主汊从左汊摆至中汊
	20 世纪 30 年代	湖广水道深泓靠右	主汊从中汊摆至左汊
	20 世纪 60 年代	湖广水道深泓靠左	主汊从左汊摆至中汊，左汊萎缩

三峡水库蓄水后，上游河势变化与汊道演变仍然对应。以罗湖洲汊道为例(如图 3.2-13)，2006 年之前上游赵家矶边滩冲淤变化不大，东槽洲洲头心滩年际间略有冲刷；2007 年之后赵家矶边滩明显萎缩，与此相应，东槽洲洲头心滩明显萎缩。可见，当赵家矶边滩萎缩时，罗湖洲汊道进口的矶头群相对凸显，矶头迎流顶冲时挑流作用增强，作用于洲头心滩导致其冲刷萎缩。因此，三峡水库蓄水后汊道的演变与上游河势变化仍基本对应。

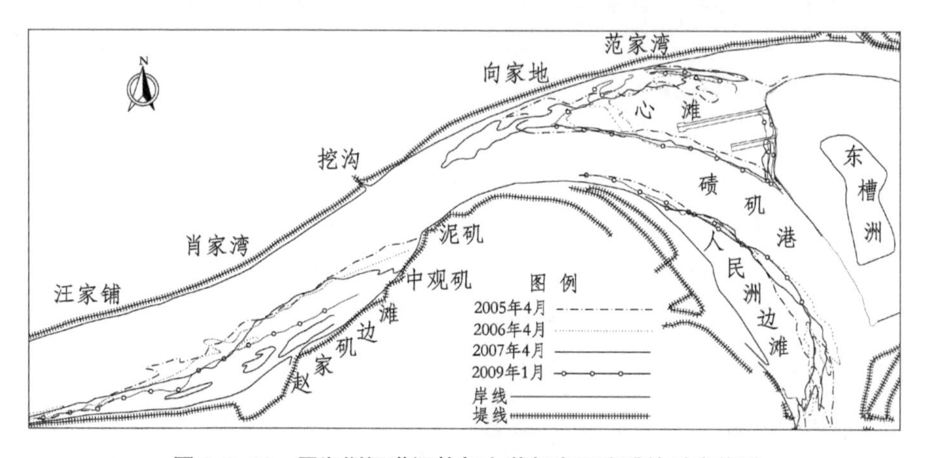

图 3.2-13 罗湖洲汊道河势与上游赵家矶边滩的对应关系

(4) 崩岸

长江中下游河岸崩塌较为严重，据统计，在 1949—1992 年间长江中下游 60%左右的河岸均发生过崩塌，而 1999—2003 年荆江发生崩岸险情 15 处，崩岸长度达 6 600 m。统计资料显示，崩岸位置随汊道兴衰而调整，当凹岸汊发展时，凹岸崩塌严重；当凸岸汊发展时，江心洲右缘崩退严重。监利水道右汊1975 年成为主汊，之后的 1978—1986 年右岸年均最大崩退 160 m，20 世纪 90 年代监利水道右汊成为主汊，之后 1996—2002 年乌龟洲右缘年均崩退 50 m；罗湖洲汊道右汊自 20 世纪 70 年代成为主汊以来，东槽洲右缘年均崩退约 30 m。

实测资料统计显示，三峡水库蓄水后与蓄水前相比，河岸崩塌长度增加，荆江河段 2003—2007 年崩岸长度达 33.6 km。表 3.2-5 对比了典型汊道蓄水前、后崩岸部位及宽度的变化情况，三峡水库蓄水后汊道凹岸及江心洲右缘尾部崩退速度加快，而江心洲右缘中上部崩退速度减弱。

表 3.2-5　三峡水库蓄水前后长江中游汊道崩岸部位及宽度

分类	崩岸部位	蓄水前		蓄水后	
		年份(年)	平均崩岸宽度(m)	年份(年)	平均崩岸宽度(m)
汊道凹岸及江心洲右缘尾部	监利汊道凹岸	1986—2002	1.7	2003—2007	4
	陆溪口汊道凹岸	蓄水前	70	2003—2007	80
	乌龟洲右缘尾部	蓄水前	36	2003—2007	70
	东槽洲右缘尾部	1998—2002	20	2003—2005	37
江心洲中上部	乌龟洲右缘中上部	1986—2002	57	2003—2007	22
	天兴洲右缘中上部	1990—2002	84	2003—2007	60

综上所述，水库蓄水前后汊道演变相同之处在于：①三峡水库蓄水后边心滩、深槽延续了蓄水前的冲淤规律；②上游河势变化对汊道演变有重要影响。不同之处在于：①三峡水库蓄水前边心滩此冲彼淤，总面积变化不大；蓄水后边心滩总面积减小，冲淤部位表现为凹岸边滩及洲头低滩冲刷，凸岸边滩淤积；②三峡水库蓄水前深槽此冲彼淤，蓄水后两汊均呈冲刷趋势，对于过流能力较小的凹岸汊，窜沟冲刷发展；③三峡水库蓄水后崩岸长度增加，凹岸及江心洲右缘尾部崩退速度加快，江心洲右缘中上部崩退速度减缓。

3.2.2.1　汊道交替演变及影响因素研究

(1) 流量过程周期性变化导致主支汊周期性易位

流量对汊道主支汊易位的影响分为直接作用和间接作用两种类型。

第一类直接作用，表现在上游河势相对稳定的河段，如嘉鱼汊道，当螺山站流量大于 35 000 m^3/s 持续天数偏多时，汊道进口石矶头挑流作用较弱，汪家洲边滩向下淤涨，主汊稳定于右槽；反之，石矶头挑流作用较强，汪家洲边滩被切割为低矮心滩，主汊由右槽摆至左槽。

第二类间接作用，表现在上游河势发生明显调整的河段，如界牌—新堤汊道。历年测图分析表明，界牌汊道交错边滩周期性平移，导致过渡段主流平面位置随之上提下移，引发下游新堤主支汊周期性易位。如图 3.2-14 所示，当流量小于 35 000 m^3/s 的持续天数偏多时，如 1959—1963 年、1972—1973 年、1989—1994 年，螺山边滩位置靠上且规模狭小，主流顶冲上边滩使其“头冲尾淤”，滩尾下移至谷花洲附近且滩形完整，将水流导入新堤右汊，因此 1964 年、1974 年、1995 年新堤主汊稳定于右汊；当流量大于 35 000 m^3/s 的持续天数偏多时，如 1967—1970 年、1979—1983 年、1998—2002 年，随着上边滩继续下移，过渡段水流持续坐弯，水流在新洲脑附近切割上边滩，导致新堤右汊进口洲滩散乱、槽口众多，随后上边滩向上淤积与儒溪边滩连为一体，螺山边滩向下淤积且滩形完整，将水流导入新堤左汊，使得 1968、1981、2002 年新堤主汊由右汊摆回左汊。综上，正是影响主流摆动的特征流量持续天数的周期性出现，才使得上边滩和螺山边滩周期性平行移动，导致新堤水道主支汊周期性交替。因此，长江中游分汊河道主支汊周期性交替的主要原因在于流量过程具有周期性。

三峡水库蓄水后，仅枯水流量出现频率有所调整，而中、洪水流量出现频率变化不大，流量过程仍具有周期性，因此长江中游汊道的主支汊仍呈周期性交替。随着上游边滩萎缩，汊道进口矶头挑流作用增强，主流在凹岸汊持续时间延长、在凸岸汊持续时间缩短，导致凹岸汊冲刷发展，凸岸汊淤积萎缩，因此凹岸汊由支汊转为主汊周期有缩短趋势。

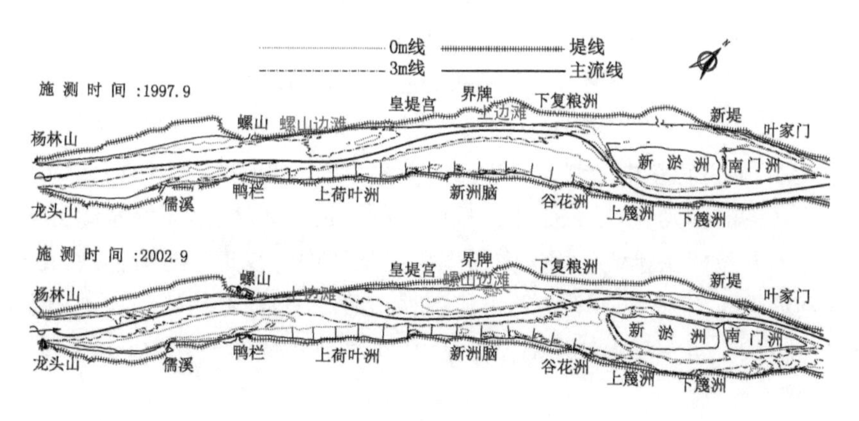

(a) 新堤水道主支汊交替

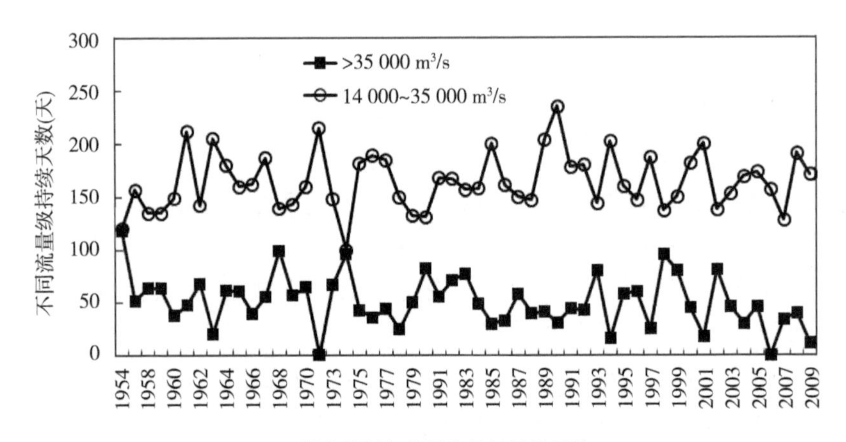

(b) 螺山站历年特征流量级持续天数

图 3.2-14　新堤水道主支汊交替与螺山流量周期性变化的对应性

(2) 水库下游来沙量锐减导致边心滩总面积显著减小。

三峡水库蓄水前,总体而言来沙量变化不大,年际间边心滩冲刷部分能够及时回淤,总面积变化不大。三峡水库蓄水后,来沙量大幅减小,2003—2008 年宜昌年均输沙量为 0.6 亿 t,仅占三峡水库蓄水前的 12%,螺山、汉口年均输沙量也仅占蓄水前的 27%～30%。来沙量大幅度减小使得冲刷加快、淤积减缓,因此,三峡水库蓄水后边心滩总体呈冲刷趋势。

(3) 水库下游矶头挑流作用增强导致边心滩冲淤部位调整。

罗湖洲汊道东槽洲头心滩,2005 年以前虽有冲刷,但幅度较小,而 2007 年之后大幅冲刷。实测资料显示(表 3.2-6),2005 年和 2007—2008 年含沙量基本一致,且 2005 年心滩冲刷流量持续天数较 2007—2008 年多 27 天,若上游河势变化不大,2005 年洲头心滩冲刷幅度应较 2007—2008 年大,2005 年的水沙过程更有利于洲头心滩冲刷,然而实际恰好相反。

从上游河势变化情况来看,2005 年赵家矶边滩变化不大,2007 年以后则明显萎缩,显然正是由于赵家矶边滩的萎缩,使得矶头挑流作用增强,心滩位于主流区的时间延长,导致心滩大幅度冲刷后退。事实上,三峡水库蓄水前,边滩萎缩导致矶头挑流作用增强的现象在长江中游汊道就有所体现,比如当界牌河段左汊为主汊时,石头关水道白沙边滩萎缩,赤壁山挑流作用增强,表现为主流被挑至左汊中港的临界流量由 30 000 m^3/s 降至 16 000 m^3/s。

表 3.2-6 罗湖洲汊道不同时期水沙、上游河势及洲头心滩变化

时间(年)	心滩冲刷流量天数(天)	平均含沙量(kg/m³)	赵家矶边滩	洲头心滩变化
2005	108	0.23	变化不大	略有冲刷
2007—2008	81	0.16	明显萎缩	大幅冲退

综上,三峡水库蓄水后含沙量减小、汊道上游边滩萎缩导致进口矶头挑流作用增强,凹岸边滩及洲头低滩处于主流区的时间延长,导致冲刷速度加快,而凸岸边滩处于主流区的时间缩短而有所淤积。

(4) 水库下游两汊深槽皆冲,过流能力较小的凹岸汊洲头窜沟发育

三峡水库蓄水前,长江中游汊道基本冲淤平衡,随主支汊的兴衰交替,主流在两汊持续时间此消彼长,导致深槽此冲彼淤。三峡水库蓄水后,一方面,受上游边滩萎缩、汊道进口矶头挑流作用影响,主流在凹岸汊持续时间延长,同时含沙量减小,均促使凹岸汊冲刷;另一方面,尽管主流在凸岸汊持续时间缩短,但三峡水库蓄水后天然的来流偏枯(其中,监利站 6 700~15 000 m³/s 的持续天数由蓄水前的 123 天增加至蓄水后的 146 天),加之含沙量减小,使得凸岸汊也有所冲刷。对于过流能力较小的凹岸汊,受较大阻力影响,往往在洲头低滩带形成横向水流(图 3.2-15),矶头的长期挑流使横向水流持续时间延长,同时含沙量减小、冲刷加快,促使窜沟发育。

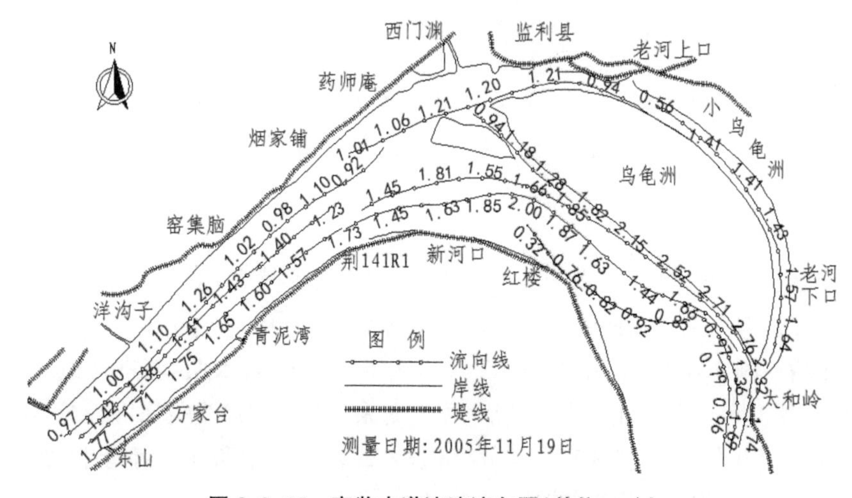

图 3.2-15 窑监水道流速流向图(单位:m/s)

(5) 水库下游崩岸长度增加,汊道凹岸及江心洲右缘尾部崩退速度加快,

江心洲右缘中上部崩退速度减缓。

从已有研究来看，长江中下游河岸崩塌的主要原因在于水流对河岸的侵蚀力大于河岸抗侵蚀力，使河岸坡比大于稳定坡比，河岸坡比增大的主要原因为深泓摆向河岸并且逐步刷深。三峡水库蓄水后，含沙量减小，深泓沿程刷深，沿程河岸坡比增大，使得蓄水初期的崩岸长度有所增加。受汊道进口矶头挑流作用增强影响，凹岸汊深泓刷深幅度较大，同时深泓摆向凹岸，使其崩退速度明显加快；主流在凸岸汊持续时间缩短，一方面凸岸汊深泓刷深较小，使江心洲右缘中上部崩退速度减缓；另一方面，凸岸边滩淤积长大，导流作用增强，主流摆向江心洲，江心洲右缘尾部附近深泓刷深、坡比增大，因而崩退速度加快。

综上，水库下游汊道演变的流量成因在于，蓄水后中洪流量出现频率基本不变，汊道主支汊交替周期性得到延续，天然来流偏枯，凹岸汊由支汊转为主汊的周期缩短；来沙量成因在于，蓄水后来沙量锐减，边心滩和两汊深槽整体呈冲刷趋势，崩岸长度增加；上游河势成因在于，汊道上游边滩萎缩，进口矶头挑流作用增强，主流进入凹岸汊持续时间延长，导致凹岸侧滩体萎缩，深槽发展；进入凸岸汊持续时间缩短，导致凸岸侧滩体淤涨，深槽冲刷减缓，江心洲右缘尾部崩退速度大于中上部。

3.2.2.2 典型汊道的演变

3.2.2.2.1 沙市河段

太平口水道上起陈家湾，下至玉和坪，全长 20 km。该水道以杨林矶为界分为上下两段，上段被太平口心滩分为南北两槽，下段被三八滩分为左右两汊。

1）冲淤变化

三峡水库蓄水后，受来沙减少的影响，太平口水道总体呈冲刷态势，冲刷幅度有限，但河道的横向调整幅度较大。2003 年 9 月—2006 年（135 m 蓄水期）年均冲刷 450 万 m^3 左右，2007—2009 年（156 m 蓄水期）基本冲淤平衡；三峡工程 175 m 实验性蓄水启动后，受上游来沙进一步减少的影响，水道内大幅冲刷；10 年累计冲刷 3 106 万 m^3（见表 3.2-7），按 20 km 河道平均河宽 1 800 m 计，平均冲刷厚度接近 1 m。

太平口水道总体呈冲刷态势，太平口心滩先淤后冲，北槽淤积，南槽冲刷；上下分汊段之间的过渡段，腊林洲低滩岸线大幅度冲刷后退，左岸杨林矶边滩淤涨下延，挤压北汊进口，过渡段航道大幅右摆；三八滩分汊段以持续冲刷萎缩为主要特征，腊林洲中部低滩区域即南汊进口大幅冲刷，过渡段深槽出现大幅右摆的不利趋势。荆江工程腊林洲中部低滩护滩带实施以来，腊林洲中部滩体有所恢复，迫使杨林矶边滩右缘有所冲刷后退，北汊进口航道条件向积极的方向发展。但由于中枯水塑造滩槽的能力有限，目前滩槽格局仍较为不利。

表 3.2-7　2003 年以来沙市河段冲淤量统计表

（单位：万 m^3）

时间	冲刷量	淤积量	冲淤量
2003.3—2005.3	3 051	2 192	−859
2005.3—2007.3	2 909	1975	−934
2007.3—2008.4	1 826	2 044	+218
2008.4—2009.2	1 872	1 709	−163
2009.2—2010.3	2 471	1 401	−1 070
2003.3—2010.3	12 128	9 321	−2 807
2010.3—2011.2	1 375	1 657	+282
2011.2—2012.2	3 357	2 551	−806
2012.2—2013.2	2 523	2 397	−126
2013.2—2014.2	1 100	1 450	+350
2003.3—2014.2	20 480	17 374	−3 106

2）河床演变

（1）太平口水道平面形态总体稳定，但滩槽演变剧烈，三八滩分汊段调整幅度大于太平口心滩分汊段，尤其是大水年会加剧滩槽调整幅度。

太平口水道两岸受堤防控制，平面外形是比较稳定的，且一直维持上下两段分汊的总体格局。但是，蓄水以来河道内滩槽形态演变过程十分复杂，在来沙大幅减少的边界条件下，仍存在较大幅度的冲淤消长，比较而言，由于河宽明显偏大的缘故，三八滩分汊段的调整幅度和速度均明显大于太平口心滩分汊段。

2003 年三峡水库截流蓄水之时，太平口水道正经历 1998 年、1999 年特大洪水作用后的恢复过程，新淤而成的三八滩较老三八滩明显偏小偏矮，河道内总体呈现滩形散乱的局面。三峡水库蓄水以后，太平口心滩总体是逐渐淤涨的，南槽持续冲深，但近期太平口心滩有所冲刷萎缩，尤其是下段，冲蚀较为严重。

三峡工程蓄水以来三八滩分汊段经历了不同的演变阶段，在蓄水的前三年，滩槽的变化主要表现为新三八滩滩头冲刷后退—杨林矶边滩淤涨下移—杨林矶边滩与三八滩合并的周期性变化，不过三八滩的规模总体而言是不断缩小的，2007 年以后，三八滩滩头基本稳定，北汊进口 2＃槽发育形成较为稳定的航槽。三八滩分汊段的演变过程较好地反映了来沙变化的影响，在蓄水之初，由于上游砂卵石河段的床沙补给，太平口水道内仍有较大的泥沙来量，此时由于滩形散乱，冲淤是比较剧烈的。随后由于来沙进一步减少，且径流过程偏枯，在航道整治工程的控制下，中枯水主流逐渐塑造出较为稳定的航槽。

2012 年的大水对三八滩分汊段影响十分显著，该年汛期过后，腊林洲中部低滩区域即南汊进口大幅冲刷，过渡段深槽出现大幅右摆的不利趋势，与此相应的，杨林矶边滩右缘大幅淤积，挤压北汊进口，过渡段航道大幅右摆。腊林洲 2013 年来水明显偏枯，且随着荆江工程的逐步实施，腊林洲中部滩体有所恢复，迫使杨林矶边滩右缘有所冲刷后退，但由于中枯水塑造滩槽的能力有限，目前滩槽格局仍较为不利。

(2) 分汇流格局不稳定，大水过程对北汊分流有不利影响。

三峡工程蓄水以后至 2012 年大水之前，南槽、北汊分流比总体逐渐增加，但 2012 年大水之后，随着杨林矶边滩右缘大幅淤积挤压北汊进口，并导致了随后北汊淤积、南汊冲刷，北汊分流比出现了锐减(见表 3.2-8)。

表 3.2-8　太平口水道年际分流比变化

时间	流量(m^3/s)	分流比(%)			
		北槽	南槽	北汊	南汊
2001.2.18	4 370	68	32	43	57
2002.1.20	4 560	59	41	35	65
2003.3.2	3 728	55	45	27	73
2003.5.28	10 060	65	35	42	58
2003.10.10	14 904	60	40	36	64
2003.12.12	5 474	56	44	34	66
2004.1.26	4 842	52	48	32	68

续表

时间	流量(m^3/s)	分流比(%)			
		北槽	南槽	北汊	南汊
2004.11.18	10 157	48	52	35	65
2005.11.25	8 703	45	55	45	55
2006.9.18	10 300	51	49	42	58
2007.3.16	4 955	47	53	46	54
2009.2.19	6 907	38	62	43	57
2010.3.4	6 000	35	65	41	59
2011.2	5 933	38.6	61.4	59.4	41.6
2012.2	6 233	37.4	62.6	67.8	32.2
2013.2	6 130	42.0	58.0	61.0	39.0
2014.2	6 200	42.0	58.0	36.0	64.0

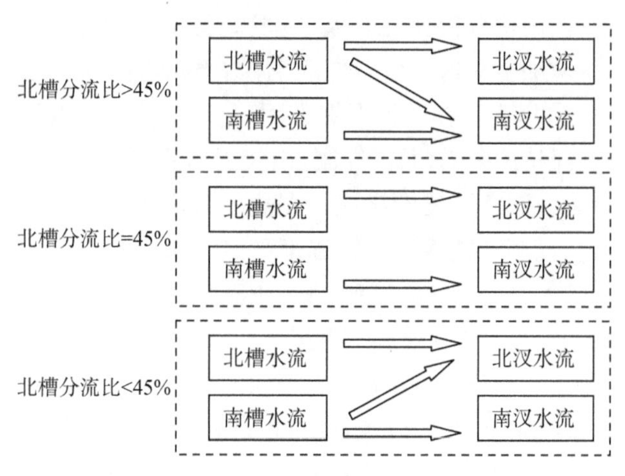

图3.2-16 太平口水道南北槽、南北汊分流关系

另外，太平口水道上、下两个分汊段之间的过渡段存在十分复杂的水流交换，在2012年之前，从北槽分流比与这种水流交换的关系来看，有如下三种情况(见图3.2-16)：

①北槽分流比大于45%时，北槽分流比大于北汊分流比，即北槽水流有一部分进入南汊；

②北槽分流比等于45%时，北槽分流比等于北汊分流比，即北槽水流进入北汊，南槽水流进入南汊；

③北槽分流比小于45%时，北槽分流比小于北汊分流比，即南槽水流有一部分进入北汊。

对于北汊的航道条件来说，2009年至2012年这一时间段所处的第三种情况最有利于保证其进口2#槽槽口的单宽水动力强度，确保航道条件的稳定。从2012年大水过后的分流比来看，虽然太平口心滩分汊段的分流比没有明显变化，但过渡段明显的南冲北淤显然对该区域的分汇流格局产生了极为不利的影响。

3）浅滩变化

太平口水道的河道很不稳定，河床演变剧烈，以河道内主流频繁摆动、洲滩互为消长、汊道兴衰交替为主要变化特征。三峡工程蓄水以来，尽管受人工护岸的影响，太平口水道两岸岸线基本稳定，但河道内滩槽变化剧烈，其依据浅滩区域航道条件的不同大致分为三个阶段：

第一阶段是南槽—北汊航路形成期（2003—2007年），在这一阶段，上段太平口心滩分汊段南槽分流比逐渐增加，发展为主汊；下段三八滩分汊段北汊分流比也有所增加。在这一阶段的后期，枯水期南槽分流比在50%以上，北汊分流比在40%以上。在滩槽形态方面，上段南槽冲刷发展，太平口心滩逐渐淤涨。三八滩持续萎缩，北汊冲刷，南汊逐渐北移，且南汊汊道流路逐渐取直，南汊设计副通航桥孔逐渐淤废。在这一阶段中，太平口水道内部滩体稳定性相对较优，过渡区域浅滩位置逐渐稳定下来，在水流的长期持续冲刷作用下，"南—北"航路逐渐冲刷发展，浅滩航道条件逐渐改善。

第二阶段是南槽—北汊航路发展期（2007—2012年），在这一阶段，南槽—北汊航路所依托的分汇流格局、滩槽形态进一步强化发展。南槽分流比进一步增加，基本维持在60%以上，北汊的分流比也迅速增加至60%以上。从滩槽形态来看，太平口心滩分汊段变化不大，主要是腊林洲高滩逐渐崩退；过渡段杨林矶边滩持续淤积长大，但受北汊进口较大过流的限制，边滩右缘较为稳定；三八滩中下段持续萎缩，北汊持续冲刷，南汊走向虽然较为顺直，但汊道内时有较大规模的淤积体阻碍过流。在这一阶段中，太平口水道浅区航道条件基本稳定，但仍存在腊林洲高滩岸线不稳及三八滩中下段持续萎缩的不利变化，碍航隐患依然存在。

第三阶段是2012年水文年影响延续期（2012年至今），这一阶段，2012年的水文过程对太平口水道中下段演变的影响巨大，主要表现为过渡段深泓大幅南移，杨林矶边滩右缘随之大幅淤积，挤压北汊进口，而南汊则冲刷明显。

这种滩槽格局调整变化的影响一直持续至今，北汊在随后的时间里持续淤积，而南汊则明显的冲刷发展。受杨林矶边滩大幅淤涨挤压北汊进口的影响，北汊分流比已由2012年大水前的60%以上减少至目前的15%。受大水年影响，这一阶段太平口水道航道条件出现了显著的恶化，杨林矶边滩大幅淤涨，浅区航宽急剧缩窄。

3.2.2.2.2　戴家洲河段

戴家洲河段上起鄂城，下迄回风矶，全长约34 km，由一个较长的顺直放宽段（巴河水道）连接弯曲分汊段（戴家洲水道）组成，为长江下游典型的弯曲分汊河段。

1）冲淤变化

戴家洲水道长期以来一直是长江中下游重点碍航河段，从戴家洲河段近期冲淤变化情况来看，本河段已建航道整治工程实施后，戴家洲洲头低滩及洲体右缘、寡妇矶边滩中上段滩体稳定性显著增强，2010年以来基本呈现稳定或淤积态势，其中戴家洲洲头低滩淤高3～4 m，寡妇矶边滩中上段淤高3 m左右。左汊圆港整体呈现淤积态势，直港沿程冲淤交替。其中直港进口区域及中上段呈现冲刷态势，沿程最大冲深3～5 m，寡妇矶边滩中下段区域内，边滩根部冲刷切割，左侧航槽内大幅淤积，直水道出口区域乐家湾一带边滩淤涨，紧贴戴家洲尾部区域深槽冲刷。

2）河床演变

（1）戴家洲河段的演变主要表现为主支汊的交替转换，目前两汊分流基本相当，直水道为主汊。

长期以来，戴家洲河段局部放宽段内变化剧烈，巴河边滩、池湖港心滩及戴家洲洲体形态调整频繁。受此影响戴家洲两汊分流长期处于不断变化之中，主支汊相互转换。20世纪50—80年代，戴家洲水道右汊发展，20世纪80年代以后左汊呈现发展趋势。三峡水库蓄水后实施了多期航道整治工程，一定程度上稳定了直水道的主航道地位（见表3.2-9），目前右汊直水道正处于逐渐发展阶段。

表3.2-9　戴家洲直水道和圆水道分流比变化

测量日期	流量(m^3/s)	分流比(%)	
		直水道	圆水道
2008.03	13 301	48.6	51.4

续表

测量日期	流量(m^3/s)	分流比(%)	
		直水道	圆水道
2011.02	11 576	52.0	48.0
2011.12	10 389	54.6	45.4
2012.01	11 587	58.5	41.5
2013.03	12 127	55.7	44.3
2013.10	21 760	56.0	44.0
2014.02	9 953	60.0	40.0

(2) 巴河水道作为分汊前的干流段,在其顺直放宽段内洲滩冲淤变化、深泓摆动、分流点上提下移。

巴河水道进口河宽约 1 300 m,过鄂黄大桥后逐渐展宽,至龙王矶上游,河宽达 2 600 m,并且河道顺直,在水道中段靠近右岸侧为池湖港心滩,该心滩较为稳定,将巴河水道分为左右两槽,左为巴河通天槽,为多年稳定的主航槽,右槽近年来已逐渐淤塞;巴河水道出口放宽段左侧易形成巴河边滩,当巴河边滩存在的时候,一般不利于圆水道进流;当巴河边滩充分发育时,直水道入流条件较好、中枯水分流量较大。近年来,巴河边滩趋于萎缩,至 2010 年已基本冲失。

随着江心洲滩的冲淤变化,深泓线在巴河水道中下段的放宽段内摆动频繁,并且,随着巴河边滩的淤积或冲刷,分流点呈上提或下移变化。而巴河边滩冲失后,深泓虽在放宽段内仍存在较大的摆动,但分流点有所下移,基本稳定在池湖港心滩中段至龙王矶约 1 300 m 的河段内。

(3) 戴家洲头与巴河边滩呈此消彼长关系,一期工程的实施有效地控制了戴家洲洲头低滩滩形。

戴家洲位于戴家洲水道中段,分戴家洲水道为圆、直水道两个汊道。由于高程较低,戴家洲洲头冲淤变化较大,或左偏或右移、或上提或下挫,并且与其上游巴河水道中下段左岸侧的巴河边滩呈一定的此消彼长关系。此前,巴河边滩在 2010 年已冲失。一期整治工程重点对戴家洲洲头滩地进行守护,在戴家洲洲头及洲头低滩上修建 1 座鱼骨坝和 1 道窜沟锁坝,一期工程实施后,戴家洲洲头滩地不断变化受到有效控制,工程区明显淤积,0 m 等深线上提约 2 100 m 后基本上稳定在一期工程鱼骨坝头部位置。

(4) 戴家洲水道左汊圆水道弯曲、狭窄,呈明显的弯道特征,近年来不断淤浅。

巴河边滩及戴家洲洲头的交互发展以及各自的变化，使得枯水期的两汊分流比、入流条件发生改变，进而对汊内的演变产生影响。圆水道处于大的弯曲河势的凹岸，由于圆水道弯曲、狭窄，深泓基本贴凹岸下行，呈明显的弯道特点。在圆水道进口段附近，随着巴河边滩和戴家洲洲头的冲淤变化，河床变化较大；随着进口段河床的冲淤变化，汊道内分流、分沙条件也发生了一定的变化，引起河道内一定的冲淤，在中段及出口部位尤为明显，戴家洲整治工程实施以来，圆水道明显淤积。

(5) 航道整治工程对直水道进口及凹岸侧限制较好，对凸岸边滩下段控制作用相对较弱，直水道中下段边滩仍存在较大的变化。

航道整治一期工程实施后，随着直水道一次过渡微弯形态的形成，戴家洲直水道中下段分布的左侧洲尾边滩逐渐冲蚀，至2010年已基本消失，并在该处形成紧贴戴家洲右缘的深泓，至此，戴家洲直水道左岸侧已基本形成沿戴家洲右缘的一次深泓过渡形态，左岸侧0 m等深线平面变化趋缓。

戴家洲直水道右岸侧的凸岸洲滩则相对变化仍较大：寡妇矶上游直水道中段凸岸边滩近年来有所淤积外延，幅度约180 m～300 m，二期整治工程对该边滩进行守护后，该边滩将更为稳定；而寡妇矶以下的直水道中下段内，由于河道相对较宽浅，江中心滩和边滩仍存在较大的变化，其中江中心滩2010年分为上下两个心滩，之后下心滩并入新淤洲边滩，而上心滩主要表现为生成—淤涨—下移的变化规律。2010年，心滩初步形成，尺度为680 m×180 m；之后，心滩迅速淤涨，至2011年已达2 300 m×240 m，并且心滩下移约880 m；之后，心滩继续淤涨，至2012年尺度为2 500 m×380 m，至2013年为2 300 m×400 m，头部较2011年下移约480 m；2014年，心滩头部冲刷下移约410 m，但滩体展宽至420 m。戴家洲直水道出口段右岸分布的新淤洲边滩随着下心滩的并入，2011年和2012年最为完整、高大，之后则随着江中上心滩的下移，其头部冲刷、尾部淤积外延并下移。

3) 浅滩演变

(1) 戴家洲河段上段顺直放宽段内洲滩冲淤变化剧烈，戴家洲洲头低滩与巴河边滩呈此消彼长关系，一期工程的实施有效地控制了戴家洲洲头低滩形态，直水道进流条件得以稳定(见图3.2-17)。

戴家洲水道上段进口，河宽约1 300 m，过鄂黄大桥后逐渐展宽，至龙王矶上游，河宽达2 600 m，并且河道顺直。在顺直放宽段右岸侧存在池湖港心滩，该心滩较为稳定，左槽为多年稳定航槽。放宽段左侧巴河入汇区域存在巴河

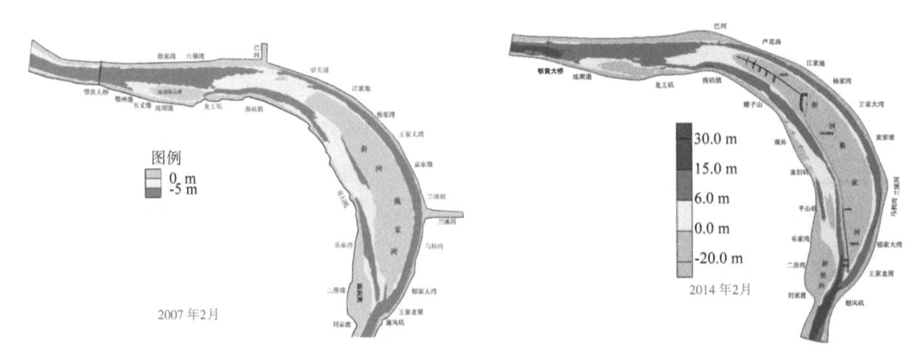

图 3.2-17　戴家洲水道河势对比图

边滩。戴家洲位于戴家洲水道中段，分戴家洲水道为圆、直水道两个汊道。由于高程较低，戴家洲洲头低滩冲淤变化较大，或左偏或右移、或上提或下挫，并且与其上游左岸侧的巴河边滩呈一定的此消彼长关系。随着洲头低滩及巴河边滩的冲淤调整，深泓线在顺直放宽段内摆动频繁，分流点上提下移变化，航道条件极不稳定。一期工程实施后，戴家洲洲头滩地不断变化受到有效控制，巴河边滩至 2010 年已冲失，顺直放宽段浅区深泓大幅摆动现象得到有效控制，两汊分流态势得以稳定，直水道主汊地位得以巩固。

(2) 戴家洲左汊圆水道弯曲、狭窄，近年来不断淤积，且出口矶头处存在不良流态；戴家洲直水道相对顺直，航道条件与汊道内洲滩形态关系密切。

圆水道处于大的弯曲河势的凹岸，由于圆水道弯曲、狭窄，深泓基本贴凹岸下行，呈明显的弯道特点。随着巴河边滩和戴家洲洲头的冲淤变化，分流、分沙调整幅度大，引起河道冲淤调整。一期工程实施以来，圆水道显著淤积。同时，圆水道出口回风矶附近出流顶冲矶头，局部流态紊乱，船舶航行风险较大。

直水道位于分汊型弯道的凸岸侧，河宽较大、河形相对顺直。直水道内深泓呈沿戴家洲右缘坐弯与深槽多次过渡交替变化的基本演变态势。当直水道内深槽呈沿戴家洲右缘坐弯时，直水道凸岸边滩较为发育，这时，航道条件通常较好，呈现微弯河道特征；当凸岸边滩较为散乱、直水道深槽多次过渡时，呈现顺直河道特征，因弯道环流减弱、水流分散，故而深槽中断或过渡形成浅滩，致使航道条件恶化。

(3) 已建航道整治工程对戴家洲河段上段顺直放宽段控制较好，但对于直水道中下段边滩控制相对较弱，边滩根部切割、冲刷，对直水道中段航道条件不利。

一期工程的实施一定程度上上延了戴家洲洲头，有利于增强直水道弯道水流特性；右缘下段守护稳定了直水道下段河道左边界；二期工程守护了直水道中上段凸岸边滩，有利于稳定直水道凸岸边滩，并对戴家洲右缘上段予以守护，有利于稳定直水道中上段左边界，总体而言，整治工程的实施有利于直水道的发展和微弯水道形态的稳定。

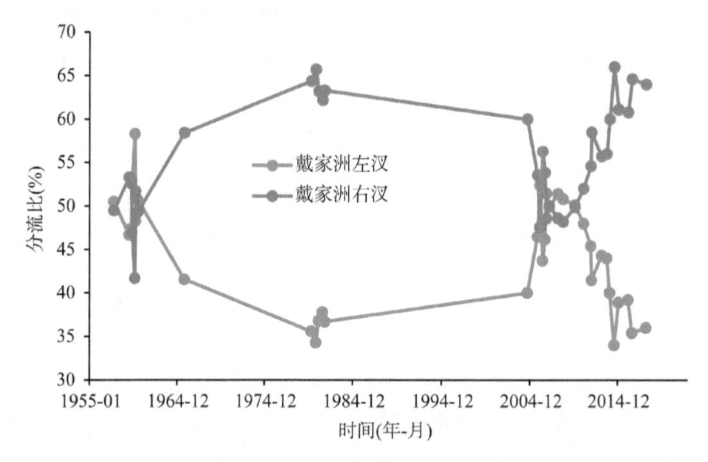

图 3.2-18　戴家洲河段直水道和圆水道分流比变化

而寡妇矶以下的直水道中下段内，由于河道相对较宽浅，江中心滩和边滩仍存在较大的变化。其中江中心滩 2010 年分为上下两个心滩，之后下心滩并入下游边滩，而上心滩主要表现为生成—淤涨—下移的变化规律；边滩根部位于寡妇矶—乐家湾的沿岸槽向下游发展，至 2014 年已达 3 500 m×240 m，不利于直水道内航道条件的进一步改善。

3.2.2.2.3　东流水道

东流水道上起华阳河口，下讫吉阳矶，全长 31 km，属多分汊河型。河段内自上而下分布有上滩群（老虎滩、天心洲）与下滩群（天沙洲、玉带洲、棉花洲等），将河道分为莲花洲港、天玉窜沟、西港、东港四个汊道，西港为主航道。

东流水道航道整治工程于 2004 年 2 月开工建设，主体工程于 2006 年 5 月完工。工程建成后，稳定了老虎滩及下滩群，控制了莲花洲港与西港的汊道转换，使水流平顺过渡到西港，形成了有利于航道条件的河道格局。2012 年，为遏制东港的进一步快速发展，稳定西港的航道条件，开始实施东流水道航道整治二期工程。

1）冲淤变化

从一期工程实施以来河道的冲淤变化情况来看，老虎滩滩头冲刷后退的变化趋势得到了有效遏制，高滩以上区域冲淤变化幅度极小。同时玉带洲头的鱼骨坝控制工程遏制了玉带洲洲头低滩冲刷后退的趋势，并促使玉带洲洲头低滩淤高，稳定了洲体。鱼骨坝工程与左岸丁坝群一同缩窄了莲花洲港进口的宽度，限制了进流，有效地控制了莲花洲港的发展。但同时，东流水道左岸边滩生成—发育—冲蚀—下移的周期性演变规律并没有改变。2007 年至今，左岸边滩淤积不断下移，在雷港淤积发展，淤积幅度达 5 m 以上，淤积宽度近 800 m，同时老虎滩滩头低滩冲刷、尾部淤积下延，挤压西港及莲花洲港，导致老虎滩左汊河槽大范围淤浅，同时东港大幅冲深，滩槽变化极为剧烈。

2）河床演变

（1）莲花洲港分流得到有效控制，东港及西港之间分流依然变化剧烈。

东流水道内洲滩平行下移，各汊道兴衰交替变化（表 3.2-10，图 3.2-19），是河势格局难以稳定、航道条件恶劣的主要因素。一期及二期航道整治工程实施后，总体河势基本得到控制，莲花洲港和西港汊道周期性交替发展的规律不复存在；洲滩得到一定程度的控制，老虎滩、玉带洲高低滩“前冲后淤”的演变规律得到遏制，莲花洲港的冲刷发展得到有效控制，航道条件得到一定的改善。目前随着河道演变的不断深化，东流水道的汊道仍处于调整变化中。东港分流比明显增加，2014 年东港枯季分流比为 51.1%，中洪水分流比为 34.1%。莲花洲港分流比基本稳定，2014 年枯季分流比为 27.3%，洪季分流比为 34.6%。西港和天玉窜沟的分流比总体呈减小趋势，2012 年 1 月两者分流比之和为 29.4%，2014 年 2 月两者分流比之和减小至 21.6%，减小 7.8%。

表 3.2-10　东流水道各汊分流比统计表

水情	测时	水位(m)	流量(m^3/s)	分流比(%)			
				东港	过渡段		莲花洲港
					西港	天玉窜沟	
中洪水期	2002.11	9.22	26 039	14.8	39.2	10.8	35.2
	2004.8	12.49	40 002	17.6	27.7	15.3	39.4
	2005.10	11.14	33 622	23.6	28.2	10.1	38.1
	2008.11	10.51	31 851	29.3	20.8	14.1	35.8
	2010.4	11.00	38 830	26.5	20.8	16.0	36.7
	2013.10	9.17	23 700	42.5	10.3	15.3	31.9
	2014.8	12.39	39 790	34.1	16.3	15.0	34.6

续表

水情	测时	水位(m)	流量(m^3/s)	分流比(%)			
				东港	过渡段		莲花洲港
					西港	天玉窜沟	
枯水期	2003.2	7.59	20 144	17.0	39.0	11.5	32.5
	2003.12	5.12	12 196	13.8	43.0	15.0	28.2
	2006.2	—	16 053	23.8	34.7	10.8	30.7
	2006.11	—	12 589	26.2	35.9	10.4	27.5
	2007.10	7.33	19 254	26.6	32.8	13.0	27.6
	2009.12	5.26	13 022	30.4	31.2	12.1	26.3
	2010.11	5.37	13 190	40.0	15.0	18.0	27.0
	2012.1	4.83	11978	43.9	11.8	17.6	26.7
	2014.2	4.88	12 270	51.1	10.8	10.8	27.3

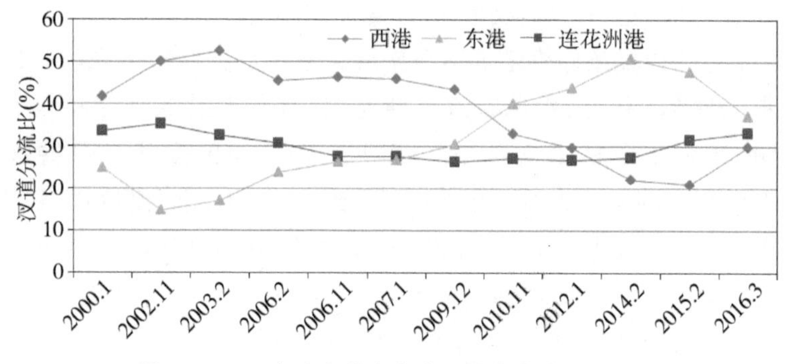

图3.2-19　东流水道直水道和圆水道分流比变化

(2) 左岸边滩淤积不断下移，在雷港口淤积发展，加剧了老虎滩头的冲刷。

东流水道左岸边滩遵循生成—发育—冲蚀—下移的周期性演变规律。左岸边滩主要的演变特点为，在上游华阳河口—桃树滩一带生成、下移，易在桃树滩与雷港口一带发育，当滩体淤积到一定程度时，边滩则会继续冲刷下移。

2007年以前，左岸桃树滩边滩主要呈现淤积、展宽变化；2007年以后，边滩平面位置有所下移，同时继续淤高长大，滩体淤积幅度大于2007年以前。边滩的淤积及向河心展宽，挤压水流，使水流在老虎滩头形成了自左向右的斜向水流，直冲老虎滩头部，加剧了老虎滩滩头低滩的冲刷。

(3) 老虎滩滩形稳定，但头部低滩冲刷、尾部淤积下延。

东流水道整治工程实施以来，老虎滩滩形没有明显变化，基本稳定，但头部低滩冲刷严重。老虎滩 0 m 线有冲刷后退的趋势，2007 年冲刷幅度减小，而到 2010 年汛后老虎滩头冲刷显著，0 m 线有较大幅度的后退，到 2014 年 0 m 线最大冲刷后退约 700 m。

老虎滩左缘在整治工程实施前后均呈现冲刷后退的变化，在护滩工程实施后，其后退的速度略有减缓。2003 年到 2014 年，左缘平均冲刷约 400 m。

老虎滩右缘在 2010 年以前表现为冲刷，2010 年之后再次淤积。2003 年到 2014 年，平面位置基本一致。

老虎滩滩尾则保持淤积下延的趋势。2010 年之前，老虎滩滩尾相对较稳定；自 2010 年以来，在老虎滩头部低滩冲刷后退的同时，滩尾大幅淤积下延，2014 年比 2009 年，滩尾下延接近 800 m。

(4) 东港快速发展、分流比增加，老虎滩左侧淤浅。

东流水道的边界条件决定了不同流量级下的水流特性不同，枯水期有利于水流进入东港，而中洪水期水流逐渐左偏，有利于沿老虎滩左侧下行，因此，东港的分流比在枯水期和中洪水期呈现不同的变化。中洪水期，在 2002—2008 年东港分流比增加至 29.3%，到 2013 年，进一步增加到 40%左右；枯水期，东港分流比逐步增加，2003—2009 年由 17.0%增加至 30.4%，到 2014 年，分流比快速增加，达到 51.1%。

东港全河槽冲刷、深槽冲刷均超过了 4 m，幅度较大。东港分流比增加，老虎滩左侧进流相应减少，导致枯水期航槽难以及时冲刷，老虎滩左侧横断面趋于宽浅。2010 年汛后，老虎滩左侧进一步淤积，主槽平均淤积深度 3.5 m，航槽淤浅。

2010 年以前，4.5 m 等深线可以保持贯通；2010 年以后，4.5 m 等深线多次出现中断，最大断开距离超过 2 000 m。

2007 年以前，6 m 等深线可以保持贯通；2007 年以后，6 m 等深线始终中断，且断开的距离逐渐加大，2014 年 6 m 等深线断开距离基本上都在 1 500 m 以上。

(5) 天玉窜沟分流稳定，西港分流比持续减少，西港航槽淤积、束窄。

受东流水道固有演变规律的影响，老虎滩尾淤积下延、挤压过渡段，限制了过渡段的充分发展。西港过渡段分流比自 2003 年以来快速减小，由中洪水期的30%以上、枯水期40%以上减小到2014年的10%左右。而天玉窜沟分流比基本上比较稳定。

天玉窜沟分流使西港过渡段水流进一步减小。由于进流减少，西港冲刷能力降低。冲淤变化显示，在2007年以前，西港进口还多为冲刷变化，2007年以后，淤积较为明显。西港淤积，航槽宽度减小，西港成为东流水道航宽最窄的部位。

2）浅滩演变

东流水道多年保持长顺直分汊河型，河道内洲滩的周期性平行下移是东流水道演变的主要特征。上、下滩群衔接处的河道缩窄段是主跨河槽所在位置(西港)。由于受上、下滩群下移不同步的影响，西港兴衰交替，经历了淤堵衰亡—重新切割滩尾—再次生成的演变过程，由此导致河道内主汊频繁转换，东流河道格局难以稳定。近期河道内各汊道均有浅区存在，其变化主要表现出以下特点：

(1）东港快速发展、分流比增加，老虎滩左侧淤浅，西港进口浅滩航道条件恶化。

东流水道的边界条件决定了不同流量级下的水流特性不同，枯水期有利于水流进入东港，而中洪水期水流逐渐左偏，有利于沿老虎滩左侧下行。近期，随着上段雷港口边滩的淤积涨大，上段主流右偏，顶冲老虎滩滩头，加之老虎滩头部低滩的冲刷，东港进口进流条件改善，进口水深虽基本稳定，但东港中下段河槽冲深，分流比显著增大，2003—2009年，枯水期东港分流比由17.0%增加至30.4%，到2014年，分流比快速增加至51.1%。与东港分流比增大相对应，老虎滩左汊淤积，主槽平均淤积深度3.5 m，2010年至今，老虎滩左汊4.5 m等深线多次出现中断，最大断开距离超过2 000 m。

(2）西港分流比持续减少，西港航槽淤积、束窄，但近期再度切割出现窜沟。

在河道分流比调整过程中，老虎滩滩头虽基本保持稳定，但滩体尾部淤积下延、挤压过渡段，限制了过渡段的充分发展。西港过渡段分流比自2003年以来快速减小，由中洪水期的30%以上、枯水期40%以上减小到目前的10%左右。而天玉窜沟分流比基本上比较稳定。受西港径流减小影响，西港冲刷能力降低，2007年以后，淤积明显，航槽宽度减小，西港成为东流水道航宽最窄的部位。但从河道总体平面形态来看，西港流路较为平顺，在洪水作用下仍存在较大发展可能。依据2014年8月和2015年1月实测地形可以发现，在老虎滩尾部切割出新槽，但位置较原西港航槽偏上 300 m 左右，虽然目前西港仍未出现冲刷发展的趋势，但老虎滩尾部新槽的出现，为新西港的形成提供了充分条件，长远来看，西港仍存在较大的冲刷发展的可能。

3) 东流水道汊道分流比变化原因分析

东流水道为长江下游典型的顺直多分汊河型，河道演变极为复杂，历史上东港、西港和莲花洲港均作为通航主汊道使用过东流水道。近期各汊道分流比变化较大，主要特点为：2000—2015 年间，西港分流比为阶梯形下降趋势，2016 年以后略有增加；东港分流比为先增加后减少，分流比最大超过 50%(2014 年 2 月)；莲花洲港的分流比变化不大，在 30%附近波动。

对于东流水道近期分流比调整的原因，主要有上游主流动力轴线、采砂活动、望东长江公路大桥建设及来流过程变化等，各要素的影响分析如下。

(1) 上游主流动力轴线变化

图 3.2-20-(a)为东流水道进口位于望东长江大桥上游断面。由图可知，2001 年 11 月至 2003 年 3 月，左岸为淤涨趋势，深槽略有冲深；2003 年 3 月至 2009 年 12 月，左岸 0 m 线以上表现为冲刷，0 m 线以下至深槽为淤积趋势；2009 年 12 月至 2010 年 4 月，断面形态变化不大；2010 年 4 月至 2010 年 11 月，左岸边滩大幅冲刷，深槽略有淤积；2010 年 11 月至 2012 年 9 月，左岸边滩冲刷，并形成临岸窜沟，深槽为淤积趋势；2012 年 9 月至 2014 年 2 月，左岸边滩继续冲刷，形成临岸窜沟，深槽也为冲刷趋势。总体而言，东流水道进口断面边滩窜沟发育，滩面刷低，水流相对分散。

选取望东长江大桥下游断面[图 3.2-20-(b)]，2001 年 11 月至 2010 年 11 月，左岸边滩表现为持续的淤涨趋势，深槽略有冲刷，右岸侧大幅冲刷，这一冲刷过程主要是在 2007 年 10 月至 2010 年 11 月期间；2010 年 11 月至 2014 年 2 月，左岸 0 m 线以上滩体冲刷，0 m 线至深槽为淤积趋势，深槽至右岸为冲刷趋势，但幅度较小。整体而言，边滩先淤涨后冲刷，整体为大幅淤涨，深槽至右岸为冲刷趋势，深槽右摆且宽度减小。

图 3.2-21 为东流水道边滩变化图。由图可知，2005 年以前左岸桃树滩边滩变化较小，为相对稳定且完整的边滩；2008 年以后，桃树滩边滩上半段冲刷较为明显，东角冲一带大幅淤涨，势必会加压主流摆向右岸，促使东港的冲刷发展。由于东流直水道具有阻隔上游马当河段河势调整传递的作用，桃树滩边滩形态变化主要与来水来沙条件有关，因此，水沙条件是东流水道汊道变化的主要因素。

综上，东流水道的进口望东长江大桥上游的断面水流较为分散，大桥下游左岸边滩淤积（东角冲附近），深槽冲刷且右摆，促使水流动力轴线右摆，是东港近期冲刷发展的因素之一。

（2）来流过程变化

1999—2006年、2007—2016年间，随着流量的增加，东港分流比均为减

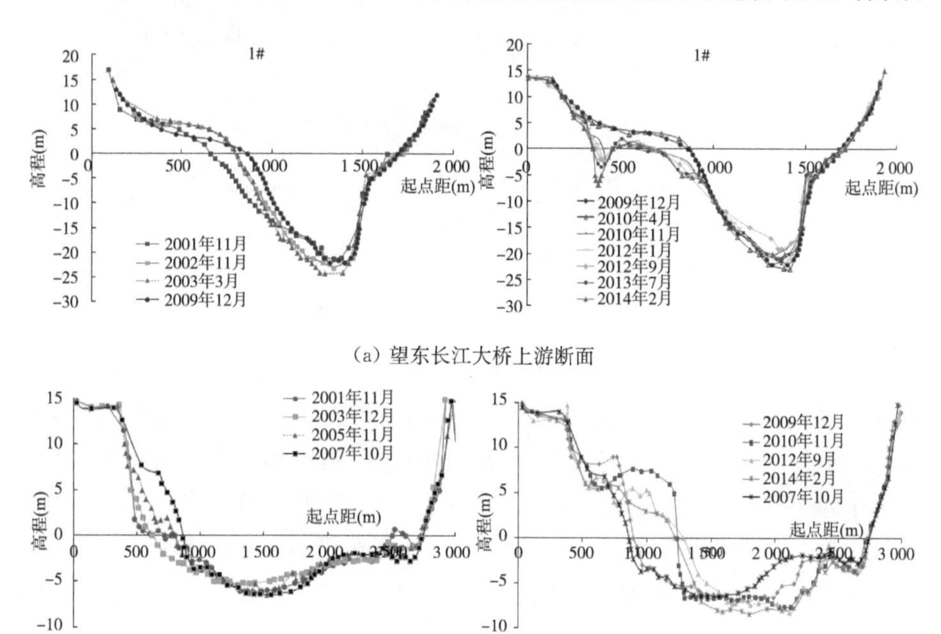

（a）望东长江大桥上游断面

（b）望东长江大桥—老虎滩进口之间断面

图3.2-20 东流水道进口代表断面变化

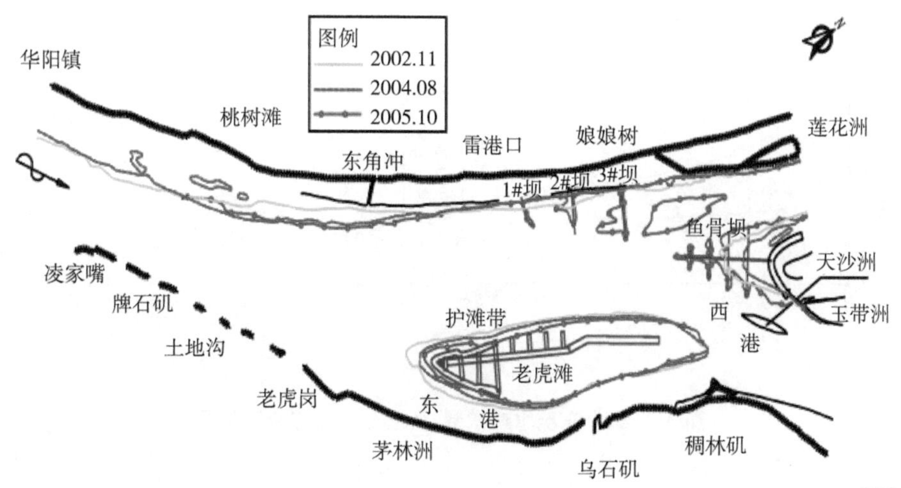

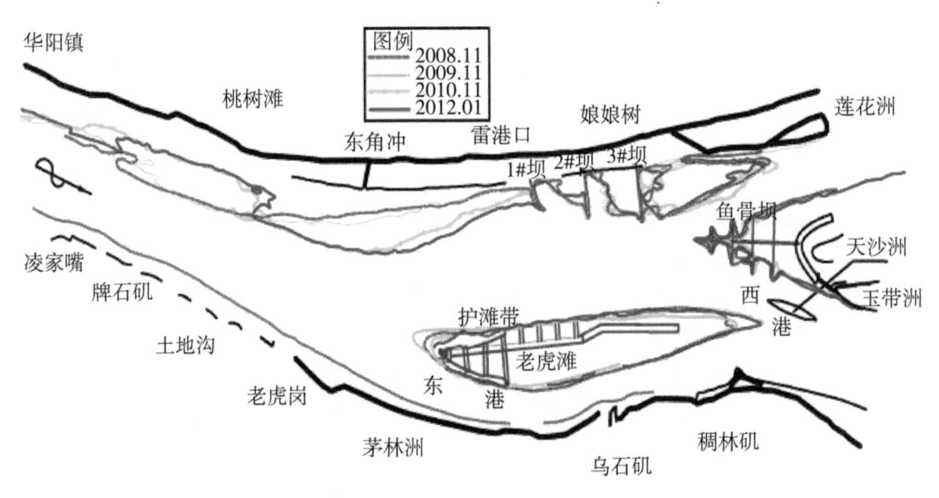

图 3.2-21　东流水道边滩变化

少趋势(图 3.2-22),为枯水期水流倾向汊道。1999—2006 年间,西港分流比随流量增加表现为减少趋势,为枯水水流倾向汊道;2007—2016 年间,西港分流比随流量增加为增加趋势,为洪水水流倾向汊道,汊道的属性发生了变化。三峡水库 175 m 蓄水运行后,削峰补枯的作用更加明显,从流量与东港、西港分流比变化关系上看,流量过程的变化有利于东港发展,不利于西港发展。2016 年为大水年份,西港的航道条件有所好转,至 2017 年 5 月 4.5 m 等深线基本贯通(图 3.2-23),说明洪水有利于西港的进一步发展。

(3) 采砂活动

近期东流水道存在较大的采砂活动,对局部地形产生一定影响,也是东港和老虎滩左槽分流比调整的原因之一。

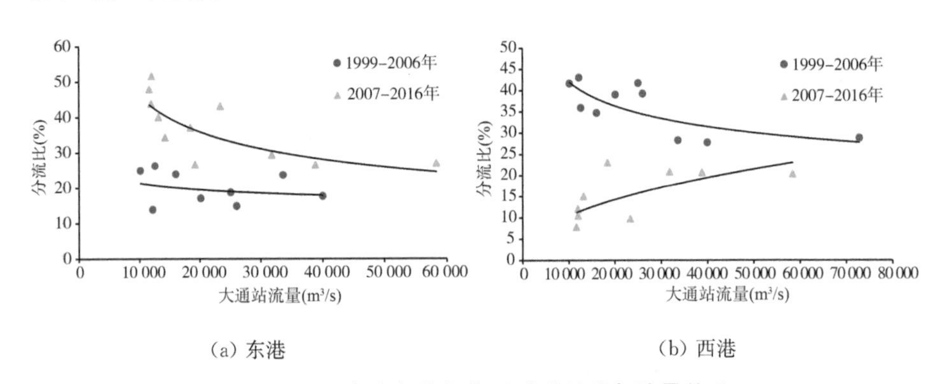

图 3.2-22　东流水道东港、西港分流比与流量关系

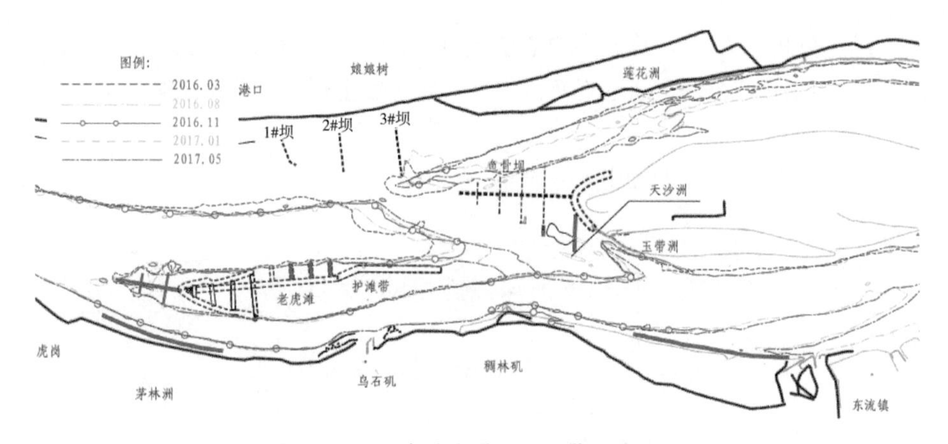

图 3.2-23　东流水道 4.5 m 等深线变化

(4) 望东长江公路大桥建设

2011 年 12 月 20 日，望东长江公路大桥动工开建；至 2012 年 10 月 27 日，大桥北岸栈桥已经修建完成到 48 号墩(该墩位于北岸大堤内，距离大堤 270 m，施工处河床高程为 12.95 m)；2012 年 12 月 5 日，大桥主体工程开始建设；2015 年 5 月 13 日，大桥北主体(塔)封顶，在 2016 年底已实现通车(图 3.2-24)。望东大桥建设影响：栈桥自左岸伸入江中约 1 km，挤压过流断面，导致分流区主流右摆，有利于东港发展，但施工结束后，该影响逐步消除。

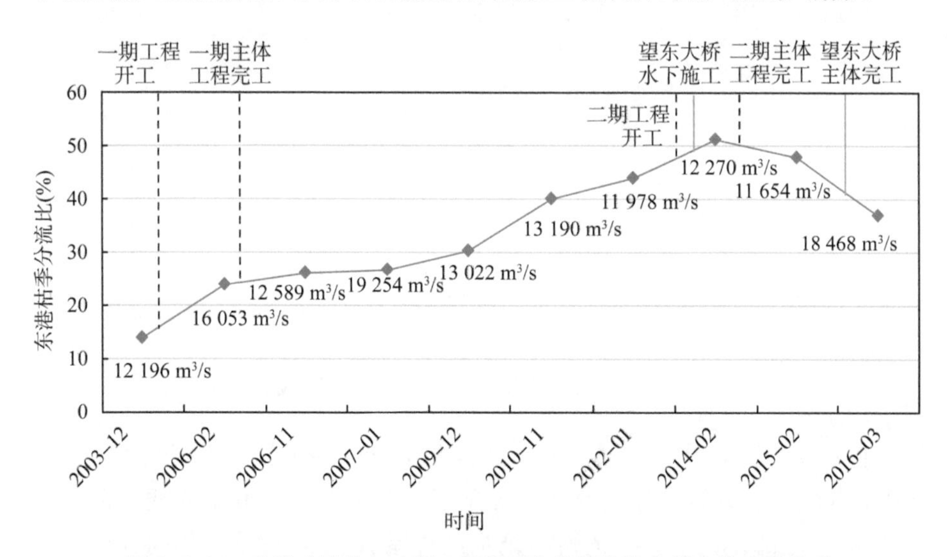

图 3.2-24　东港分流比与二期工程及望东长江公路大桥建设时间关系

综上分析认为，影响东流水道汊道分流比的主要因素为来流过程，同时河道采砂、望东长江公路大桥建设等因素在一定程度上影响了分流比调整幅度。

3.3 重点已建桥区河段滩槽演变特征分析

3.3.1 燕矶长江大桥与戴家洲河段滩槽演变关系

3.3.1.1 桥区河段上游沙洲水道航槽稳定性分析

3.3.1.1.1 航道洲滩边界稳定性分析

以黄州边滩－2 m 等深线为对象，分析黄州边滩面积变化（图 3.3-1）。1981—1998 年黄州边滩－2 m 以浅面积为增大态势，1998 年黄州边滩左槽 0 m 等深线断开，滩体规模达到最大；2001—2018 年间，黄州边滩的面积略有减少态势。从滩体平面位置上看，1981—1996 年间，黄州边滩逐渐淤高长大，头部位置上移左偏，至 1998 年与左岸边滩连为一体；1998—2006 年间，黄州边滩右缘淤涨，头部上提及尾部下延；2008 年开始，黄州心滩头部后退态势，主要集中在心滩左缘一侧。

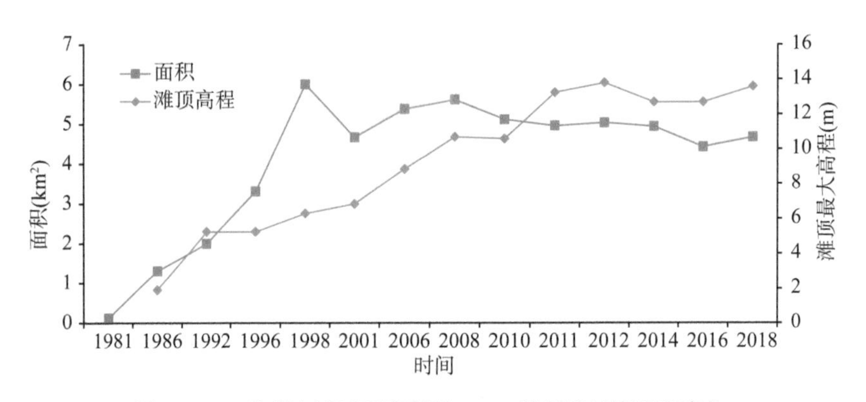

图 3.3-1 黄州心滩滩顶高程及－2 m 等深线以浅面积变化

从沙洲的滩脊线上看（图 3.3-2），与 2008 年相比，2016 年黄州心滩－2 m 等深线的头部后退约 850 m，洲尾下延约 135 m；0 m 等深线头部下移约 545 m，尾部变化不大。黄州心滩滩顶高程上，1998—2012 年间为增高态势，2012—2018 年间有所降低。

3.3.1.1.2 设计最低通航水位下航槽稳定性分析

沙洲水道选取4个典型断面(图3.3-3),分析沙洲水道设计水位各级航槽的稳定性。其中,1#断面位置处于已建鄂黄大桥下游,2#断面位于汊道进口段,3#断面位于汊道中上段,4#断面位于汊道中下段。

(1) 设计水位下0 m航槽稳定性分析

20世纪70年代开始,黄州边滩逐渐发育的过程中,滩面高程高于0 m(设计水位下),无明显的窜沟发育;自2005年以来,黄州边滩左岸侧窜沟发育较为明显,至2008年滩面窜沟0 m等深线贯通,为双槽争流的状态。

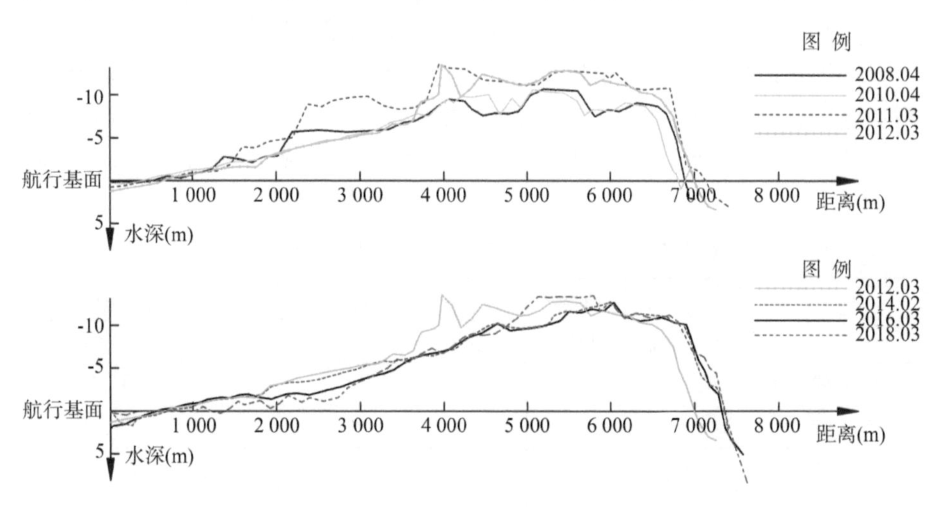

图3.3-2 黄州心滩纵向滩脊线变化

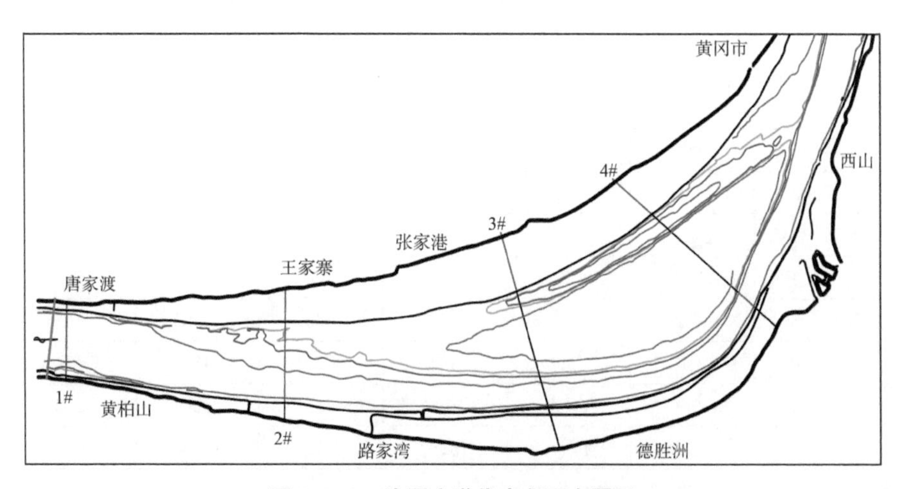

图3.3-3 沙洲水道代表断面布置图

0 m 等深线宽度上(表 3. 3-1,图 3. 3-4,图 3. 3-5),1♯断面和 2♯断面无明显增减趋势,相对较为稳定,时段内各测图 0 m 等深线平均宽度分别为 975 m 和 1 367 m。1981—2001 年间,3♯断面 0 m 槽为单槽形式并贴近右岸侧,2006—2018 年间为双槽格局,左槽 0 m 等深线宽度为缓慢增大态势,至 2018 年 8 月 3♯断面左槽 0 m 等深线宽度为 348 m,右槽的宽度变化不大,时段内测次的平均值为 837 m;1981 年测图显示,4♯断面位置 0 m 槽为单槽格局,1986—2018 年间均为双槽格局,左槽 0 m 等深线宽度为先减小后增大态势,对应的右槽宽度略有减小态势。

(2) 沙洲水道设计水位下 4. 0 m 与 4. 5 m 航槽稳定性分析

沙洲水道枯水期最低维护水深为 4. 0 m 时期,沙洲水道 4. 0 m 等深线均贯通,航道条件优良。1960 年水深测图显示,沙洲水道为双槽格局,河道中部存在德胜洲,左槽航路较为平顺,右槽航路扭曲,两槽 4. 0 m 等深线贯通;

表 3. 3-1　沙洲水道代表断面 0 m 等深线宽度变化

时间	1♯断面(m)	2♯断面(m)	3♯断面(m)		4♯断面(m)	
			左槽	右槽	左槽	右槽
1981. 06	888	1 311	1 602		1 418	
1986. 07	962	1 370	1 728		780	482
1992. 05	985	1 341	1 450		418	514
1996. 09	975	1 347	1 744		530	642
1998. 09	990	1 325	796		246	584
2001. 01	991	1 329	802		364	640
2006. 04	973	1 359	230	836	320	574
2008. 03	985	1 377	194	762	294	562
2011. 03	947	1 377	206	792	366	504
2012. 03	1 038	1 429	262	808	342	568
2014. 02	1 005	1 387	294	838	422	556
2016. 03	996	1 391	414	798	428	552
2016. 08	974	1 388	362	826	476	462
2017. 07	986	1 390	394	822	482	474
2018. 03	950	1 365	284	982	500	542
2018. 08	958	1 383	348	910	478	424

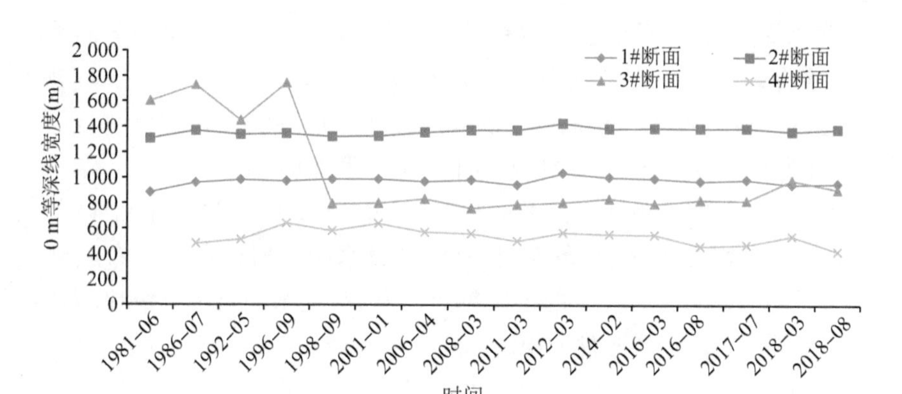

图 3.3-4 沙洲水道 0 m 等深线宽度变化

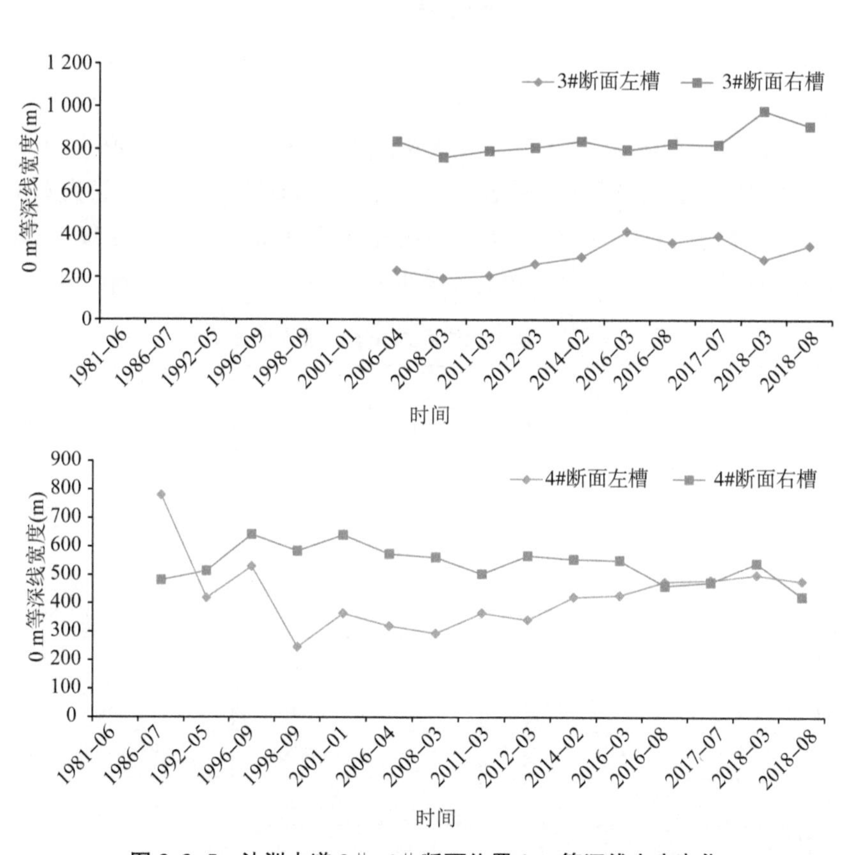

图 3.3-5 沙洲水道 3♯、4♯断面位置 0 m 等深线宽度变化

1972 年水深测图显示，德胜洲与右岸处于合并状态，航槽为单一弯曲形态，4.0 m 等深线贯通；1981 年水深测图显示，德胜洲逐渐冲刷萎缩，主航槽贴近右岸侧，4.0 m 等深线出现断开。随着黄州边滩的逐渐发育，航槽贴近右岸侧，为弯曲形态，4.0 m 等深线贯通，如 1995 年和 2000 年。

沙洲水道枯水期最低维护水深为 4.5 m 时期，2005—2016 年间沙洲水道 4.5 m 等深线均贯通，航道条件较为优良，枯水期主航槽仍位于右岸侧(右汊)。这期间，黄州边滩左岸的近岸侧窜沟发育，枯水期汊道分流比增加，不利于主航槽(右汊)航道条件的稳定。

4.5 m 等深线宽度变化上(表 3.3-2，图 3.3-6，图 3.3-7)，1981—2018 年间 1＃断面位置 4.5 m 等深线宽度变化不大，时段内各测次平均宽度为 941 m；2＃断面位置 4.5 m 等深线宽度存在一定的变幅，1981—2018 年间各测次 4.5 m 等深线平均宽度为 1 174.8 m；3＃断面位置右槽 4.5 m 等深线宽度为增大态势，2011 年以来 3＃断面位置 4.5 m 槽为双槽格局，左槽宽度为增加态势，至 2018 年 8 月左槽 4.5 m 等深线宽度达 174 m(最大值为 192 m，2006 年 3 月测图)；1981 年测图显示，4＃断面为单槽模式，其后一直为双槽格局，随着左槽的逐渐发展，2014 年以来右槽 4.5 m 等深线宽度为减小态势，2018 年 3 月与 2014 年 2 月比较宽度减少约 16 m。

表 3.3-2　沙洲水道代表断面 4.5 m 等深线宽度变化

时间	1＃断面(m)	2＃断面(m)	3＃断面(m)		4＃断面(m)	
			左槽	右槽	左槽	右槽
1981.06	854	1 252	—	456	—	536
1986.07	949	1 329	—	392	236	368
1992.05	965	1 225	—	502	—	362
1996.09	948	1 102	—	460	—	396
1998.09	970	1 086	—	428	—	438
2001.01	981	1 147	—	430	—	416
2006.04	950	1 188	—	570	—	394
2008.03	919	1 263	—	538	—	436
2011.03	908	1 281	78	554	312	410
2012.03	966	1 316	86	544	—	404

续表

时间	1#断面(m)	2#断面(m)	3#断面(m)		4#断面(m)	
			左槽	右槽	左槽	右槽
2014.02	974	1 322	164	552	280	418
2016.03	951	1 150	192	566	382	378
2016.08	919	888	102	568	350	358
2017.07	946	982	158	646	380	374
2018.03	908	1 250	168	606	436	402
2018.08	943	1 016	174	650	330	354

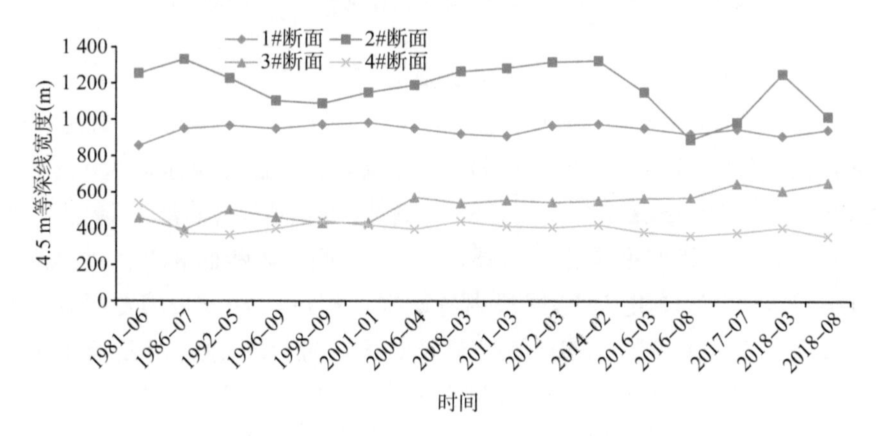

图 3.3-6 沙洲水道 4.5 m 等深线宽度变化

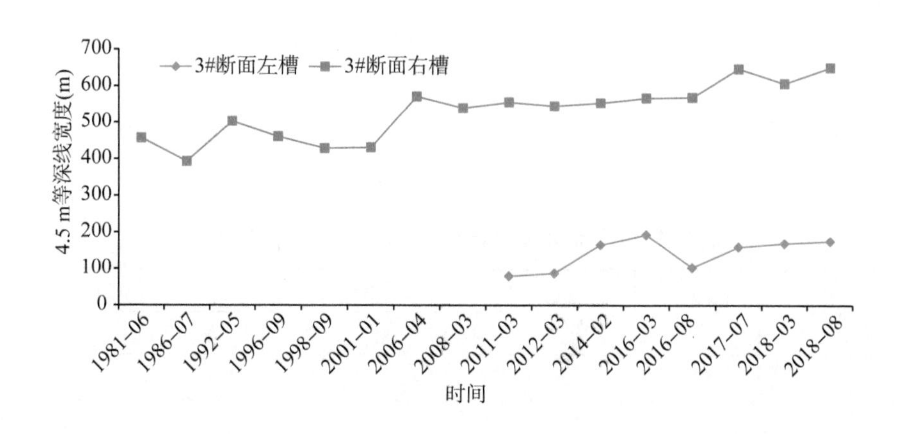

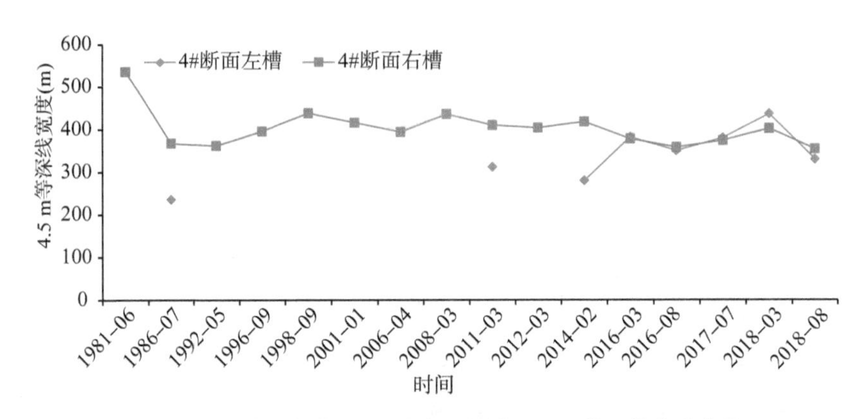

图 3.3-7　沙洲水道 3＃、4＃断面位置 4.5 m 等深线宽度变化

(3) 沙洲水道设计水位下 6.0 m 航槽稳定性分析

沙洲水道 6.0 m 航槽的平面形态变化不大,黄州边滩中下段的窜沟存在一定程度的发育态势,但 6.0 m 等深线未贯通。在航道条件上,沙洲水道 6.0 m 等深线宽度均大于 200 m(表 3.3-3,图 3.3-8),满足规划航道尺度的要求。

6.0 m 等深线宽度变化上,1981—2018 年间 1＃断面和 2＃断面位置 6.0 m 等深线宽度变化不大,时段内各测次 6.0 m 等深线平均宽度分别为 899 m 和 995 m。1981—2014 年间,3＃断面位置(图 3.3-9)左槽未出现 6.0 m 槽,2014 年以来 6.0 m 槽为双槽格局,宽度达 100 m 以上;1981—2018 年间,3＃断面的右槽 6.0 m 槽宽度为缓慢增加态势,时段内各测次的平均宽度为 450 m,最小宽度为 314 m,最大宽度为 552 m。1981—2006 年间,4＃断面位置(图 3.3-9)左槽未出现 6.0 m 槽,这一期间右槽 6.0 m 槽平均宽度为 416 m,2008 年以来 6.0 m 槽为双槽形式,左槽 6.0 m 槽最大宽度达 372 m,右槽 6.0 m 等深线为减小态势,在这一时段内的平均宽度为 393 m,最大宽度为 436 m,最小宽度为 354 m。

表 3.3-3　沙洲水道代表断面 6.0 m 等深线宽度变化

时间	1＃断面(m)	2＃断面(m)	3＃断面(m)		4＃断面(m)	
			左槽	右槽	左槽	右槽
1981.06	815	1 220	—	314	—	536
1986.07	920	1 304	—	318	—	368
1992.05	939	1 163	—	450	—	362

续表

时间	1#断面(m)	2#断面(m)	3#断面(m)		4#断面(m)	
			左槽	右槽	左槽	右槽
1996.09	921	748	—	418	—	396
1998.09	936	793	—	388	—	438
2001.01	942	1 131	—	382	—	416
2006.04	942	1 002	—	476	—	394
2008.03	897	1 113	—	466	112	436
2011.03	815	961	—	468	292	410
2012.03	835	961	—	400	—	404
2014.02	885	1 020	—	474	288	418
2016.03	912	895	44	498	355	378
2016.08	897	847	—	546	310	358
2017.07	920	882	116	512	248	374
2018.03	879	936	146	534	372	402
2018.08	927	941	124	552	282	354

统计2008—2018年间沙洲水道左槽6.0 m槽的特征参数(图3.3-10)，沙洲水道左槽6.0 m槽最大宽度和长度均为增大态势，其中2016年8月以来左槽的尾部6.0 m槽为贯通状态。

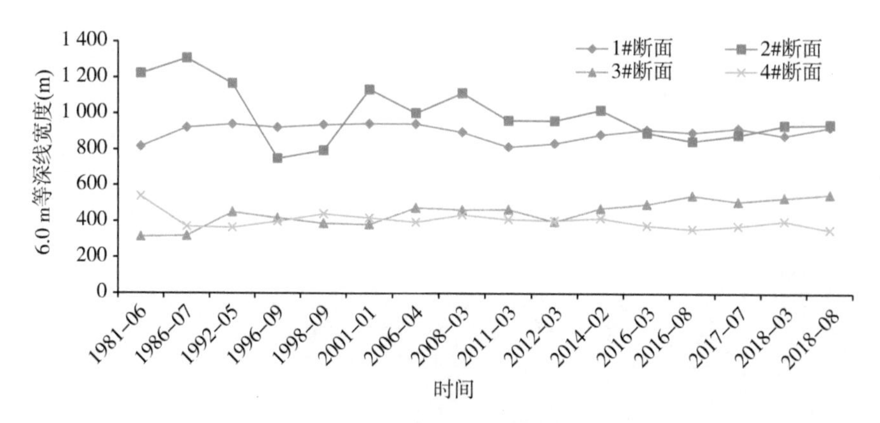

图3.3-8 沙洲水道6.0 m等深线宽度变化

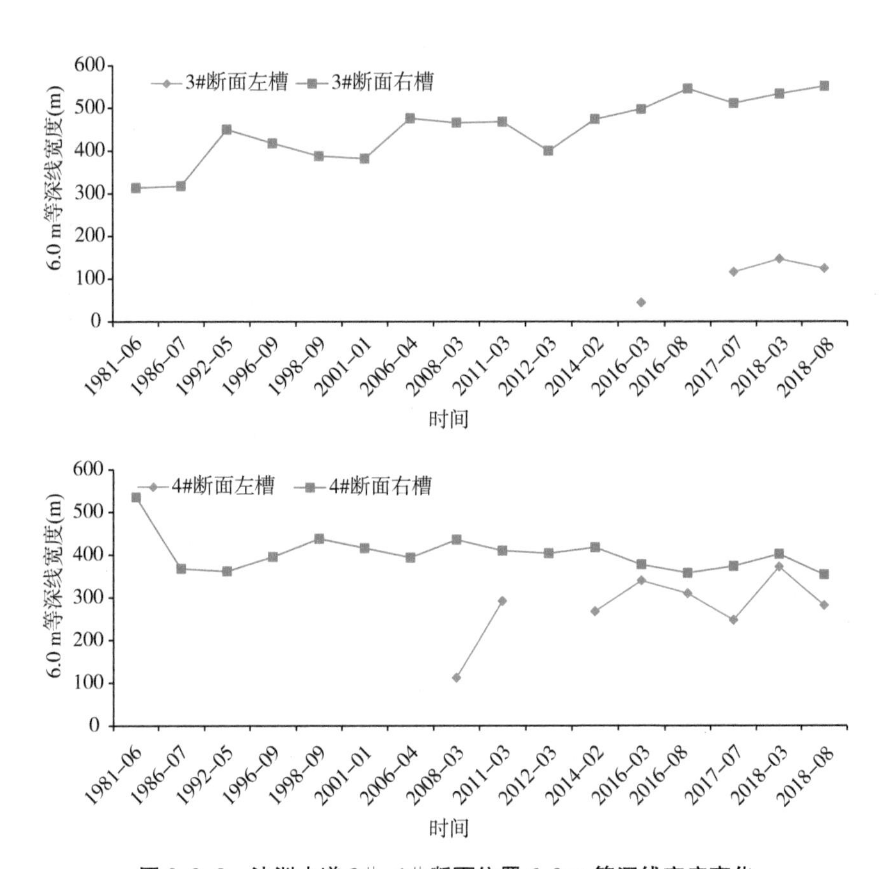

图 3.3-9　沙洲水道 3♯、4♯断面位置 6.0 m 等深线宽度变化

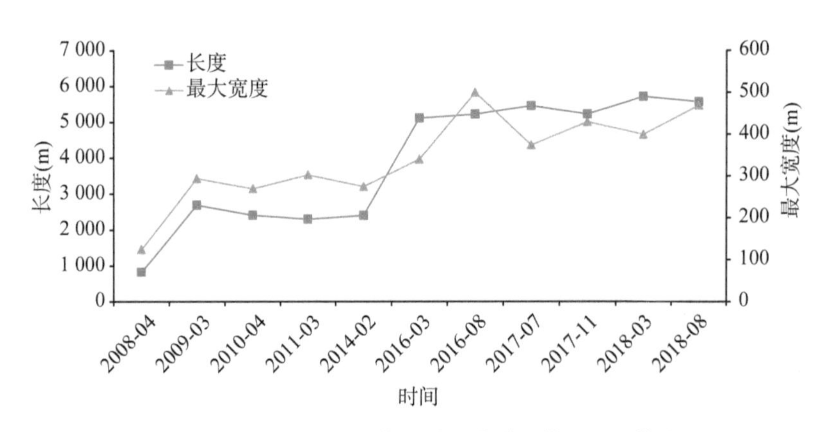

图 3.3-10　2008—2018 年间沙洲水道左槽 6.0 m 槽特征

(4) 沙洲水道6.0 m水深航道条件变化

沙洲水道近期6.0 m等深线平面位置较为稳定，主汊顺直段航道条件较好，设计水位下6.0 m线全线贯通，航宽沿程均达400 m以上；下段弯道分汊段主汊受近年来左汊冲刷发展、心滩上冲下淤及右缘向航道挤压的影响，虽说6.0 m线全线贯通，但右汊宽度进一步缩窄(表3.3-4)，年际间最小宽度只有307 m。左汊6 m线深槽显著增长、展宽、冲深，槽头以倒套方式进一步向上游发展，出口已与主航槽贯通，河槽不断冲深发展。

表3.3-4 沙洲水道设计水位下6.0 m线统计表

统计年月	左汊			右汊	
	长度(m)	最大宽度(m)	最大水深(m)	最小宽度(m)	位置
2008.04	830,不贯通	125	7.3	410	弯顶处
2009.04	2 698,不贯通	294	—	—	—
2010.04	2 420,不贯通	270	9.3	400	弯顶处
2011.03	2 308,不贯通	303	10.2	370	弯顶处
2012.03	无6.0 m槽出现	—	5.9	365	弯顶处
2014.02	2 410,不贯通	275	12.4	380	弯顶处
2016.02	5 130,不贯通	340	13.3	380	弯顶处
2016.08	5 237,下出口贯通	500	13.8	320	弯顶处
2017.07	5 470,下出口贯通	375	13.2	325	弯顶处
2017.11	5 245,下出口贯通	430	15.5	320	弯顶处
2018.03	5 725,下出口贯通	400	15.9	340	弯顶处
2018.08	5 575,下出口贯通	469	16.9	307	弯顶处

3.3.1.1.3 航槽边界稳定性分析

(1) 1#断面位置航槽边界稳定性分析

1#断面位置位于沙洲水道鄂黄大桥的下游，1981—2016年间各级等深线左边线与左岸子堤的相对距离为减小态势(图3.3-11)，2016—2018年间相对距离略有增大；1981—2018年间，0 m和4.5 m等深线右边线与右岸子堤的距离变幅相对较小，1981—2008年间6.0 m等深线右边线与右岸子堤距离变化不大，2008—2012年间为增大态势，2012年以来为减小态势。

(2) 2#断面位置航槽边界稳定性分析

1981—2018年间(图3.3-12)，2#断面位置0 m等深线左边线与左岸子堤的距离变化不大，4.5 m等深线左边线与左岸子堤的相对距离变幅较大，与

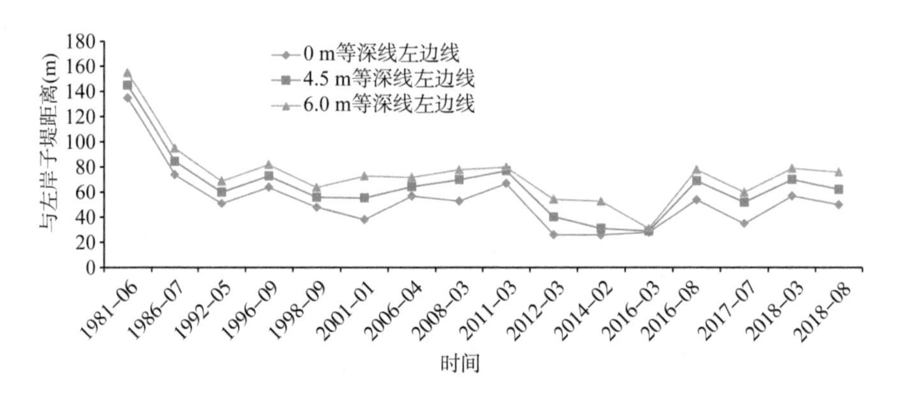

(a) 左边线与对应子堤距离

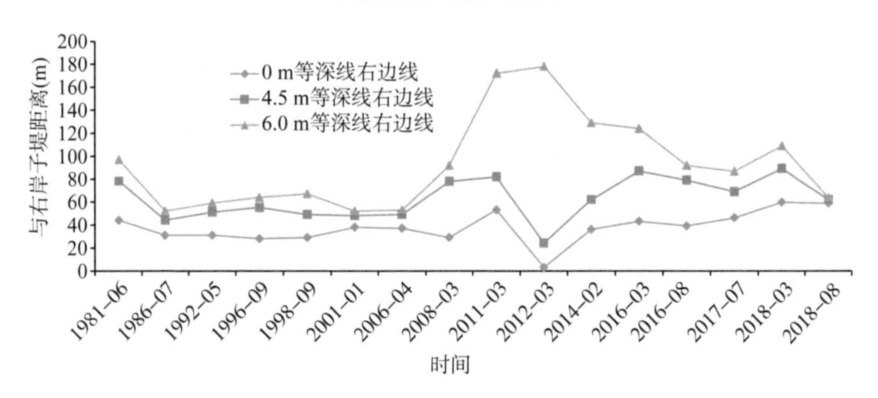

(b) 右边线与对应子堤距离

图 3.3-11 沙洲水道 1# 断面各级等深线与子堤相对距离变化

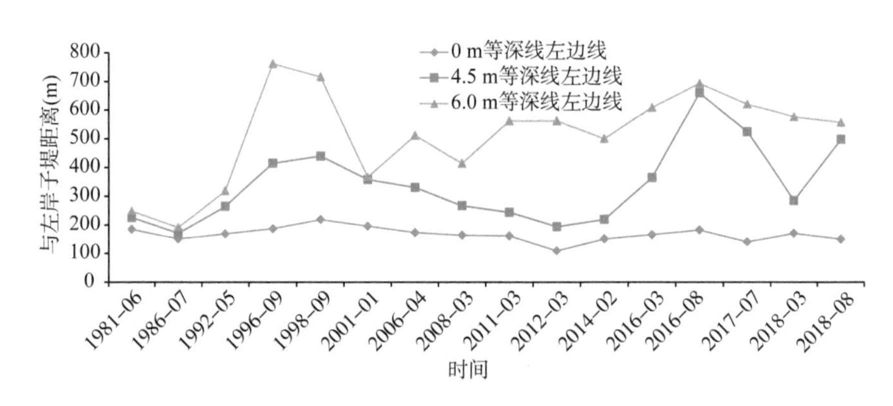

(a) 左边线与对应子堤距离

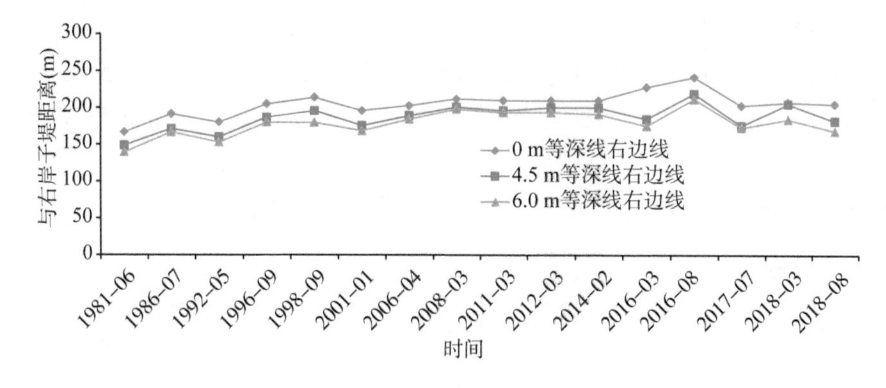

(b) 右边线与对应子堤距离

图 3.3-12 沙洲水道 2#断面各级等深线与子堤相对距离变化

左岸子堤相对距离均大于 200 m;2001 年以前,6.0 m 等深线左边线与左岸子堤的相对距离增加,说明航槽右摆较为明显,2001—2018 年间变化不大,相对距离在 300 m 以上。1981—2018 年间,2#断面位置各级等深线的右边线与子堤距离均为缓慢增加态势,说明各级航槽右边界存在一定的左摆态势。

(3) 3#断面位置航槽边界稳定性分析

3#断面位于黄州边滩的中上段,由于黄州边滩的存在,航槽边界划分为黄州边滩右边界及各级等深线右边线。

主航槽左边线[图 3.3-13-(a)]:1981—1998 年间黄州边滩大幅淤涨,0 m 等深线逐渐向右扩展,即 0 m 等深线左边线与左岸子堤的相对距离增加,1998—2016 年间相对距离较为稳定,2016 年以来相对距离减小,主要与黄州边滩右缘冲刷有关;4.5 m 和 6.0 m 等深线左边线与子堤的相对距离为缓慢减小态势,航槽左边线逐渐左摆。

主航槽右边线[图 3.3-13-(b)]:1981—2016 年间,0 m、4.5 m 和 6.0 m 等深线的右边线与右岸子堤的相对距离为减小态势,累计距离分别减少约 97 m、94 m 和 90 m;2016—2018 年间各级等深线右边线与右岸相对距离为增大态势。

(4) 4#断面位置航槽边界稳定性分析

3#断面位于黄州边滩的中下段,由于黄州边滩的存在,航槽边界划分为黄州边滩右边界及各级等深线右边线。

主航槽左边线[图 3.3-14-(a)]:1981—1986 年间黄州边滩尾部淤涨,各级等深线逐渐向右扩展,即 0 m、4.5 m 和 6.0 m 等深线左边线与左岸子堤的相对距离增加,1986—2018 年间相对距离较为稳定。

主航槽右边线[图 3.3-14-(b)]:1981—1996 年间,0 m、4.5 m 和 6.0 m等深线的右边线与右岸子堤的相对距离为减小态势,累计距离分别减少约 352 m、350 m 和 348 m;1996—2016 年间相对距离变化不大,0 m、4.5 m 和 6.0 m 等深线的右边线与右岸子堤的平均距离分别为 23 m、30 m 和 36 m,2016—2018 年间相对距离略有增大,说明 4♯断面位置航槽略向左摆。

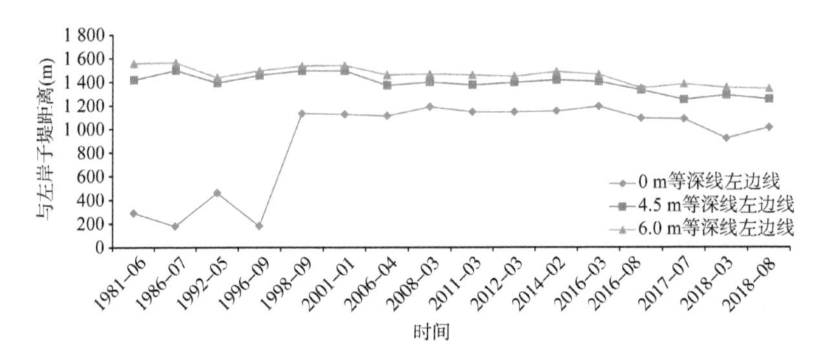

(a) 左边线与对应子堤距离

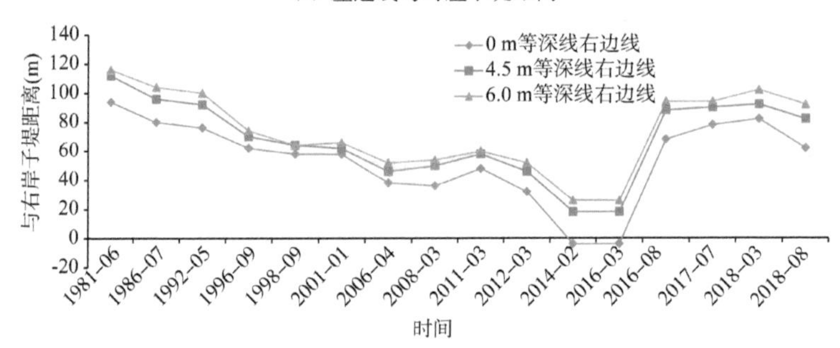

(b) 右边线与对应子堤距离

图 3.3-13 沙洲水道 3♯断面各级等深线与子堤相对距离变化

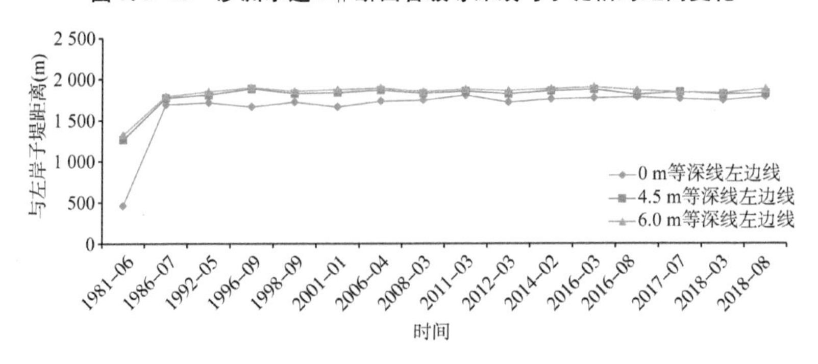

(a) 左边线与对应子堤距离

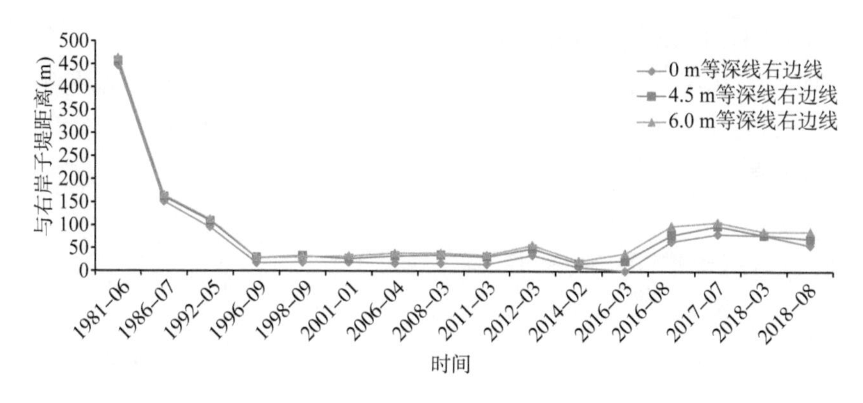

(b) 右边线与对应子堤距离

图 3.3-14 沙洲水道 4#断面各级等深线与子堤相对距离变化

3.3.1.1.4 深槽稳定性分析

1) 深槽平面变化

2008 年,沙洲水道进口段 10 m 深槽为交错断开;2010 年,沙洲水道 10 m 深槽贯通,深槽的右边线变化不大;2016 年以来沙洲水道进口段 10 m 深槽左边线有所左摆,沙洲水道左槽出现 10 m 槽,范围为增大态势。

2) 深泓变化

(1) 深泓平面变化(图 3.3-15)

①1#断面位置深泓平面位置变化

1981—2006 年间,1#断面位置深泓位于河道中心线(河道中心线的两岸边界以子堤为参照,下同)的左侧,即贴近左岸一侧;2008—2018 年间,1#断面位置深泓摆至河道中心线的右侧,即深泓贴近右岸一侧。1981—2018 年间,1#断面位置深泓平面位置累计右摆距离约为 303 m。

②2#断面位置深泓变化

1981—2001 年间,2#断面位置深泓位于河道中心线(河道中心线的两岸边界以子堤为参照,下同)的左侧,即贴近左岸一侧;2006—2018 年间,2#断面位置深泓摆至河道中心线的右侧,即深泓贴近右岸一侧。1981—2018 年间,2#断面位置深泓平面位置累计右摆距离约为 558 m。

③3#断面位置深泓变化

1981—2018 年间,沙洲水道的深泓均贴近右岸一侧。1981—1992 年间,3#断面位置深泓逐渐左摆,1993—2018 年间深泓略有右摆,相对摆幅较小。

④4＃断面位置深泓变化

1981—2018年间，沙洲水道深泓均贴近右岸一侧。1981—2018年间，4＃断面位置深泓逐渐右摆，累计右摆距离为450 m，其中1986—2016年间深泓累计右摆25 m。

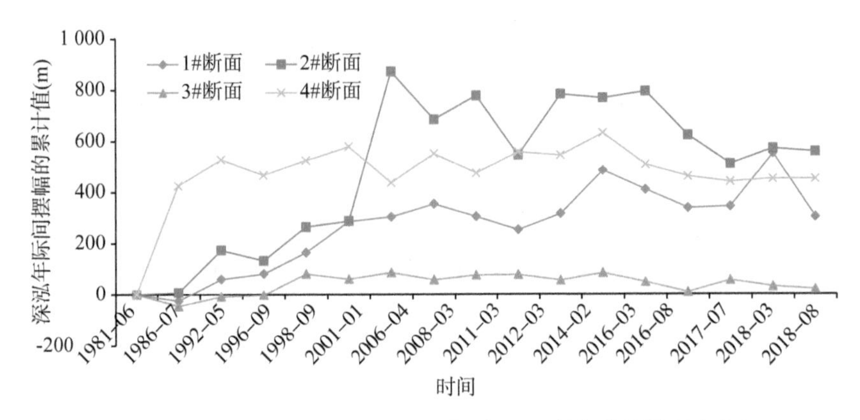

图3.3-15　沙洲水道代表断面位置深泓平面摆幅的累计距离变化

(2) 深泓纵向变化

1981—2018年间(图3.3-16)，1＃断面位置深泓纵向冲淤交替变化，2001年以后以冲刷为主；1981—1998年间，2＃断面位置深泓纵向变化不大，1996—2006年间以冲深为主，累计冲深约6.50 m；1981—2006年间，3＃断面位置深泓以冲深为主，2006—2018年间略有淤积；1981—1986年间，4＃断面位置深泓刷深，1986—2018年间深泓纵向变化不大。

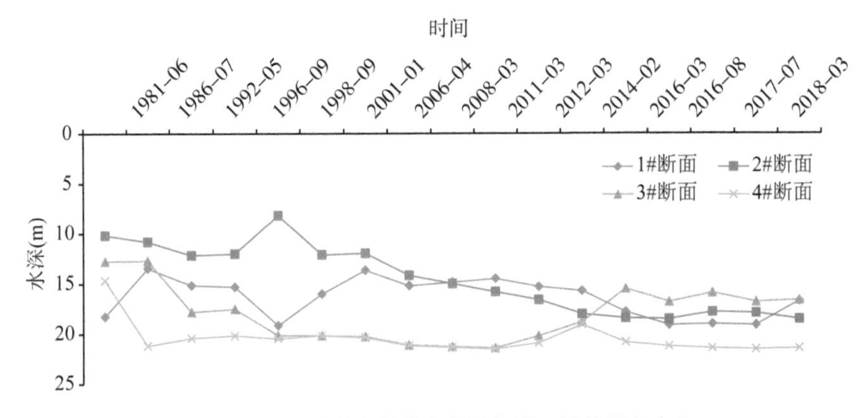

图3.3-16　沙洲水道代表断面位置深泓的纵向变化

3.3.1.2 桥区河段及下游河段的航槽稳定性分析

依据《内河通航标准》(GB 50139—2014)5.1、5.2 节相关内容，在上下游河道分析基础上，分析桥区河段航道边界条件、汊道变化、航道条件、深槽及深泓与拟选桥式的适应性关系(图 3.3-17)。

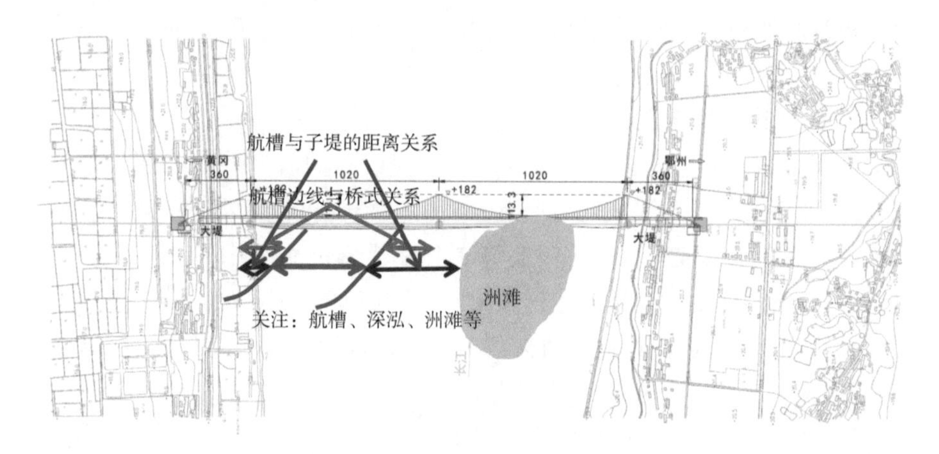

(a) 晨鸣西桥位

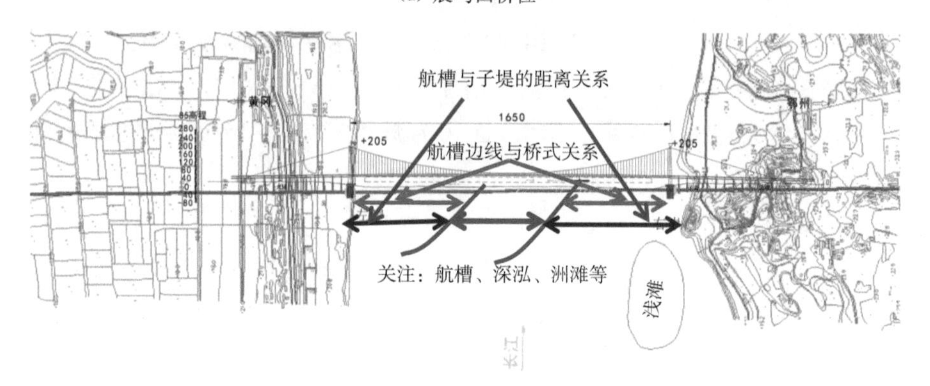

(b) 巴河西桥位

图 3.3-17 拟选桥位桥式航槽稳定性参数示意图(单位:m)

(1) 航道边界。重点分析桥区河段边心滩的演变，分析洲滩格局、洲滩形态的变化，主要采取 0 m 以浅边心滩形态进行分析，主要为洲滩面积、长度、宽度及滩顶高程等。

(2) 航道条件。依据航道水深的维护情况，桥区河段拟选取设计最低通航水位下 4.0 m、4.5 m、6.0 m 航槽为对象，首先分析各级贯通时的最小宽度，断开时的重点距离，分析航道条件的稳定性，并进一步分析各级航槽左右边线与子堤、桥墩的关系；各级等深线边线与对应子堤的关系，分析航槽的变动情况；各级等深线边线与主桥墩的相对位置关系，分析拟选桥式布置型式与航槽的适应性。

(3) 深槽与深泓。选取 7.0 m 槽作为深槽进行分析，重点分析深槽的变化过程及发展趋势；分析深泓的平面摆动范围与桥式布置型式的关系。

3.3.1.2.1　桥区河段航道洲滩边界稳定性分析

1) 巴河边滩稳定性分析

巴河边滩主要形成于大水时期，其发育规模与长江大水、巴河入汇流量相关；形成后的上提下移演变与上游水动力轴线变化、水沙条件等密切相关。巴河边滩经历了形成—发育—消失等多个交替演变过程，1998 年、1999 年大洪水后，巴河边滩的发育规模达到最大，位置在巴河入汇口的上游，其后位置逐渐下移至 2011 年基本冲刷消失，其后至 2019 年 6 月无明显的恢复淤积迹象。

2) 池湖港心滩稳定性分析

(1) 滩体面积变化

1968—2013 年间(图 3.3-18，图 3.3-19)，池湖港心滩持续维持淤积态势，其最大滩宽、最大长度、面积均为增加态势；2013—2019 年间，最大滩长为减小态势，最大宽度先减小后增大，面积为减小态势，2016 年以来面积变化不大。

(2) 滩体形态变化

从近期河床演变上看，近 60 年来池湖港心滩的位置基本未变，是相对较为稳定的心滩。选取池湖港心滩横断面和纵断面，分析池湖港心滩的形态变化(图 3.3-20)。

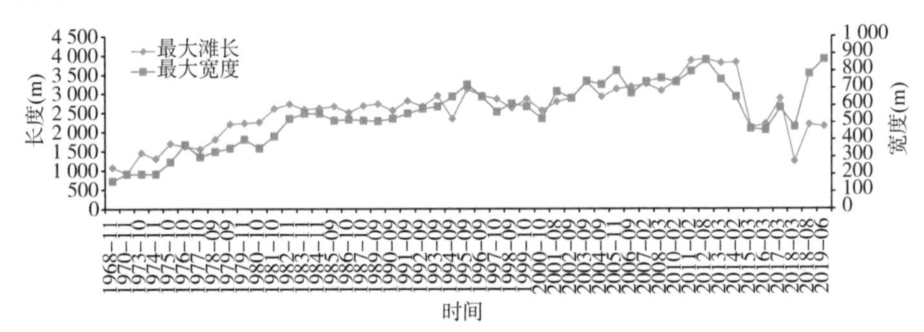

图 3.3-18　池湖港心滩 0 m 形态参数变化

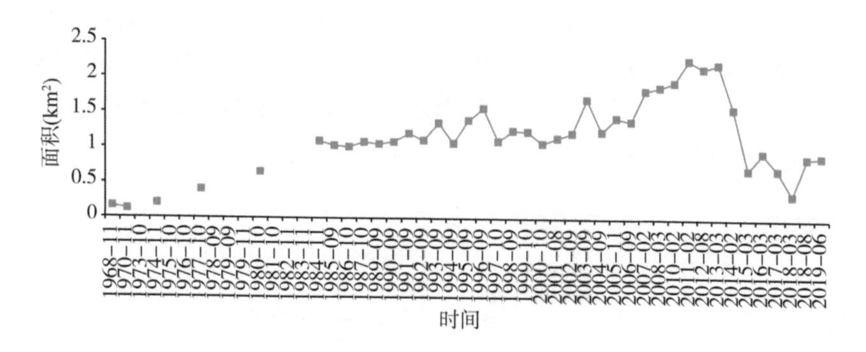

图 3.3-19 池湖港心滩 0 m 以浅面积变化

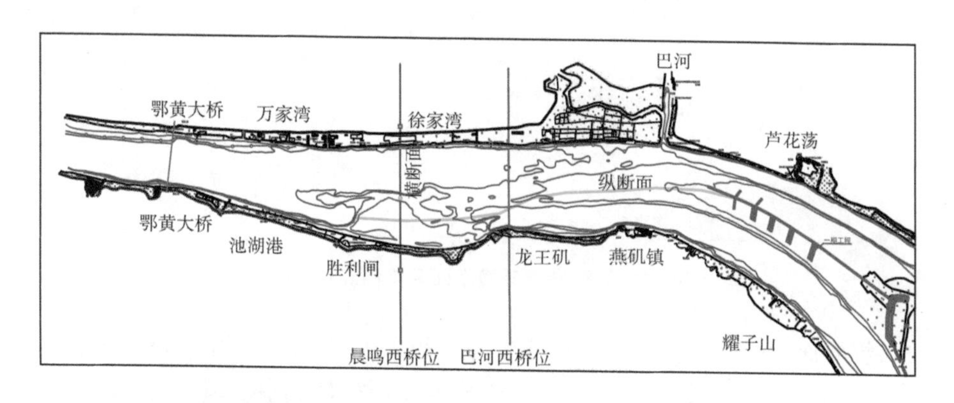

图 3.3-20 池湖港心滩形态变化代表断面位置选取

横断面上(图 3.3-21):该断面位于巴河水道池湖港心滩中部,1984 年 11 月—2003 年 3 月,左侧巴河通天槽冲刷展宽,池湖港心滩变化不大,右侧池湖港航槽淤积萎缩,最大淤积厚度约 2.0 m,宽度缩窄约 90 m;2006 年 2 月—2008 年 3 月,断面形态较稳定,左侧巴河通天槽有冲有淤,冲淤调整幅度在 1.5 m 左右,池湖港心滩有所淤积,淤积厚度在 1.0 m 左右;2008 年 3 月—2010 年 2 月,池湖港心滩冲刷,滩面高程降低,最大冲深约 6.5 m 左右;2010 年 2 月—2011 年 2 月,池湖港心滩又发生淤积,最大淤积厚度在 6.8 m 左右;2012 年 8 月—2016 年 3 月,左侧巴河通天槽有冲有淤,冲淤变化幅度在 1.0 m—2.0 m 之间,中部池湖港心滩持续冲刷降低,最大冲刷幅度约为 10.0 m 左右;2016 年 3 月—2018 年 3 月,池湖港心滩的左缘前端发生冲刷,滩体处冲刷。

纵断面上:2006 年 2 月—2010 年 2 月,池湖港心滩以淤高为主,形态上变化不大;2010 年 2 月—2013 年 10 月,池湖港心滩中部冲刷较为明显,最大冲深约 6.0 m,头部及下段变化不大;2013 年 10 月—2014 年 2 月,池湖港心滩头部冲淤变化不大,尾部大幅冲刷后退,0 m 等深线后退约 800 m;2014 年 2 月—2016 年 3 月,池湖港心滩为显著的冲刷状态,头部 0 m 等深线后退约 200 m,中部滩面高程刷低,尾部后退约 1 300 m。

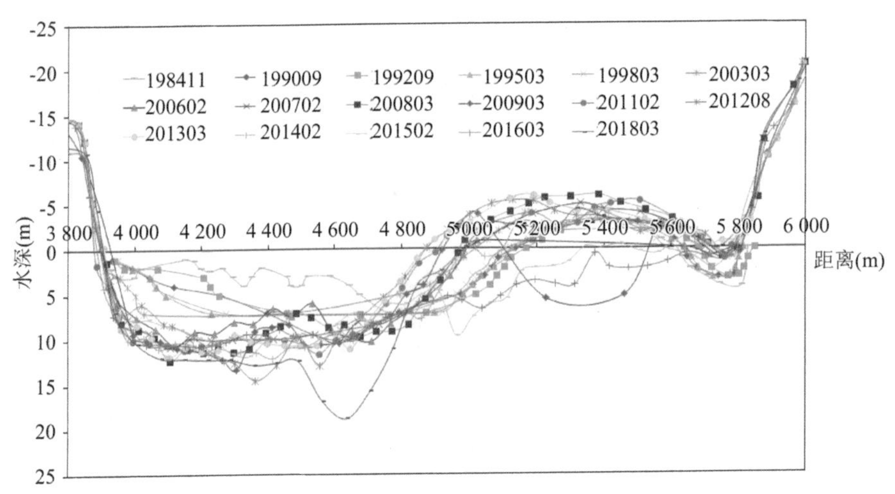

图 3.3-21 池湖港心滩横断面变化(心滩中部位置)

纵断面上(图 3.3-22):2006 年 2 月—2010 年 2 月,池湖港心滩以淤高为主,形态上变化不大;2010 年 2 月—2013 年 10 月,池湖港心滩中部冲刷较为明显,最大冲深约 6.0 m,头部及下段变化不大;2013 年 10 月—2014 年 2 月,池湖港心滩头部冲淤变化不大,尾部大幅的冲刷后退,0 m 等深线后退约 800 m;2014 年 2 月—2016 年 3 月,池湖港心滩为显著的冲刷状态,头部 0 m 等深线后退约 200 m,中部滩面高程刷低,尾部后退约 1 300 m。

综上,近期池湖港心滩表现为冲刷态势,冲刷的部位集中在头部及下段。2018 年以来,武汉至安庆段正在实施 6.0 m 水深航道整治工程,在池湖港心滩实施 2 条护滩带,工程实施后抑制了沙洲水道左汊分流比增加态势,黄州边滩滩面冲刷、左汊发展态势得到一定控制。

3) 戴家洲(包含新洲)的稳定性分析

(1) 滩体面积变化

1958—2006 年间,新洲不断向上游淤涨,并与戴家洲不断靠近,面积逐渐增加;1984 年,新洲和戴家洲连为一体,新洲—戴家洲的洲体面积显著增加;2006 年以来戴家洲河段实施了多期的航道整治工程,其中一期工程对洲头低

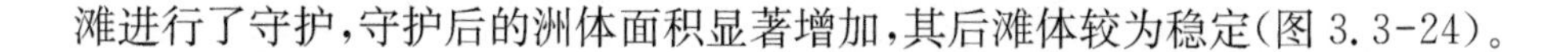
滩进行了守护,守护后的洲体面积显著增加,其后滩体较为稳定(图 3.3-24)。

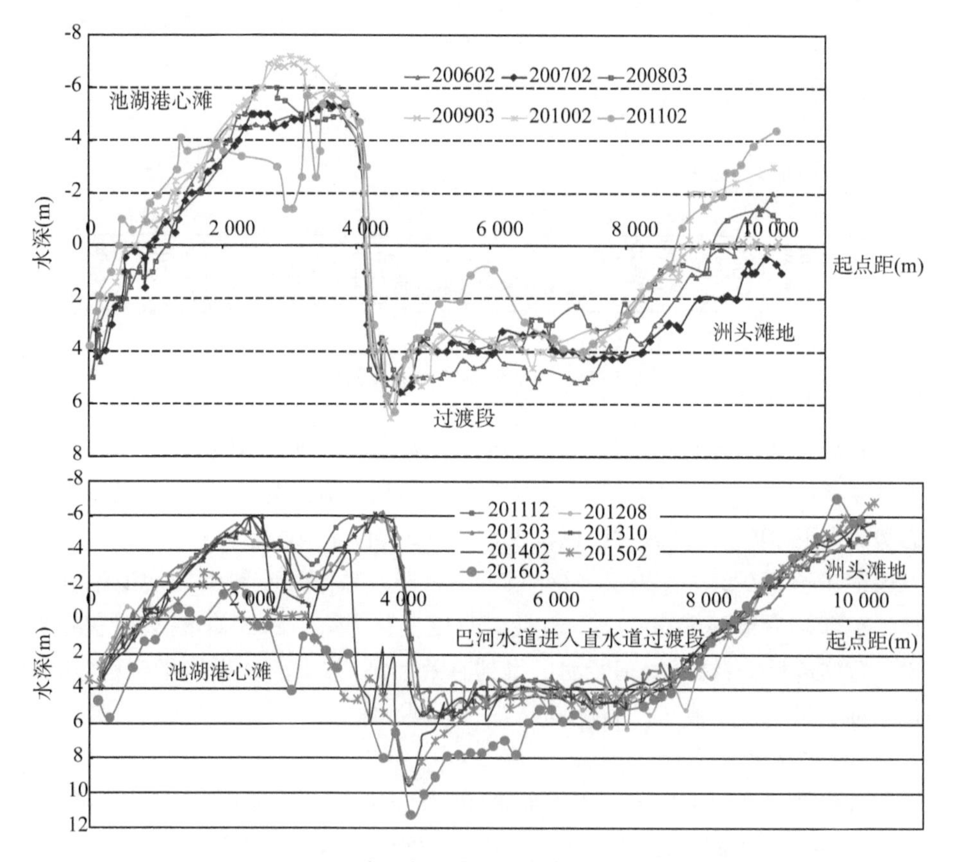

图 3.3-22 池湖港心滩至洲头滩地纵剖面变化图

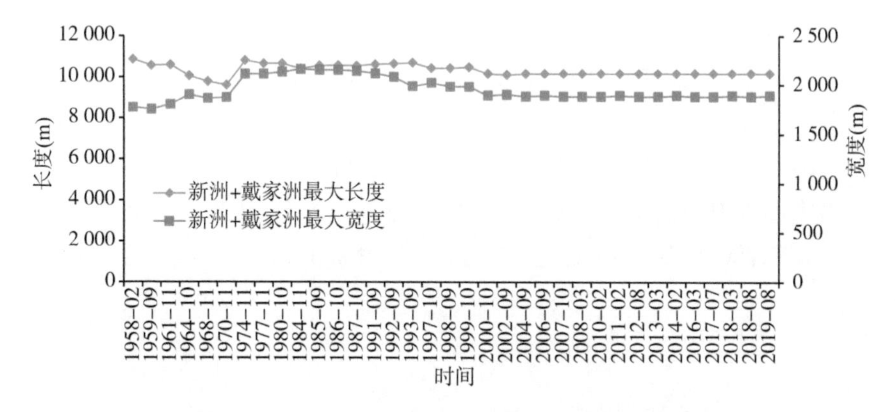

图 3.3-23 新洲—戴家洲洲体最大长度及宽度变化

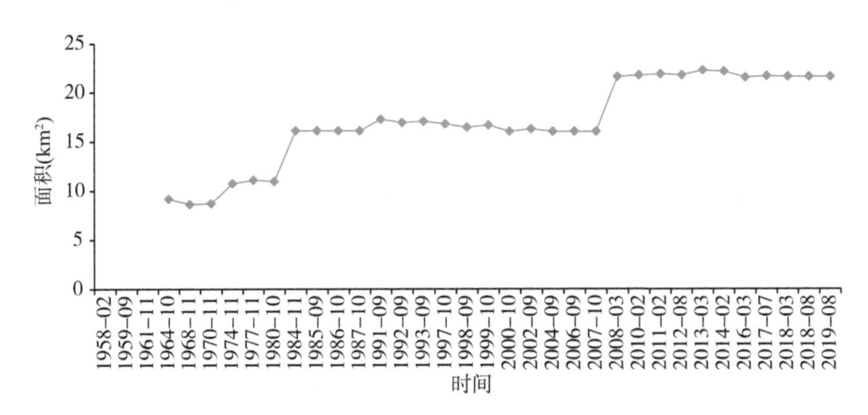

图 3.3-24　新洲—戴家洲洲体面积变化

1958—1974 年间(图 3.3-23),新洲最大宽度减少了 410 m,戴家洲宽度增加了 340 m;1975—2002 年(图 3.3-23),两洲以崩退为主,最大宽度为减少态势,期间戴家洲右缘最大崩退幅度约 470 m,年均后退幅度约 10 余 m,最大宽度减少了 270 m;2002—2008 年(图 3.3-23),戴家洲右缘最大崩退幅度约 150 m,年均后退幅度约 30 余 m,最大宽度变化不大。2010 年戴家洲右缘护岸工程实施后,右缘岸线不断崩退得到有效控制,整个洲体岸线得到稳定,且戴家洲右缘全线形成了一条优良形态的平顺岸线。

(2) 滩体形态变化

分析戴家洲洲头低滩(包含新洲)滩脊线平面变化过程(图 3.3-25,以 6.0 m 水深为滩脊线前端的边界),1984—2006 年,戴家洲洲头的滩脊线平面变幅较大,主要集中在燕矶镇附近。滩脊线前端终点位置上下移动距离较大,也反映这一时期戴家洲洲头低滩的冲淤变化较大,整体上滩脊线上延且位置逐渐居中;2007 年以来,受戴家洲水道航道整治一期工程的影响,洲头低滩尾部的平面位置变化不大,滩脊线前端上延且位置仍居中。

1984—2018 年,新洲—戴家洲洲头低滩顶高程为增大—减小—增大的过程。戴家洲水道一期工程实施后,洲头低滩部分淤积,说明工程已达到了预期效果,洲头低滩部分趋于稳定(图 3.3-26、图 3.3-27)。

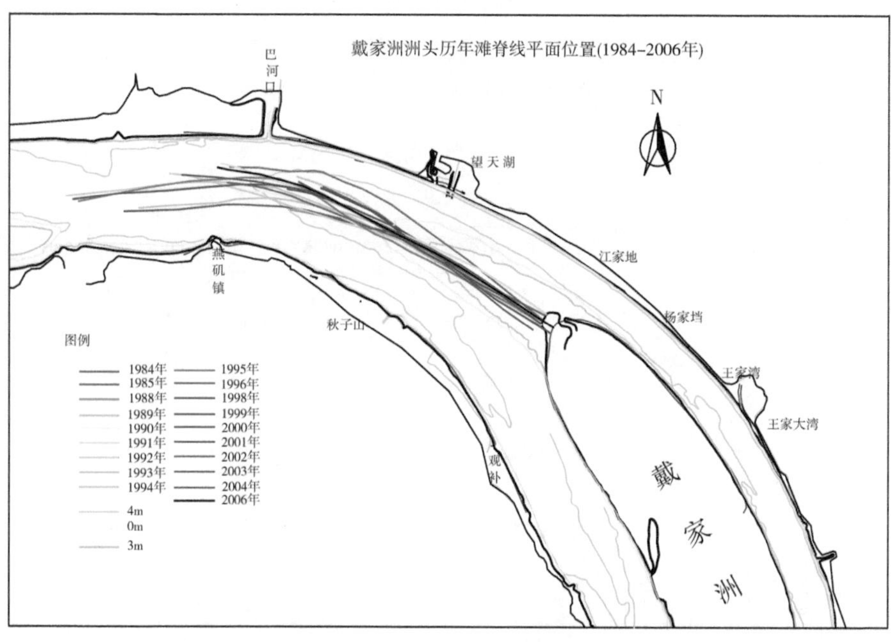

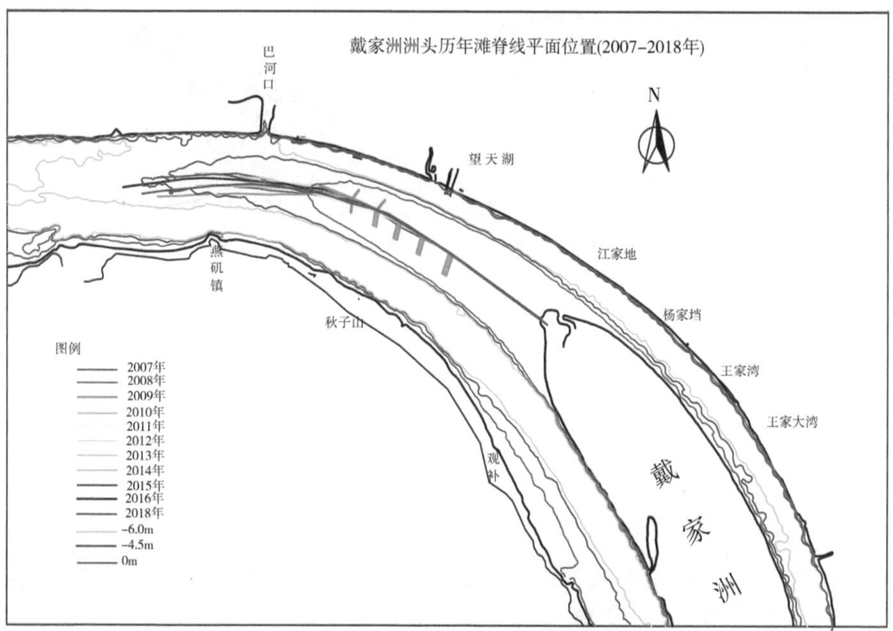

图 3.3-25 戴家洲洲头低滩滩脊线平面变化图

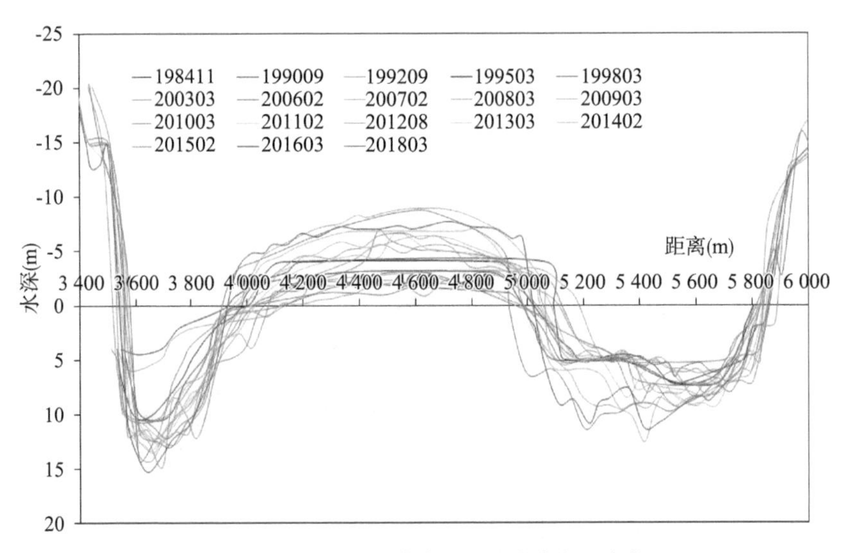

图 3.3-26　新洲—戴家洲洲头代表断面变化

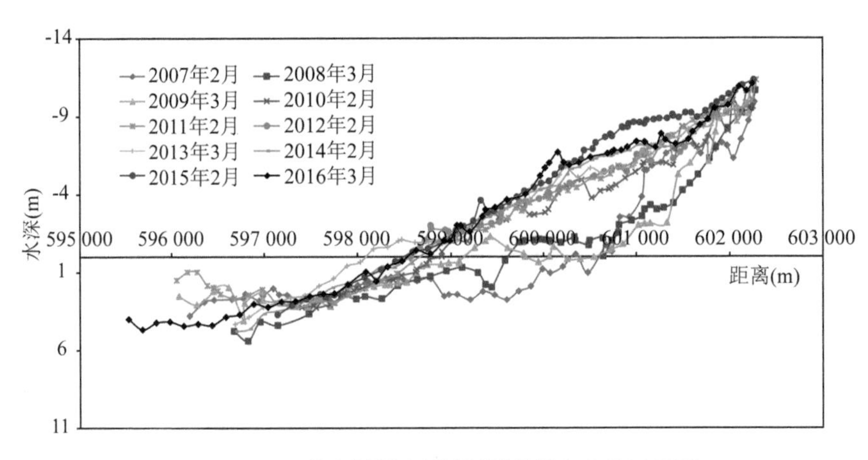

图 3.3-27　戴家洲洲头低滩滩脊线纵向变化过程图

3.3.1.2.2　桥区及下游河段设计水位下各级航槽稳定性分析

选取 0 m、4.0 m 或 4.5 m、6.0 m 等深线，选取代表断面及桥位断面(图 3.3-28)，分析桥区及下游河段进口段的航槽稳定性。

1) 设计水位下 0 m 航槽稳定性分析

(1) 1958—1984 年

1958—1960 年间，戴家洲头部低滩 0 m 等深线头部明显上提，右缘冲刷，

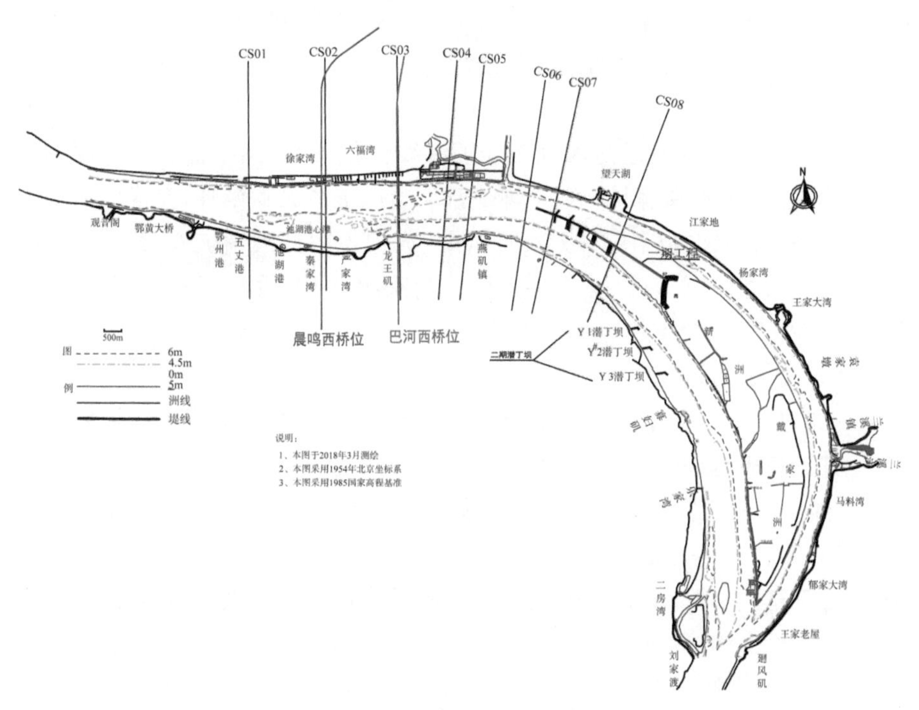

图 3.3-28 桥区河段代表断面布置图

左缘变化不大；1960—1970 年间，戴家洲头部低滩 0 m 等深线头部延续了上一阶段的上提态势，头部淤宽，左缘和右缘略有冲刷；1970—1980 年间，戴家洲头部低滩 0 m 等深线略有后退，左缘淤积，右缘冲刷；1980—1986 年间，戴家洲头部低滩 0 m 等深线头部位置右摆，左缘和右缘变化不大。

(2) 1984—1990 年

1984—1990 年间，巴河水道 0 m 等深线变化不大，仅巴河边滩区域 0 m 等深线略有后退；戴家洲洲头低滩冲淤交替变化，左缘淤积为主，右缘略有冲刷；戴家洲洲体的中上段右缘冲刷，右缘中下段及左缘的冲淤变化不大；1984—1988 年间，新淤洲区域（左岸平山矶—刘家渡）0 m 等深线后退，1988—1990 年间淤积。

(3) 1990—1994 年

1990—1994 年间，巴河水道 0 m 等深线变化不大，巴河边滩区域 0 m 等深线变化不大；1992 年和 1994 年，圆水道进口存在水深不足 0 m 的滩体；戴家洲洲头低滩的头部位置变化不大，左缘和右缘均为淤积态势；左岸寡妇矶附近 0 m 等深线淤积，位置逐渐下移；1990—1992 年间，新淤洲区域(左岸平山矶—刘家渡)中上段冲刷，中下段淤宽。

(4) 1994—1998 年

1994—1998 年间，巴河水道 0 m 等深线变化不大，圆水道进口水深不足 0 m 滩体逐渐冲蚀，戴家洲洲头低滩头部明显向上游淤积延伸，左缘以淤积为主，右缘冲刷；左岸寡妇矶区域 0 m 等深线向河道中部大幅扩展，其位置逐渐向下游延伸；新淤洲区域(左岸平山矶—刘家渡)中上段淤宽态势，下段变化不大。

(5) 1998—2000 年

1998—2000 年间，巴河水道 0 m 等深线变幅较大，巴河边滩区域头部冲刷，尾部淤积下延，戴家洲洲头低滩后退距离约为 2 300 m；戴家洲洲头低滩 0 m 等深线的左缘和右缘均为淤涨态势；1998 年—2000 年 3 月，直水道左岸寡妇矶一带 0 m 等深线淤宽，2000 年 3 月—2000 年 9 月，0 m 等深线头部冲刷，尾部下延约 2 450 m；新淤洲区域(左岸平山矶—刘家渡)0 m 等深线淤宽态势，最大淤宽为 260 m。

(6) 2000—2006 年

1998—2000 年间，巴河水道 0 m 等深线变幅较大，池湖港心滩淤涨较为明显，巴河边滩头部冲刷尾部淤积；戴家洲洲头低滩头部位置变化不大，左缘和右缘均以冲刷为主，右缘最大后退距离为 440 m；左岸寡妇矶一带边滩 0 m 等深线大幅冲刷，对应戴家洲左缘淤积较为明显；2000 年 9 月—2003 年，新淤洲区域(左岸平山矶—刘家渡)0 m 等深线淤宽，2003—2004 年间上段冲刷下段淤积，2004—2006 年间整体为冲刷态势，最大后退距离为 460 m。

(7) 2006—2010 年

2006—2010 年间，巴河水道两岸的 0 m 等深线基本未变化，池湖港心滩 0 m 等深线面积增大，头部上延；戴家洲洲头低滩头部 0 m 等深线上延较为明显，左缘和右缘均以淤积为主，右缘淤宽幅度大于左缘；左岸寡妇矶附近 0 m 等深线较为稳定，仅在直水道中部存在零星水深不足 0 m 的滩体，如 2007 年和 2010 年；2006 年和 2007 年，戴家洲右缘中下段 0 m 等深线淤积下移态势，2008 年下移至戴家洲尾部区域；新淤洲区域(左岸平山矶—刘家渡)0 m 等深线上段淤宽，下段冲刷后退。

(8) 2010—2014 年

2006—2010 年间，巴河水道两岸侧 0 m 等深线变化不大，池湖港心滩

0 m 线面积减小，头部略有后退；戴家洲洲头低滩头部 0 m 等深线变化不大，左缘淤积，右缘冲刷；左岸寡妇矶附近 0 m 等深线淤宽，直水道中段河道中部存在水深不足 0 m 的滩体，范围为增加态势且位置下移；2010—2012 年间，新淤洲区域(左岸平山矶—刘家渡)0 m 等深线淤宽较为明显，2012—2014 年间头部冲刷尾部淤积下延；2010—2014 年间，圆水道 0 m 等深线变化不大。

(9) 2014—2019 年

2006—2010 年间，巴河水道两岸侧 0 m 等深线基本未变化，池湖港心滩 0 m 线面积减小，头部及尾部横向冲刷较为明显；戴家洲洲头低滩头部 0 m 等深线位置有所上移，左缘以冲刷为主，右缘以淤积为主；左岸寡妇矶区域 0 m 等深线尾部略有下移；2014—2016 年间，寡妇矶下游直水道中部的0 m 滩体淤积下延，2014—2015 年间新淤洲区域 0 m 等深线冲刷，分离为江心洲，2015—2016 年间该江心洲冲刷消失，至 2019 年 6 月上游心滩下移至新淤洲区域，新淤洲区域再次出现水深不足 0 m 的江心洲潜洲。

2) 设计水位下 4.0 m 航槽稳定性分析

戴家洲河段 4.0 m 等深线年际间变幅较大，戴家洲直水道和圆水道均作为枯水期主航道交替使用过。巴河—戴家洲河段的碍航位置主要在巴河水道—直水道、巴河水道—圆水道、直水道中段(寡妇矶附近)、直水道和圆水道的出口位置。

(1) 1958—1984 年

1958 年，池湖港心滩 4.0 m 以浅滩体面积较小，两侧 4.0 m 槽均贯通，直水道及圆水道进口 4.0 m 槽断开，直水道中下段及圆水道出口均贯通。

1961 年，池湖港左侧巴河通天槽发育，右槽 4.0 m 槽变化不大；直水道进口及中段 4.0 m 槽贯通，圆水道进口 4.0 m 槽断开，中下段及尾部贯通。

1964 年和 1965 年，巴河通天槽明显发育与直水道进口相连，巴河—直水道进口段 4.0 m 槽贯通；直水道中下段 4.0 m 槽贯通，巴河通天槽—圆水道进口 4.0 m 槽断开，圆水道中下段贯通。

1968—1974 年，巴河通天槽 4.0 m 槽萎缩，巴河—直水道、巴河—圆水道进口 4.0 m 槽均断开；直水道中段及出口段、圆水道出口的 4.0 m 槽均断开。

1977 年，巴河通天槽—直水道进口、巴河通天槽—圆水道进口 4.0 m 槽贯通，直水道中下段贯通，圆水道出口段断开。

1980 年 2 月，巴河通天槽—直水道进口 4.0 m 槽断开，巴河通天槽—圆水道进口 4.0 m 槽贯通。1980 年 10 月、1981 年测图显示，巴河通天槽—直水道进口 4.0 m 槽贯通，巴河通天槽—圆水道进口 4.0 m 槽断开。

1984 年，巴河通天槽—直水道进口 4.0 m 槽断开，巴河通天槽—圆水道进口贯通，直水道中段及出口段、圆水道出口段均贯通。

(2) 1984—2018 年

巴河水道中上段：1984—2018 年间(图 3.3-29)，巴河水道中上段 4.0 m 等深线均处于贯通状态。年际间巴河水道中上段的 4.0 m 等深线宽度变化较大，历年测次的最小宽度为 185 m(1984 年)，最大宽度约为 920 m(2018 年)。2006 年以来，巴河水道中上段 4.0 m 等深线最小宽度大于 790 m，航道条件优良。

戴家洲直水道：1984 年、1991 年、1996 年、1998 年、2003 年和 2004 年，戴家洲直水道进口 4.0 m 槽断开，其余 24 个测次 4.0 m 槽均贯通，2006 年以来为持续贯通状态(图 3.3-30)，一期航道整治工程有效改善了进口段航道水深条件；1984 年、1985 年、2003—2008 年测图显示，戴家洲直水道中段(寡妇矶附近)4.0 m 槽断开，其与 23 个测次 4.0 m 槽均贯通，2011 年以来为持续贯通状态，二期航道整治工程有效改善了中段航道水深条件；2001 年、2006 年和 2008 年 3 个测次戴家洲直水道出口 4.0 m 槽断开，其余 27 个测次均贯通，2011 年以来为持续贯通状态，右缘守护工程有效改善了出口段的航道水深条件。

戴家洲圆水道：历史时期，直水道和圆水道交替作为枯水期主航道交替使用过，直水道碍航位置主要出现在进口和出口位置，中段的航道水深条件相对较好(图 3.3-31)。2011 年以前，戴家洲圆水道进口航道水深条件较差，近半数测次进口段 4.0 m 槽断开，出口段 4.0 m 槽断开的测次仅为 5 次；2011 年以来，戴家洲直水道进口和出口位置的 4.0 m 槽均贯通，航道水深条件相对较好。

3) 设计水位下 4.5 m 航槽稳定性分析

戴家洲河段已实施了多期的航道整治工程，结合航道整治工程的实施时间，以 2006—2019 年实测水深地形资料，分析桥区河段及下游河段 4.5 m 航槽的稳定性。

(1) 巴河水道中上段

2006—2019 年间，巴河水道中上段 4.5 m 槽贯通，最小宽度在 750 m 以上，平均值约为 850 m(图 3.3-32)。

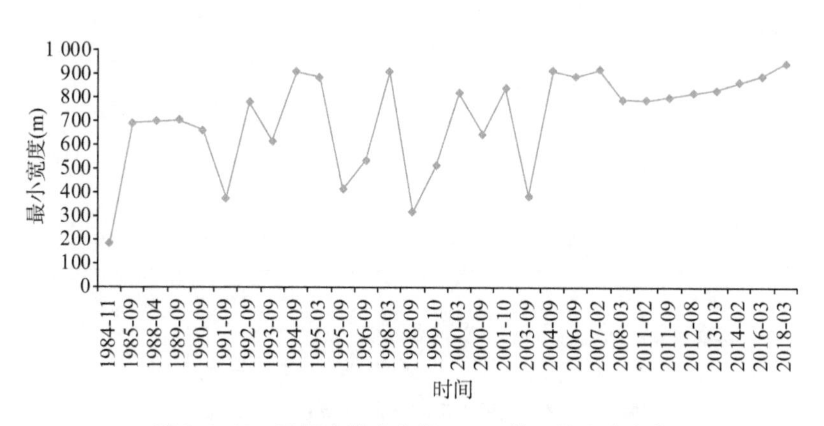

图 3.3-29　巴河水道中上段 4.0 m 等深线宽度变化

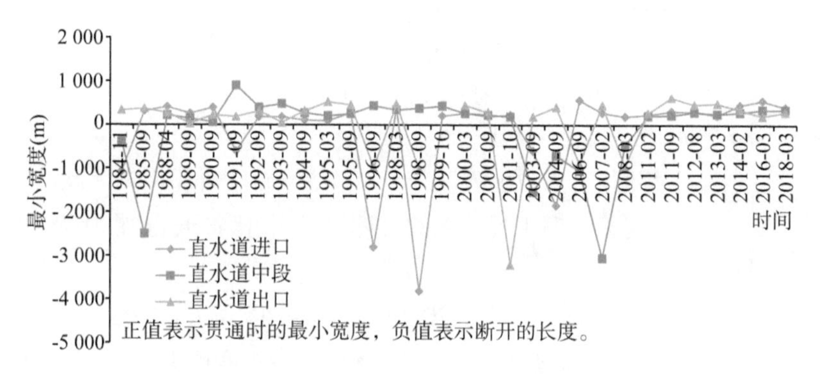

图 3.3-30　戴家洲直水道 4.0 m 等深线宽度变化

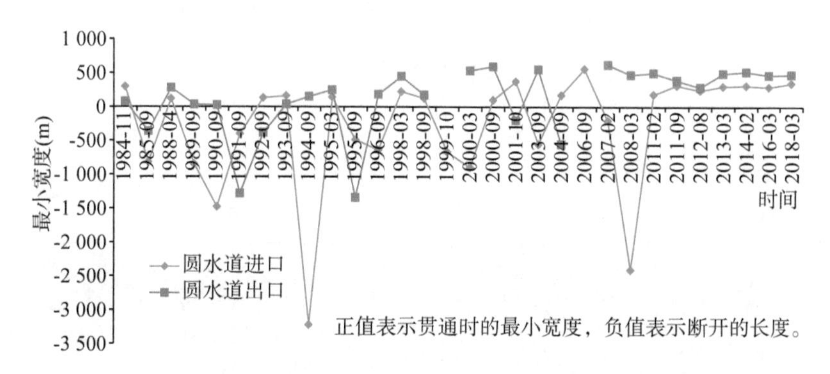

图 3.3-31　戴家洲圆水道 4.0 m 等深线宽度变化

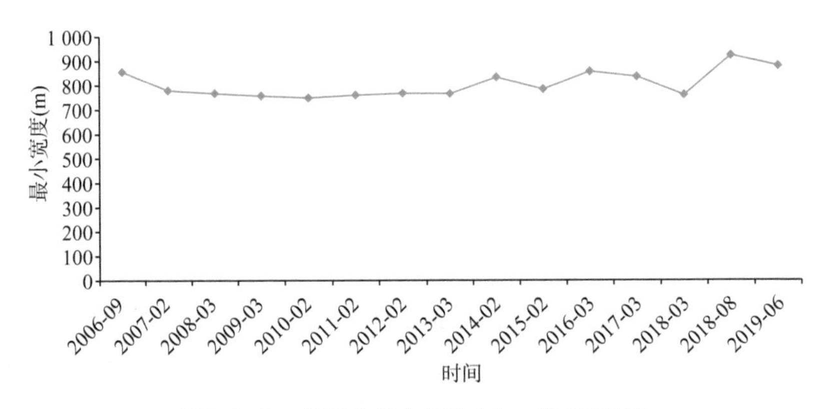

图 3.3-32　巴河水道中上段 4.5 m 槽宽度变化

(2) 戴家洲直水道

2006—2019 年间(图 3.3-33)，仅 2007 年 2 月、2008 年 3 月、2018 年 3 月、2018 年 8 月和 2019 年 6 月(浅区位置上移)巴河—戴家洲直水道进口过渡段 4.0 m 槽断开，其余测次均贯通。

2006—2011 年间，直水道上浅区 4.5 m 槽断开，且断开距离为减小态势，2012—2019 年间，随着一期工程效果的发挥，4.5 m 槽贯通，且最小宽度大于 200 m。

2006 年和 2007 年，直水道中部浅区 4.5 m 槽断开，2008—2019 年间 4.5 m 槽贯通，最小宽度大于 160 m，2015 年以来最小宽度大于 200 m，基本实现了戴家洲河段二期航道整治工程的治理目标。

2006 年、2008 年和 2009 年，戴家洲直水道下浅区 4.5 m 槽断开，2010 年以来 4.5 m 槽均贯通，2013 年以来仅 2016 年 3 月 4.5 m 槽最小宽度为 118 m，其余测次最小宽度均大于 200 m。

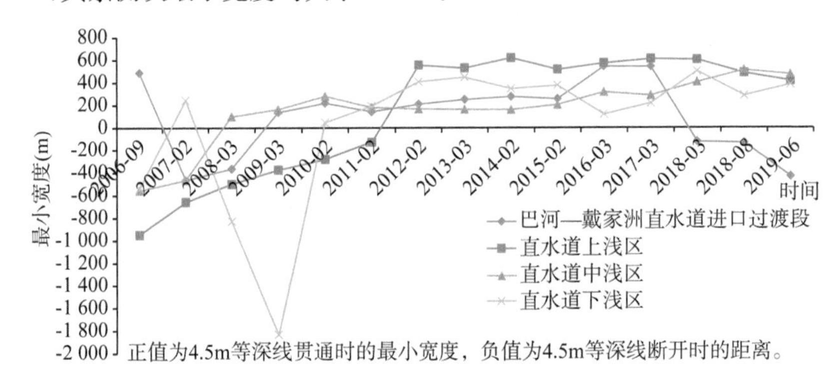

图 3.3-33　戴家洲直水道 4.5 m 槽宽度变化

(3) 戴家洲圆水道

2006—2019年间(图3.3-34),圆水道进口仅在2007年2月、2008年3月和2018年3月4.5 m等深线断开,其余测次均贯通。2006—2019年间,圆水道出口4.5 m等深线均贯通,最小宽度为减少态势,各测次最小宽度均大于390 m。

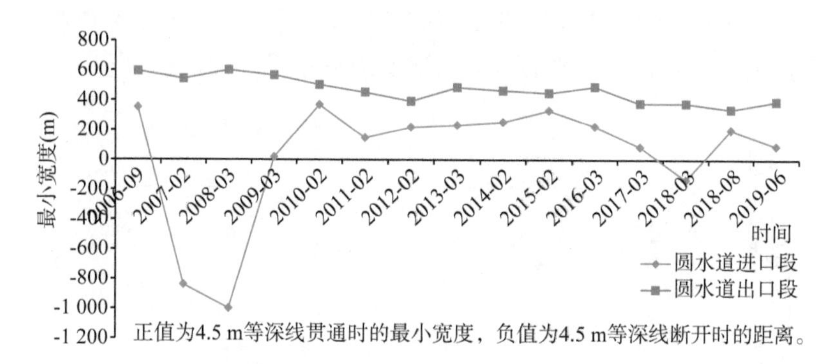

图3.3-34　戴家洲圆水道4.5 m槽宽度变化

4) 设计水位下6.0 m航槽稳定性分析

(1) 巴河水道中上段

2006—2019年间,巴河水道中上段6.0 m槽贯通,宽度为增大态势,最小宽度在580 m以上(图3.3-35)。

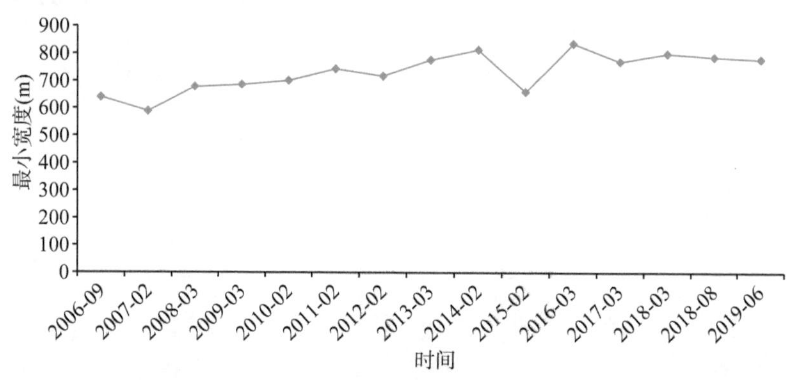

图3.3-35　巴河水道中上段6.0 m槽宽度变化

(2) 戴家洲直水道

2006—2019年间,巴河—直水道进口过渡段区域仅2014年2月、2015年2月和2016年3月6.0 m槽贯通,其余测次均断开。

2006—2011 年间，直水道上浅区 6.0 m 槽断开，2012—2019 年间 6.0 m槽均贯通，最小宽度为增大态势，至 2019 年 6 月最小宽度为 609 m。

2006—2019 年间，2010 年 2 月、2011 年 2 月、2012 年 2 月、2014 年 2 月、2016—2019 年戴家洲直水道中浅区 6.0 m 槽贯通，最小宽度为增大态势，至 2019 年 6 月最小宽度为 380 m。

2006—2019 年间，仅 2014 年 2 月、2015 年 3 月、2016 年 2 月和 2018 年 3 月直水道下浅区 6.0 m 槽贯通，其余测次均断开(图 3.3-36)。

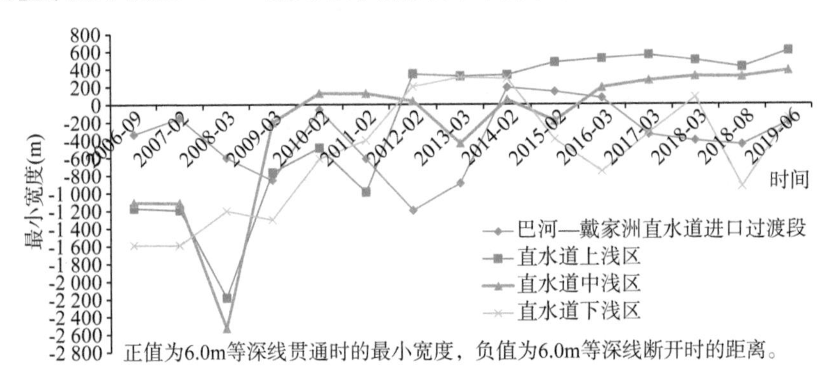

图 3.3-36　戴家洲直水道 6.0 m 槽宽度变化

(3) 戴家洲圆水道

2006—2019 年间，仅 2010 年 2 月、2014 年 2 月和 2015 年 2 月圆水道进口 6.0 m 槽贯通，其余的 12 个测次均断开(图 3.3-37)。

2006—2019 年间，圆水道出口 6.0 m 槽均贯通，各测次最小宽度均大于 220 m，至 2019 年 6 月最小宽度为 374 m。

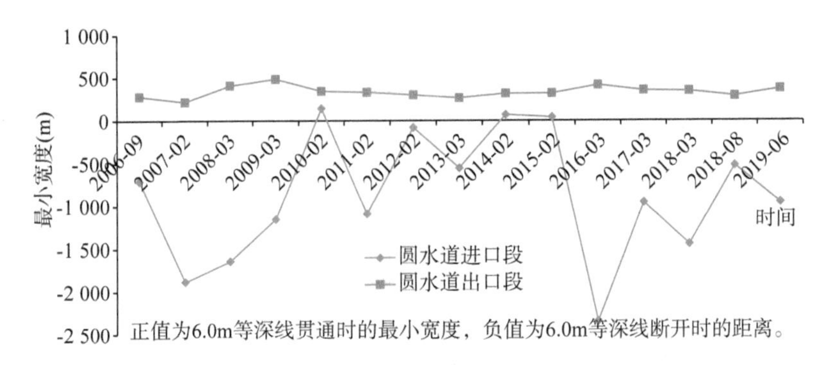

图 3.3-37　戴家洲圆水道 6.0 m 槽宽度变化

3.3.1.2.3 桥区河段航槽断面稳定性分析

1）晨鸣西桥位航槽边界稳定性分析

以0 m、4.0 m、4.5 m和6.0 m等深线，分析晨鸣西桥位断面位置航槽边界的稳定性，重点分析拟选桥式两侧主桥墩与各级等深线位置的相对距离变化。

（1）主桥墩与0 m槽的关系

1984—2006年间（图3.3-38），晨鸣西桥位左岸侧主桥墩处于0 m槽外，左岸主桥墩与0 m槽左边线的相对距离先增加后减少，主要与巴河边滩的演变过程有关。2006—2019年间，左侧主桥墩处于0 m槽左边线附近。

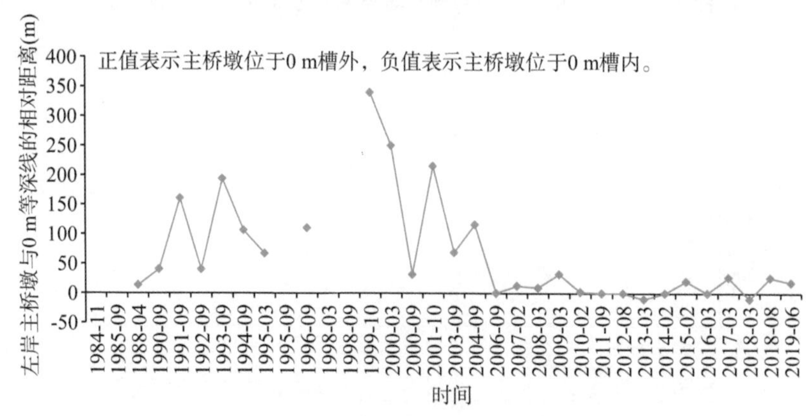

图3.3-38 晨鸣西桥位左侧主桥墩与0 m左边线的关系

1984—2009年间（图3.3-39），晨鸣西桥位中部桥墩位于0 m槽内，2010年2月—2013年3月，中部桥墩位于池湖港心滩0 m等深线以浅区域，2014年2月—2019年6月（7套水深测图）晨鸣西桥位中部桥墩位于0 m槽内。

晨鸣西桥位右岸主桥墩位于子堤内且贴近长江大堤，1984—2019年间测图显示，右岸主桥墩均位于0 m槽外。

（2）主桥墩与4.0 m槽的关系

1984—2006年间（图3.3-40），晨鸣西桥位左岸侧主桥墩处于4.0 m槽外，2001年以来随着4.0 m等深线左边线的左移，主桥墩与4.0 m槽的距离较1984—2001年明显减小。

1984年11月—2002年2月、2018年3月期间（图3.3-41），晨鸣西桥位中部桥墩位于4.0 m槽内，2003年2月—2014年3月及2018年3月中部桥

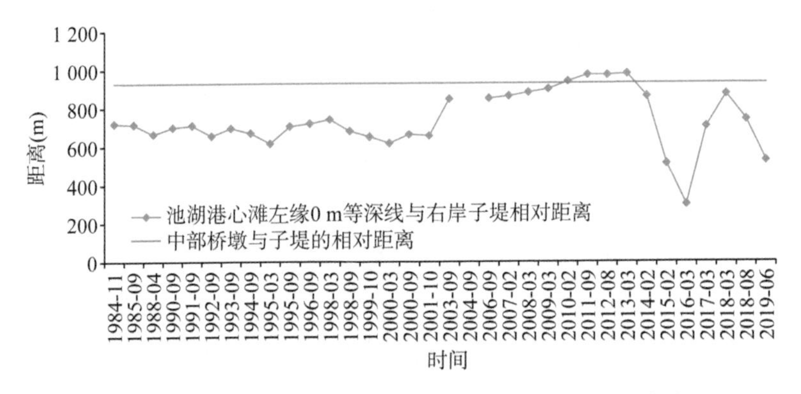

图 3.3-39　晨鸣西桥位中部桥墩与池湖港 0 m 左边线的关系

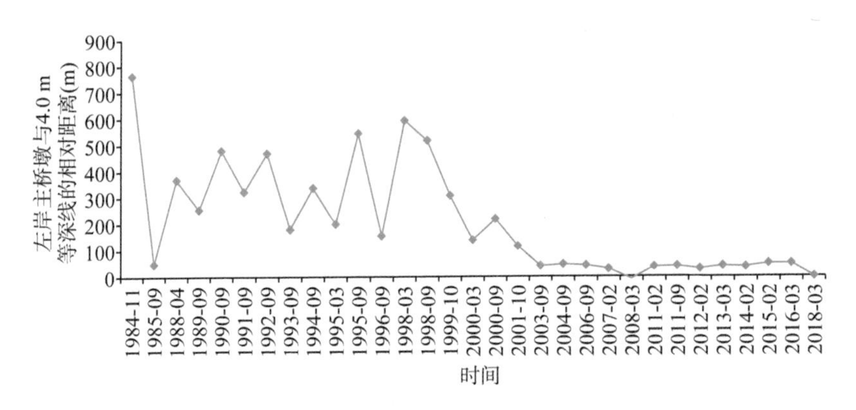

图 3.3-40　晨鸣西桥位左侧主桥墩与 4.0 m 左边线的关系

墩位于池湖港心滩 4.0 m 等深线以浅区域。

(3) 主桥墩与 4.5 m 槽的关系

2006—2019 年间(图 3.3-42),晨鸣西桥位左岸侧主桥墩处于 4.5 m 槽外,相对距离为先减小后增加,最小距离为 30 m(2012 年 2 月)。

2006 年 9 月—2014 年 2 月、2018 年 3 月期间(图 3.3-43),晨鸣西桥位中部桥墩位于池湖港心滩 4.5 m 等深线包络范围内,2015 年 2 月、2016 年 3 月、2018 年 8 月和 2019 年 6 月中部桥墩位于 4.5 槽内。

(4) 主桥墩与 6.0 m 槽的关系

2006—2019 年间(图 3.3-44),晨鸣西桥位左岸侧主桥墩处于 6.0 m 槽外,相对距离先期减小,2011 年以来距离变化不大,最小距离为 31 m(2012 年 2 月)。

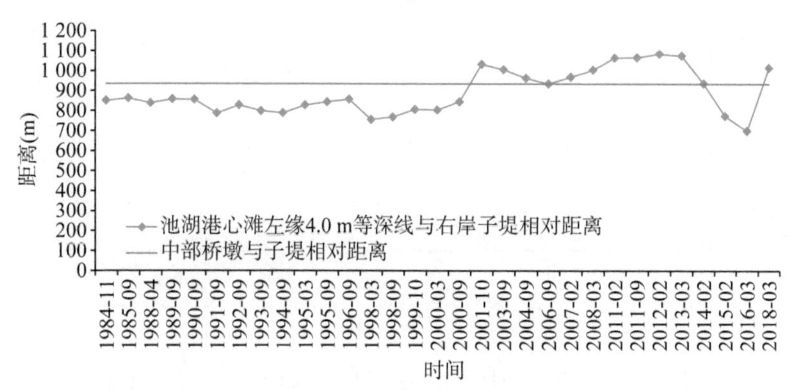

图 3.3-41 晨鸣西桥位中部桥墩与池湖港 4.0 m 左边线的关系

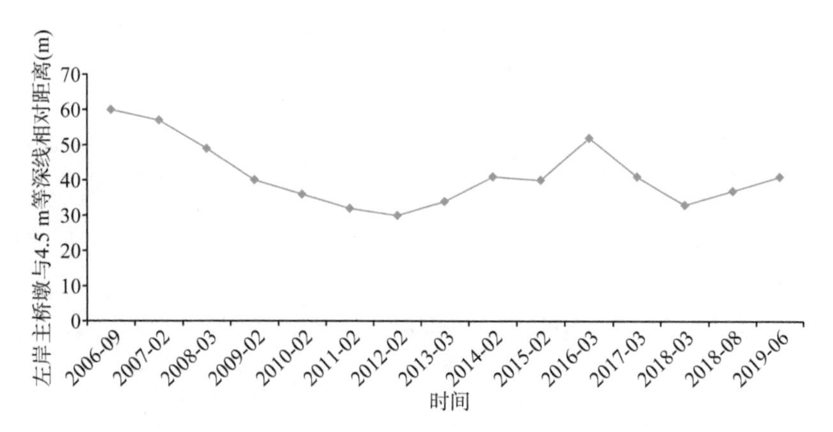

图 3.3-42 晨鸣西桥位左侧主桥墩与 4.5 m 左边线的关系

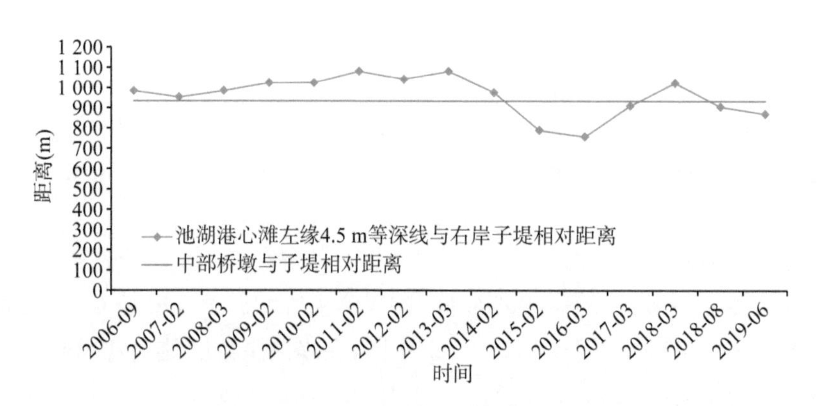

图 3.3-43 晨鸣西桥位中部桥墩与池湖港 4.5 m 左边线的关系

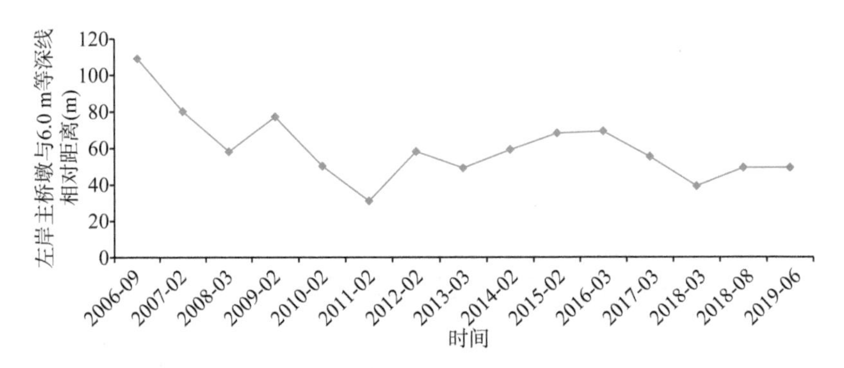

图 3.3-44　晨鸣西桥位左侧主桥墩与 6.0 m 左边线的关系

2006 年 9 月—2014 年 2 月、2016 年 3 月、2018 年 3 月期间(图 3.3-45)，晨鸣西桥位中部桥墩位于池湖港心滩 6.0 m 水深以浅区域，2015 年 2 月、2017 年 3 月、2018 年 8 月和 2019 年 6 月中部桥墩位于 6.0 m 槽内。

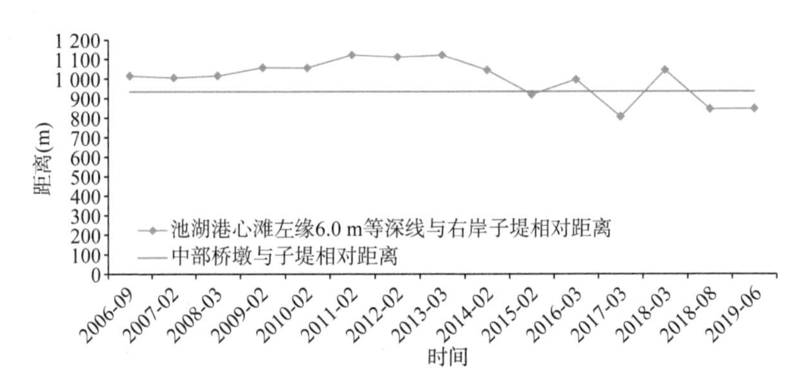

图 3.3-45　晨鸣西桥位中部主桥墩与池湖港 6.0 m 左边线的关系

2）巴河西桥位航槽边界稳定性分析

以 0 m、4.0 m、4.5 m 和 6.0 m 等深线为对象，分析巴河西桥位断面位置各级航槽边界的稳定性，重点分析拟选桥式两侧主桥墩与各级等深线位置的相对距离变化。

（1）主桥墩与 0 m 槽的关系

左岸侧主桥墩：1984—2003 年间，左岸侧主桥墩位于 0 m 槽外，相对距离最大为 1999—2000 年间；2004—2019 年间，左岸侧主桥墩处于左岸侧 0 m 等深线变动范围内。

右岸侧主桥墩：1984—2019 年间，右岸侧主桥墩在绝大多数年份处于

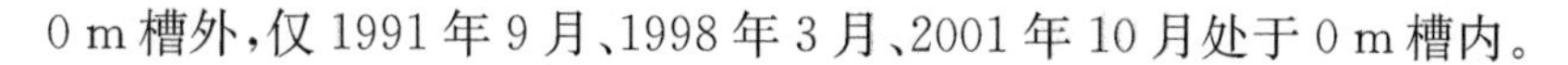
0 m 槽外，仅 1991 年 9 月、1998 年 3 月、2001 年 10 月处于 0 m 槽内。

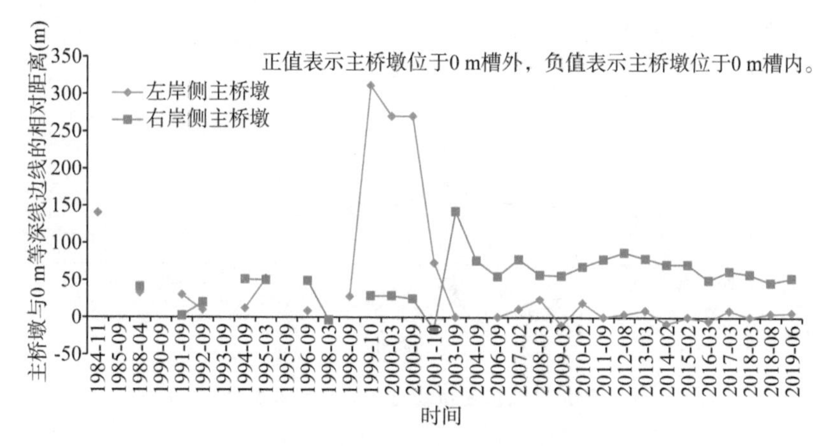

图 3.3-46　巴河西桥位主桥墩与 0 m 等深线的关系变化

（2）主桥墩与 4.0 m 槽的关系

1984—2018 年间(图 3.3-47)，巴河西桥位主桥墩均处于 4.0 m 槽外；4.0 m 等深线左边线与左岸主桥墩的相对距离先增加后减少，2006 年以来相对距离变化较小；4.0 m 等深线右边线与右岸主桥墩的相对距离变化较小，多年平均距离为 77 m。

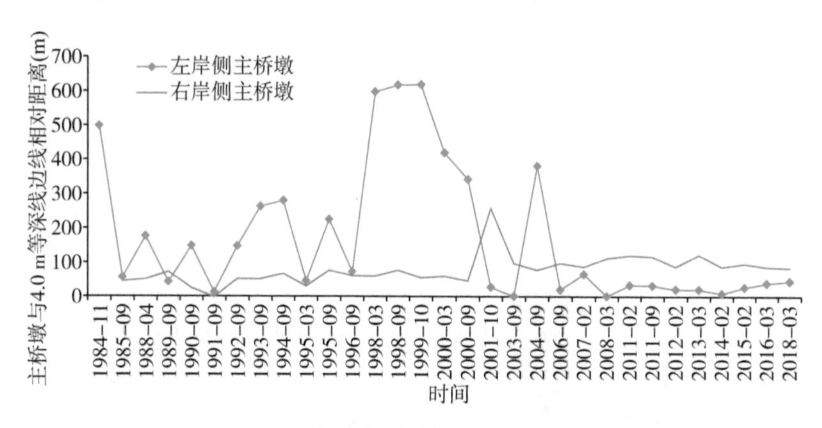

图 3.3-47　巴河西桥位主桥墩与 4.0 m 等深线的关系变化

（3）主桥墩与 4.5 m 槽的关系

2006—2019 年间(图 3.3-48)，巴河西桥位主桥墩均处于 4.5 m 槽外；4.5 m 等深线左边线与左岸主桥墩的相对距离为减小态势，右边线与右岸主桥墩的相对距离变化较小，多年平均距离为 110 m。

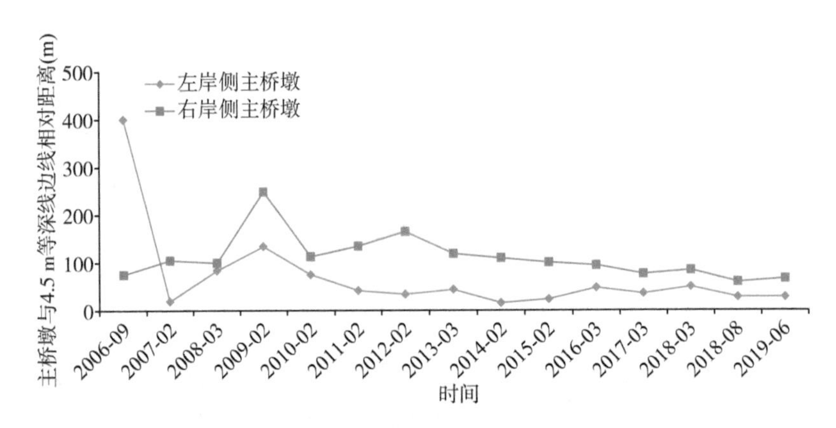

图 3.3-48 巴河西桥位主桥墩与 4.5 m 等深线的关系变化

（4）主桥墩与 6.0 m 槽的关系

2006—2019 年间(图 3.3-49)，巴河西桥位主桥墩均处于 6.0 m 槽外；6.0 m 等深线左边线与左岸主桥墩的相对距离为减小态势，右边线与右岸主桥墩的相对距离变化较小，多年平均距离为 117 m。

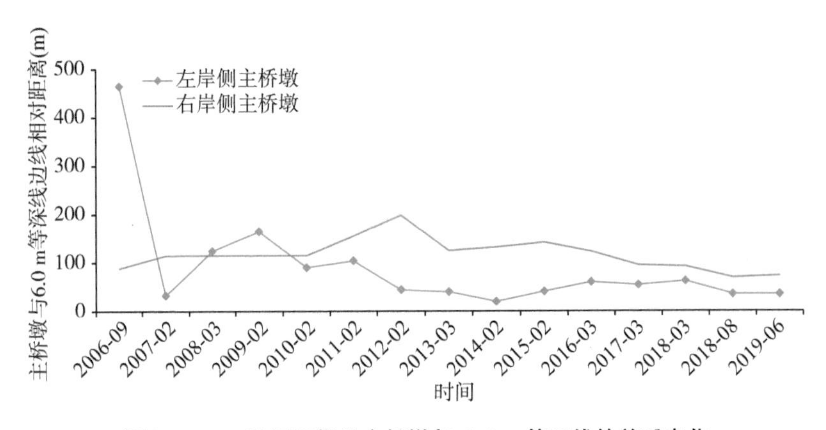

图 3.3-49 巴河西桥位主桥墩与 6.0 m 等深线的关系变化

3.3.1.2.4 桥区河段深槽稳定性分析

以设计水位下 7.0 m 等深线分析深槽变化，分析时段为 1984—2018 年。深泓以拟选桥位断面为对象，分析深泓的平面摆动范围及纵向最大深度的变化。

1）深槽平面位置变化

1984—1994 年间，巴河通天槽一直存在 7.0 m 槽，与直水道、圆水道进口的过渡段 7.0 m 槽均断开;直水道内 7.0 m 槽多处断开,圆水道内 7.0 m 槽连续的长度大于直水道。

1994 年—1998 年 3 月,巴河通天槽一直存在 7.0 m 槽,与直水道、圆水道进口的过渡段 7.0 m 槽均断开;直水道内的 7.0 m 槽大幅扩展,连续的长度逐渐增加。

1998 年 3 月—2000 年,巴河通天槽一直存在 7.0 m 槽,与直水道、圆水道进口的过渡段 7.0 m 槽均断开;直水道内 7.0 m 槽萎缩且多处断开,圆水道内的 7.0 m 槽连续的长度大于直水道,出口处 7.0 m 槽均断开。

2000—2006 年间,巴河通天槽一直存在 7.0 m 槽,与直水道、圆水道进口的过渡段 7.0 m 槽均断开;直水道进口及中上段 7.0 m 槽范围大幅萎缩,出口段 7.0 m 槽向下游扩展,圆水道内 7.0 m 槽连续的长度大于直水道,出口处 7.0 m 槽均断开。

2006—2008 年间,巴河通天槽 7.0 m 槽向下游拓展并左摆,与直水道、圆水道进口过渡段 7.0 m 槽仍为断开状态;直水道内 7.0 m 槽萎缩且多处断开,圆水道内 7.0 m 槽连续的长度大于直水道,出口处 7.0 m 槽贯通。

2008—2019 年间,巴河通天槽 7.0 m 槽摆向河道中间,与直水道、圆水道进口的过渡段 7.0 m 槽仍为断开状态;直水道内 7.0 m 槽范围及长度明显扩展,至 2019 年 6 月直水道仅进口过渡段及出口段、圆水道进口的 7.0 m 槽断开,圆水道出口 7.0 m 等深线贯通。

2) 深泓平面变化

1984—2006 年间[图 3.3-50(a)],晨鸣西桥位深泓均在左主桥墩和中部桥墩之间,与左桥墩、中桥墩的最小距离分别为 384 m(1994 年)和 211 m(1999 年)。2006—2019 年间,巴河西桥位深泓均在左主桥墩和右主桥墩之间,与左主桥墩、右主桥墩的最小距离分别为 74m(2019 年 6 月)和 242 m(2008 年 3 月)。

2006—2019 年间[图 3.3-50(b)],晨鸣西桥位深泓均在左主桥墩和中部桥墩之间,与左桥墩、中桥墩的最小距离分别为 214 m(2019 年 6 月)和 250 m(2008 年 3 月)。2006—2019 年间,巴河西桥位深泓均在左主桥墩和右主桥墩之间,与左主桥墩、右主桥墩的最小距离分别为 60m(2019 年 6 月)和 233 m(2018 年 8 月)。

综上,1984—2019 年间,晨鸣西桥位、巴河西桥位附近的深泓平面摆幅较大,其摆动范围均处于晨鸣西桥位、巴河西桥位的主桥跨内。

(a) 1984—2006 年

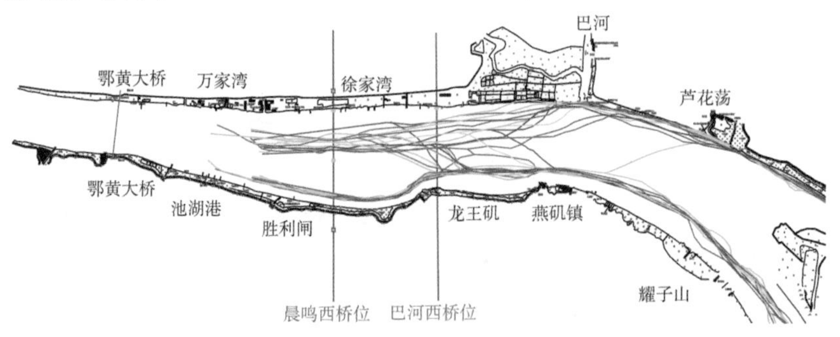

(b) 2006—2018 年

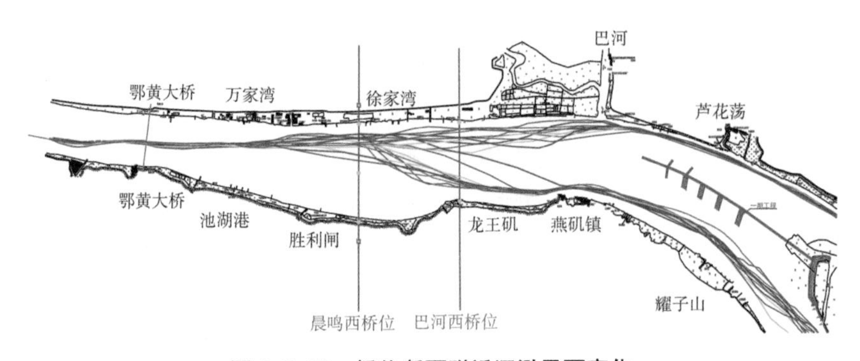

图 3.3-50　桥位断面附近深泓平面变化

3）深泓纵向变化

1984—2019 年间，晨鸣西桥位断面最深点整体为下切态势，最大水深为 18.8 m；1984—2003 年间，巴河西桥位断面最大水深减小，2004—2013 年间变化不大，2014—2019 年间明显冲深（图 3.3-51）。

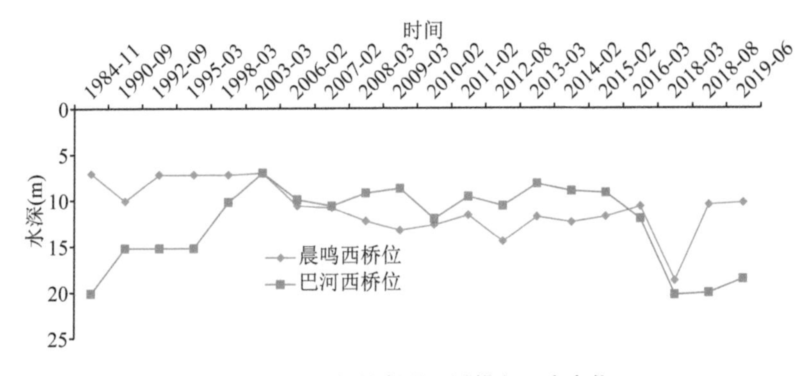

图 3.3-51　桥位断面深泓纵向深度变化

3.3.1.3 小结

(1) 桥区河段上游沙洲水道航道条件较好，1981年以来设计最低通航水位下0～6.0 m槽均贯通；武安段沙洲水道6 m水深航道整治工程实施后，枯水流量下左汊分流比迅速增加态势有所减缓，黄州边滩的滩面冲刷、左汊冲刷展宽在一定程度上得到了缓解，维持了河段总体河势的稳定。

以设计水位通航水位为依据，统计了1958—2019年间沙洲—戴家洲河段各级等深线的变化特征。沙洲水道的主槽一直维持在右岸一侧，受黄州心滩、德胜洲等冲淤变化影响，1981年以前4.0 m槽平面位置变化较大。1981年以后沙洲水道右汊为主航槽，0 m、4.0 m、4.5 m和6.0 m等深线均贯通，航道宽度也满足维护及规划的宽度要求，航道水深条件较为优良。近期左汊窜沟发育，汊道分流比增加，不利于主槽航道条件的稳定；武安段沙洲水道6.0 m水深航道整治工程实施后，枯水流量下左汊分流比迅速增加态势有所减缓，黄州边滩滩面冲刷、左汊冲刷展宽在一定程度上得到了缓解，维持了河段总体河势的稳定。

(2) 巴河水道中上段航道条件优良，桥区河段及下游戴家洲河段的航道条件变化较大。在一系列航道与河道工程的作用下，桥区河段滩槽格局将逐渐趋于稳定，但桥区河段的中低滩地仍存在一定的冲淤调整。

以航基面及设计水位通航水位为参照，统计了1958—2019年间沙洲—戴家洲河段各级等深线的变化特征。桥区河段及下游戴家洲水道0 m槽变化主要集中在池湖港心滩、戴家洲洲头低滩、直水道左岸中下段边滩及新淤洲等区域；其中，池湖港心滩面积先增加后减少，近期萎缩比较明显；戴家洲洲头低滩冲淤调整较大，在戴家洲一期工程实施后逐渐稳定，头部为上延态势。

从航道条件来看，沙洲水道中上段航道条件优良，4.0 m、4.5 m和6.0 m等深线均贯通，最小宽度均大于500 m。巴河—戴家洲直水道、巴河—戴家洲圆水道的过渡段航道条件变化较大，2006年以前4.0 m槽不稳定，仍以贯通为主，2006年以后为持续贯通状态；2009年以前，巴河—戴家洲直水道、巴河—戴家洲圆水道的过渡段4.5 m槽以断开为主，2009年以后为持续贯通状态；6.0 m槽不稳定，2006—2019年间巴河—戴家洲直水道、圆水道的进口与出口均以断开为主。直水道上浅区自2006年以来4.0 m槽持续贯通，自2012年以来4.5 m槽持续贯通；自2011年以来，直水道中部浅区和下浅区4.0 m和4.5 m槽持续贯通，航道条件逐渐趋于稳定。

武汉至安庆段6.0 m水深航道整治工程，在池湖港心滩布置2条护滩带，戴家洲洲头已建鱼骨坝延长、新建5道齿形护滩，乐家湾边滩区域布置5条护滩带等，工程实施后，巴河—戴家洲直水道进口段6.0 m水深航道条件有所改善，但仍需采取疏浚措施维持6.0 m水深畅通。

(3) 拟选晨鸣西桥位左岸侧主桥墩处于0 m槽外，中部桥墩仅少数年份处于池湖港心滩0 m等深线以浅区域内，多数年份处于4.0～4.5 m等深线之间；巴河西桥位桥式的主桥墩均位于0 m槽外；近30年来，桥位断面附近深泓平面摆幅较大，其摆动范围均处于晨鸣西桥位、巴河西桥位主桥跨内。

1984—2019年间，拟选晨鸣西桥位左岸侧主桥墩处于0 m、4.0 m、4.5 m、6.0 m槽外，其中左岸主桥墩与0 m和4.0 m等深线的相对距离先增加后减小，2006—2018年间左岸主桥墩与4.5 m和6.0 m等深线的相对距离均为先增减小后增大。1984—2018年间，拟选巴河西桥位左岸侧主桥墩、右岸侧主桥墩均处于0 m、4.0 m、4.5 m、6.0 m槽外。

1984—2006年间，晨鸣西桥位深泓均在左主桥墩和中部桥墩之间，与左主桥墩、中部桥墩的最小距离分别为384 m(1994年)和211 m(1999年)。2006—2019年间，巴河西桥位深泓均在左主桥墩和右主桥墩之间，与左主桥墩、右主桥墩的最小距离分别为74 m(2019年6月)和242 m(2008年3月)。2006—2019年间，晨鸣西桥位深泓均在左主桥墩和中部桥墩之间，与左主桥墩、中部桥墩的最小距离分别为214 m(2019年6月)和250 m(2008年3月)。2006—2019年间，巴河西桥位深泓均在左主桥墩和右主桥墩之间，与左主桥墩、右主桥墩的最小距离分别为60 m(2019年6月)和233 m(2018年8月)。整体上，近30年来，桥位断面附近深泓平面摆幅较大，其摆动范围均处于晨鸣西桥位、巴河西桥位主桥跨内。

3.3.2 马鞍山长江公铁大桥与江心洲河段滩槽演变关系

3.3.2.1 桥区河段近期河床演变分析

3.3.3.2.1 汊道分流变化

江心洲河段上游为芜裕河段、下游为小黄洲河段，均为多汊型河道，整个长河段为连续的分汊河段，需分析上下游汊道分流比的变化特点及关系。

1) 江心洲汊道分流比变化

20世纪50年代末以来，江心洲左汊分流比和分沙比平均值分别为

89.6%和92.1%，变动范围分别为81.8%～96.7%和83.2%～96.4%，变幅分别为14.9%和13.2%(图3.3-52)。江心洲左汊与右汊分流比多年平均比值接近9∶1，无论是洪水期还是枯水期，左汊均为主汊道。分流比与分沙比的关系上，江心洲左汊的分沙比略高于分流比。

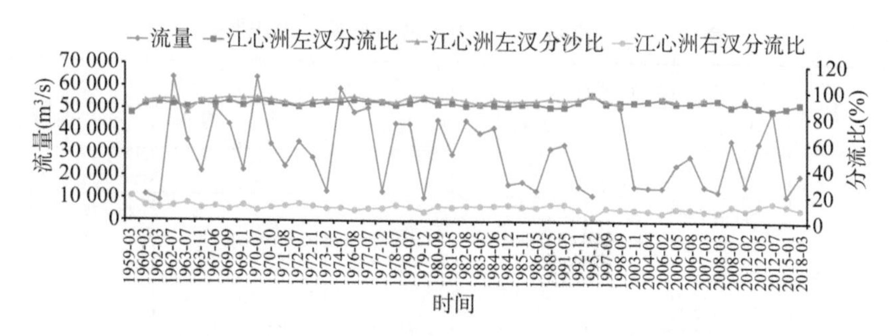

图3.3-52 江心洲河段左、右汊分流分沙比变化

1960—2018年间，江心洲河段汊道分流比与流量的关系不显著(图3.3-53)。江心洲汊道分流比与流量关系不显著主要与汊道进口及上游河势调整等有关，具体表现为：江心洲右汊进口位于左汊微弯河道的凹岸，其位置有利于入流；江心洲右汊进口上游有东梁山节点的掩护，会限制其入流条件。上述两种情况的综合影响，使得江心洲河段汊道分流比多年变化不大。整体上，近60年来江心洲汊道的分流格局基本稳定，为主支汊分明的分汊河段。

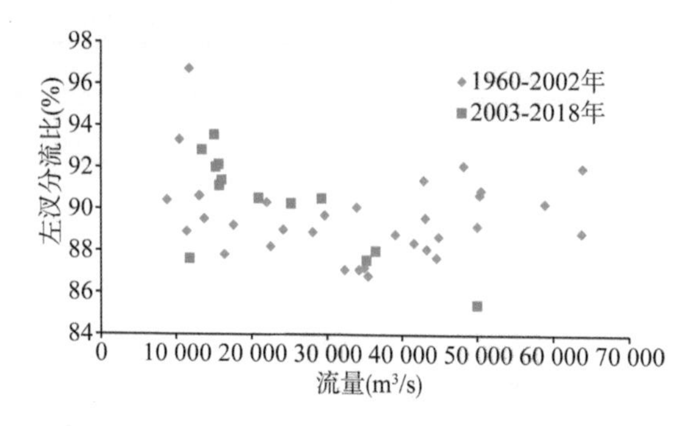

图3.3-53 江心洲河段左汊分流比与流量关系

2）上游芜裕河段汊道分流比变化

芜裕河段为多分汊河段，河段内汊道较多，汊道分流的变化可能会影响江心洲河段的进口入流条件。从芜裕河段陈家洲左汊分流比与流量关系上看，左汊分流比随流量增加而增加，为洪水倾向汊道。拟合陈家洲左汊分流比与流量关系，2012—2016 年间同流量情况下，陈家洲左汊分流比高于 2006—2008 年间，汊道分流为增加态势(表 3.3-50，图 3.3-54)。芜裕河段已实施了航道整治工程，各汊道的分流比逐渐趋于稳定，有利于江心洲河段入流条件的相对稳定。

表 3.3-50　芜裕河段各汊道分流比变化统计表(%)

时间	流量(m^3/s)	曹姑洲心滩		1#窜沟	曹姑洲		2#窜沟	陈家洲	
		左汊	右汊		左汊	右汊		左汊	右汊
2006.02	11 500	—	—	—	—	—	—	9.50	90.50
2006.05	25 400	—	—	—	—	—	—	12.00	88.00
2006.08	29 000	—	—	—	—	—	—	11.50	88.50
2006.11	12 800	—	—	—	—	—	—	8.10	91.90
2007.03	15 005	—	—	—	—	—	—	9.00	91.00
2008.03	13 000	—	—	—	—	—	—	8.53	91.47
2012.02	16 000	14.61	85.39	6.19	8.42	91.58	0.39	8.04	91.96
2012.05	35 300	40.67	59.33	16.67	24.00	76.00	9.81	14.19	85.91
2012.07	50 000	47.10	52.90	16.20	30.90	69.1	11.51	19.39	80.61
2013.03	18 900	18.26	81.74	6.80	11.46	88.54	1.25	10.21	89.79
2014.07	45 300	44.40	55.60	11.68	32.72	67.28	8.06	24.66	75.34
2015.01	12 100	22.99	77.01	5.84	17.15	82.85	2.70	14.45	85.55
2015.07	48 000	44.92	55.08	11.05	34.49	65.51	14.81	19.60	80.40
2016.02	18 670	30.30	69.70	8.92	21.47	78.53	7.18	14.12	85.88

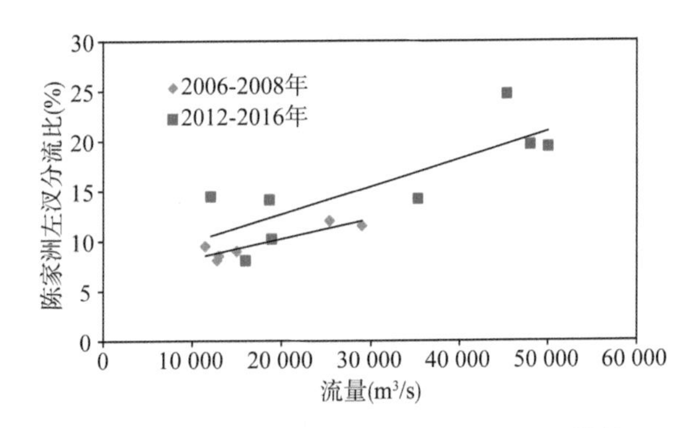

图 3.3-54　芜裕河段陈家洲汊道分流比与流量关系

3）下游小黄洲河段汊道分流比变化

图 3.3-55 为小黄洲汊道分流比变化，分析表明：1959—1974 年间，由于上游河势变化，使得左汊口门缩窄，进流条件相对较差，左汊分流比略有减少，汛期分流比由 15%下降至 5%左右，枯水期分流比下降至 5%以下，左汊为相对萎缩态势；1971 年以后，洲头形成了鱼咀，1976 年后，小黄洲左汊口门扩大，进流条件得到一定的改善，汛期分流比增加至 10%左右，枯水期分流比也在 5%以上，左汊处于发展阶段；经历 1980 年、1983 年大水后，汛期分流比为 15%左右，枯水期分流比则达到 20%左右，左汊进入加速发展阶段；20 世纪 80 年代中后期，汛期分流比维持在 20%左右，左汊持续发展，经历 1995 年、1996 年大水及 1998 年大洪水后，1998 年 9 月左汊分流比达到 23.6%（流量为 63 800 m^3/s）；2000 年以来，马鞍山河段整治一期工程实施后，左汊仍为缓慢发展态势，汛期分流比约为 25%，枯水期分流比为 20%左右。

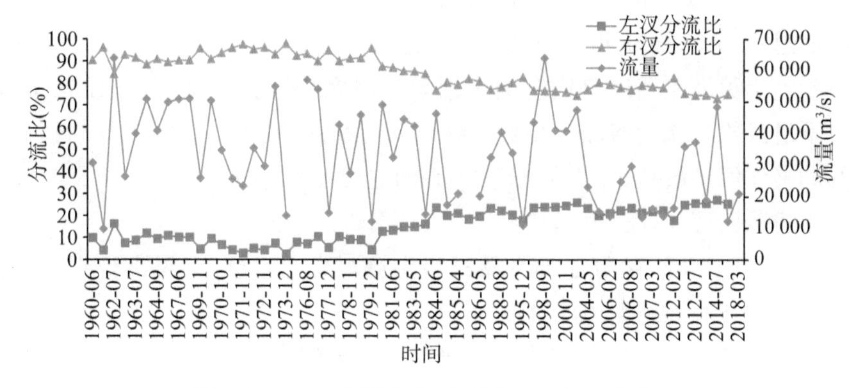

图 3.3-55 小黄洲左汊、右汊分流比与流量关系

从汊道分流比与流量关系图上看（图 3.3-56），1960—2018 年间的各阶段小黄洲左汊为洪水倾向汊道（定义为：汊道分流比随流量增加而增大的汊道），右汊为枯水倾向汊道（定义为：汊道分流比随流量增加而减小的汊道）。同流量情况小黄洲左汊分流比关系上，进一步验证左汊分流比的增加存在一定的趋势性。

3.3.2.1.2 总体河床演变特点

（1）1960—1982 年，本阶段江心洲左右两汊主支分明，左汊为主汊，河道表现为长顺直形态，深泓出东西梁山节点后，在左汊居中下行，而后逐渐过渡至左岸，再摆至小黄洲右汊，深泓呈一次过渡形式。

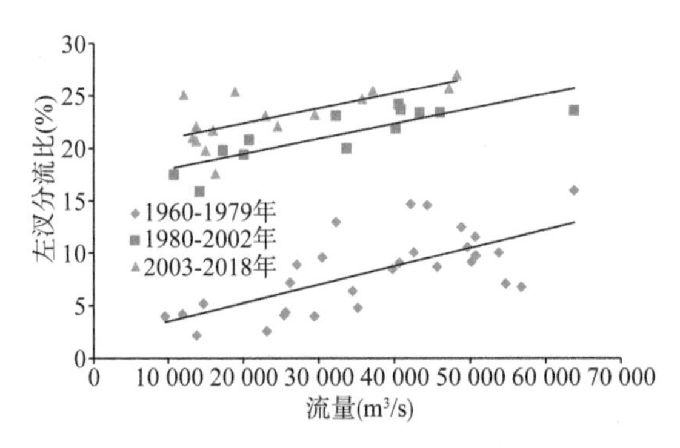

图 3.3-56　小黄洲左汊分流比与流量关系

①20 世纪 60 年代初，江心洲左汊进口主流居中，然后向左岸姥下河折转，在姥下河与太阳河之间右折转后，经小黄洲洲头向小黄洲右汊过渡。此后，主流右折转点不断下移，下过渡段主流左摆，顶冲小黄洲洲头，导致洲头不断崩退(1969—1971 年在小黄洲洲头进行了抛石守护)，而江心洲尾不断淤涨下延。小黄洲左汊进口段左侧金河口边滩淤积，使得左汊分流比减小，而通过下过渡段的流量增加。此阶段彭兴洲与泰兴洲已经合并，二洲与江心洲之间的夹江河槽淤高、宽度淤窄。江心洲左缘略有崩退，而彭兴洲头与江心洲右岸边滩淤涨，右汊淤积萎缩。

②1970—1982 年，江心洲左汊进口主流表现为右移，左汊出现牛屯河边滩和右岸的江心洲尾下边滩雏形。

1970 年至 1982 年，江心洲左汊进口主流表现为右摆，顶冲江心洲左缘中部后向太阳河折转过渡，在新河口一带右摆通过下过渡段左侧流向小黄洲右汊。在这一河势格局下，左汊逐渐形成了左岸的牛屯河上边滩和右岸的江心洲尾下边滩。

随着进口主流的右移，对江心洲左缘的顶冲点逐渐上移，上过渡段也自太阳河附近上移至姥下河附近。主流摆动坐弯使江心洲左汊进口段主槽右移发展，江心洲左缘中上部低滩冲刷并继续崩退，而左岸牛屯河边滩(位置在牛屯河河口以上)淤积发育，姥下河对冲的河心偏右出现潜洲，该潜洲是心滩的雏形。

当左岸顶冲点在新河口一带时，江心洲洲尾淤积下延，洲尾边滩何家洲大幅淤涨；而当顶冲点在太阳河一带时，下过渡段相应上提，何家洲边滩左缘发生冲刷。另外，江心洲右汊进口右崩左淤，经护岸后岸线稳定；中下段较为稳定，右汊出口处左侧即江心洲洲尾右缘冲刷。

20世纪70年代初以来，由于江心洲左汊下段主流左摆，导致太阳河—新河口一带左岸崩退（平均崩退368 m、最大崩退495 m），而金河口边滩大幅淤涨（最大达671 m），小黄洲左汊口门束窄，分流比进一步减少。这种现象一直延续到70年代中期，此后，由于何家洲边滩的淤积发展，小黄洲左汊进流才有所改善。

(2) 1983—1992年，本阶段牛屯河边滩和江心洲心滩不断成长发育，该时期及以后深泓出东西梁山节点后，先过渡至江心洲左缘一侧，再过渡至河道左岸，而后摆向小黄洲右汊，深泓呈二次过渡形式。

经历1983年大水后，江心洲左汊牛屯河边滩滩尾淤积下延，而边滩右缘有所冲刷后退，深槽表现为冲深发展。与此同时，彭兴洲洲头至何家洲洲尾全线发生冲刷后退。至1986年，彭兴洲洲头与何家洲的左外缘冲退达300 m。此后，随着左汊进口深泓的进一步右摆，彭兴洲洲头继续冲退，左岸牛屯河边滩淤展下延。江心洲心滩发育并逐年淤涨下移，何家洲边滩淤积抬高。受心滩和边滩的挤压作用，下过渡段主流顶冲小黄洲洲头之势有所加强，小黄洲左汊有所冲刷发展。

(3) 1993—1999年，本阶段大洪水频发，河道冲淤演变较为剧烈。河床变化主要表现为牛屯河边滩的淤积发展，潜洲逐渐形成并发育成心滩、何家洲的淤积发展以及深槽的冲刷。

1993年大水后，江心洲左汊牛屯河边滩继续大幅度淤涨并逐年下延，而过渡段−10.0 m等深线冲开。此后又经历1995年、1996年大水和1998年大洪水，以及1999年大水的连续塑造，牛屯河边滩的尾部已经下延至姥下河附近，深槽为冲深态势。

彭兴洲洲头冲刷崩退约200 m，江心洲洲头左缘也崩退数10 m；何家洲左侧的潜洲（心滩）大幅度淤涨成型。大水过后，何家洲边滩被水流切割成上、下两部分，分称上何家洲和下何家洲。

江心洲左汊主流进口段贴近江心洲左缘，至姥下河一带左摆沿左岸直下。江心洲右汊进口基本稳定，略有淤积（1998年大洪水后，江心洲右汊进口0 m线闭合），出口左侧即江心洲洲尾继续崩退。

(4) 2000—2006年，江心洲河段的滩槽格局逐渐趋于稳定，河床变形幅度较大的区域集中在牛屯河边滩中下段至江心洲心滩段。

1999年以来，左岸牛屯河边滩表现为淤涨下延，太阳河河口以下深泓基本稳定。河道内江心洲心滩略有淤涨。江心洲至何家洲左缘岸坡虽有冲退，但幅度较小。右汊进口略有冲刷，0 m 线基本冲开，入流条件有所改善。左汊进口主流贴近江心洲左缘，至姥下河左摆顶冲太阳河一带边滩后右摆坐弯，由小黄洲洲头过渡段进入小黄洲右汊。

(5) 2006 年以来，相继实施了一系列河道治理、航道整治等工程，基本稳固了河岸岸线，进口主流位置变化不大。受上游来水来沙条件变化的影响，江心洲河段中上段深槽不断冲深，江心洲河段过渡段位置为下移态势。

随着江心洲河段中上段微弯的深槽不断冲深，主流在江心洲左缘的顶冲点不断下移，江心洲河段过渡段为下移态势，这种下移与过渡段滩体的变化同时发生，具体包括左岸牛屯河边滩尾部的下延，右岸上何家洲冲刷后退以及江心洲心滩头冲尾淤等现象。

2006 年以来，本河段相继实施了江—乌河段航道整治一期工程（2009—2010 年）、马鞍山长江公铁大桥工程（2008—2013 年）、江心洲河段航道整治工程（2016—2017 年），这些工程的实施一定程度上影响了江心洲河段的滩槽格局及河床冲淤分布。江—乌河段航道整治一期工程包括牛屯河边滩守护工程和彭兴洲—江心洲左缘护岸工程。牛屯河边滩的护滩工程实施后，使得牛屯河边滩中部基本稳定，窜沟逐渐萎缩；但边滩头部仍然有所冲刷，尾部淤积仍延续下延态势。彭兴洲—江心洲左缘的护岸工程和桥梁建设单位实施的江心洲左缘护岸工程稳固了江心洲洲体，在河岸岸线基本稳定、东西梁山节点约控、进口水流动力轴线位置变化不大等条件下，江心洲河段中上段主槽微弯的形态未发生变化。受三峡水库下泄沙量减少等条件的影响，江心洲左汊微弯的主槽不断冲深、拓宽，并向江心洲左缘岸脚偏移。

随着江心洲河段中上段微弯的深槽不断冲深，主流在江心洲左缘的顶冲点不断下移，江心洲河段过渡段也不断下移，这种下移伴随的是过渡段的两侧滩地的变化，包括左岸牛屯河边滩尾部下延，右岸的上何家洲冲刷后退以及江心洲心滩头冲尾淤等。江心洲航道整治工程实施后，上何家洲左缘滩地及心滩头部冲刷后退的态势得到控制，有利于江心洲河段洲滩格局的稳定维持。

3.3.2.2 桥区河段近期河道演变特点及趋势

3.3.2.2.1 河床演变影响因素

1) 河道边界条件的影响

江心洲河段的地层属于第四系全新统河流冲积相的松散堆积物，主要由软塑状至可塑状的粉质黏土和松散至密实状的粉细砂组成，具有典型的二元结构，抗冲性弱，江岸极易受到冲刷，引起岸线崩塌。为此，水利与航道部门在本河段实施了多次治理工程，以及岸线守护、岸线加固等。已有工程的实施基本稳定了江心洲河段的岸线条件，为河势条件的稳定奠定了基础。

2）河段平面形态的影响

平面形态对本河段的影响主要表现在以下几个方面：

①本河段各汊道之间过渡段短，上下游汊道的演变存在一定的关联。江心洲汊道与上游芜裕河段陈家洲汊道较近，其间仅间隔东西梁山卡口段，陈家洲汊道汇流水流动力轴线的摆动可能影响着江心洲汊道的河势变化。

②江心洲河段（左汊）长约 25 km，洪水河宽约 2 000 m，较大的洪水河宽为水道内滩地的发育提供了充足空间，较长的直段为水流动力轴线的摆动提供了可能，是江心洲河段滩槽变化的内因。顺直河型内主流与深泓摆动频繁，主流顶冲点不断上提、下移。受顶冲的江心洲左缘河岸崩退，过水断面扩宽，利于对岸牛屯河边滩发育。随着牛屯河边滩的发育，以及江心洲左缘中上段的崩退，江心洲左汊河槽形态趋于微弯，而微弯的河槽形态又有利于江心洲河段航槽的稳定维持。

③小黄洲“卡口”效应显著。1959—1976 年间，小黄洲洲头崩退 1.6 km。随着小黄洲的崩退，江心洲心滩滩尾淤涨下延。小黄洲洲头护岸工程实施后，由于上游江心洲洲尾的下移使得主流弯曲，小黄洲洲头过渡段过水面积较为狭窄，从而形成“卡口”，使得其上游比降减缓、水位壅高。

3）来水来沙条件的影响

①洪水促进了演变过程，加大了本河段河床演变幅度。经历 1980 年、1983 年、1993 年、1995 年和 1996 年大水以及 1998 年大洪水，河道冲淤演变剧烈。

②年际间不同来水来沙条件，对河床演变影响不同。大水大沙年，边滩、心滩淤积为主，深槽冲刷，河床演变较为剧烈；小水小沙年，河道洲滩形态相对稳定。三峡水库 175 m 蓄水运行后，大流量出现的几率有所减小，同时含沙量也大幅减少，河道内的泥沙输移强度增大。

4）上游芜裕河段的影响

上游芜裕河段出口水流动力轴线变化对江心洲河段入流条件存在一定的影响，特别是出口东西梁山的挑流强度对江心洲河段的河床演变也产生一定影响。上下游河道演变的关联性表现在：当陈家洲左汊淤积、分流比较小、洲头低滩切割时，西梁山挑流作用较弱，江心洲左汊的深泓为一次过渡形式；

当陈家洲左汊冲刷、分流比较大、洲头低滩高大完整时，西梁山挑流作用较强，江心洲左汊的深泓为二次过渡形式。近年来，芜裕河段实施了多期的河道与航道整治工程，汊道分流比、河势格局及滩槽形态等将处于相对稳定状态，有利于江心洲河段河势及滩槽格局的稳定。

5）典型人类活动的影响

人类活动对河段演变的影响主要表现在：

①沿岸护岸工程不断加强

20世纪60年代以来，江心洲河段实施护岸工程、隐蔽工程，建有稳固的防洪江堤，并开展了以维护河段河势和岸坡稳定为目标的马鞍山河段整治等系统治理工程。沿岸护岸工程、河段整治工程的相继实施，对稳定河势起到了重要的作用。

②河道整治、航道整治工程对河床变化的控制作用

水利、交通等部门即将实施的河道治理、航道整治工程，均以控制和稳定河势为目的，对河势稳定起着至关重要的作用。水利部门即将实施的马鞍山河段二期整治工程主要控制目标包括对已建防护工程进行加固，对新崩岸线进行治理，抑制小黄洲左汊分流比增加态势，维护河势条件和岸坡的稳定。

③沿岸码头建设

江心洲河段码头众多，形成了自上而下的码头群，有助于稳定河道边界。此外，为了码头的正常运行，对港池和航道进行维护疏浚及抛石防护等，也有助于河势边界条件的相对稳定。

3.3.2.2.2　河床演变趋势分析

（1）总体河势保持相对稳定。

受河段内节点及两岸堤防的控制，其河势格局基本稳定。江中的江心洲、小黄洲等洲体发育也相对完整，并实施了岸线守护及加固等工程，其冲失的可能性极小。在上游河势条件及滩槽格局基本稳定的情况下，随着沿岸护岸工程的不断加强以及岸线的综合利用，马鞍山河段的河势条件不会出现大的变化，今后仍将维持多分汊的河道形态，这种总体河势格局仍将继续维持。

（2）河道与航道整治工程的实施，进一步稳定了河段内的洲滩格局。

江心洲河段已实施了一系列河道治理工程、堤防工程、航道整治工程，马鞍山河段河道整治二期工程的实施，各类涉水工程建设及工程效果的发挥，将进一步保证河床边界条件的稳定，对维持江心洲河段洲滩格局的稳定是有利的。

(3) 受上游来水来沙条件等影响，桥区河段河床以冲刷为主，局部的滩槽调整主要在马鞍山公路大桥以下。

①江心洲左汊由于顺直段过长，主流线仍将在上下一定范围内左右摆动，上下深槽亦将随主流线摆动而上下移动。江心洲河段的牛屯河边滩今后一段时间仍将延续头冲尾淤的态势。

②随着江心洲心滩过渡段上深槽的右摆，心滩与上何家洲间汊道不断发展，下何家洲洲头将冲刷后退，下何家洲与江心洲间汊道不断冲刷发展。

3.3.2.3 小结

(1) 桥区河段的总体河势保持基本稳定。

河道两岸的堤防建设、彭兴洲—江心洲左缘及其洲头的守护等工程的实施，基本稳定了工程河段的河势条件；20 世纪 60 年代以来的观测资料表明，江心洲左汊分流比稳定在 90%左右，右汊为 10%左右，主支汊分明的格局基本稳定；20 世纪 70 年代末以来，牛屯河边滩开始形成，逐渐发展为高大完整的边滩，近 30 年来，江心洲左汊中上段左滩右槽基本稳定。

(2) 近 60 年来，江心洲河段汊道分流比基本稳定。

江心洲河段的主、支汊分明。1959—2018 年间，左汊的分流比基本稳定在 90%，右汊分流比在 10%左右，多年汊道分流比较为稳定。

(3) 江心洲水道牛屯河边滩发育，上何家洲、下何家洲及江心洲心滩等形成，在一系列河道治理与航道整治工程作用下，目前的洲滩格局基本稳定，其局部仍存在一定调整幅度。

20 世纪 70 年代末，江心洲河段牛屯河边滩开始发育，经历了快速的淤涨，形成了目前相对完整的边滩，使得近 30 年河道深槽稳定在江心洲左缘一侧。20 世纪 80 年代中期，江心洲左缘淤积体与江心洲分离，冲刷下移形成了上何家洲、下何家洲及江心洲心滩。三峡水库蓄水以来，牛屯河边滩、上何家洲、下何家洲及江心洲心滩有所冲刷，在河道治理与航道整治工程等作用下，目前的洲滩格局基本稳定，变化较大的区域集中在马鞍山公路大桥以下。

第4章

桥梁工程与滩槽演变数学模型及物理模型设计

桥渡等过河建筑物，由于台墩对水流的束窄作用使河道中的水流状况发生变化，从而促使河床也发生冲刷变化，根据泥沙运动原理，其冲刷变化主要可分为一般冲刷和局部冲刷两部分。一般冲刷是指桥墩束窄水流、单宽流量增加所引起的河床冲刷；局部冲刷指由桥墩阻水使水流结构变化所引起的桥墩周围的冲刷。桥墩冲刷因其影响因素复杂，研究一般采用半理论经验方法。近年来出现了新的大尺度墩型，其冲刷大多采用模型试验研究方法。多采用二维数学模型和局部正态物理模型结合，数学模型为物理模型提供边界条件，并计算桥墩处的一般冲刷，物理模型研究在不同流量条件下桥墩的局部冲刷尺度，数学模型和物理模型研究的侧重点不同，是相互独立的。随着河段内桥梁工程、航道治理工程逐渐增多，特别是存在边（心）滩的河段，他们之间的相互影响是不容忽视的，如何模拟他们之间的联动作用是今后研究的重点。

长江中下游河床冲淤多变，航道整治工程、桥梁工程等的实施，形成了新的河势约束边界，进一步影响工程河段浅滩形态及航道尺度。航道工程与桥梁工程耦合作用下形成了复杂的控制边界条件，整治坝体和江中桥墩的存在一定程度上改变了泥沙输移路径，坝体、桥墩对于河床冲淤的影响长期存在，特别是周围局部冲刷坑形成后，工程区河段边心滩周期性变化规律将受到影响。

本章研究了不同水动力条件和泥沙条件下工程局部冲刷坑范围及形态，通过建筑物周围床面网格重构技术实现了二、三维数模和数、物模耦合，模拟工程局部冲刷坑形成后滩槽间水动力变化及底沙输移路径，提出长河段复杂边界条件下河床变形耦合模拟技术，实现了兼顾局部河床冲淤调整和上下游之间联动规律的模拟。

4.1 数学模型原理与参数处理

4.1.1 二维水沙耦合数学模型原理

4.1.1.1 笛卡尔坐标系二维水深积分水流运动方程

(1) 连续方程：

$$\frac{\partial \xi}{\partial t}+\frac{\partial[(h+\xi)u]}{\partial x}+\frac{\partial[(h+\xi)v]}{\partial y}=0 \tag{4.1-1}$$

(2) 动量方程：

$$\frac{\partial u}{\partial t}+u\frac{\partial u}{\partial x}+v\frac{\partial u}{\partial y}=\frac{\partial}{\partial x}\left(v_e\frac{\partial u}{\partial x}\right)+\frac{\partial}{\partial y}\left(v_e\frac{\partial u}{\partial y}\right)-g\frac{\partial \xi}{\partial x}+\frac{\tau_{sx}}{\rho H}-\frac{\tau_{bx}}{\rho H}+fv \tag{4.1-2}$$

$$\frac{\partial v}{\partial t}+u\frac{\partial v}{\partial x}+v\frac{\partial v}{\partial y}=\frac{\partial}{\partial y}\left(v_e\frac{\partial v}{\partial y}\right)+\frac{\partial}{\partial x}\left(\frac{\partial v}{v_e\partial x}\right)-g\frac{\partial \xi}{\partial y}+\frac{\tau_{sy}}{\rho H}-\frac{\tau_{by}}{\rho H}-fu \tag{4.1-3}$$

式中：ξ——水位(m)；t——时间(s)；h——静水深(m)；u、v——流速矢量 $\mathbf{V}$ 沿 X、Y 方向的分量(m/s)；g——重力加速度(m/s^2)；v_e——水流紊动黏性系数(m^2/s)；c——谢才系数($m^{1/2}/s$)；f——科氏参量(s^{-1})，$f=2\omega\sin\varphi$，ω 为地球自转角速度，φ 为地理纬度；ρ——水密度(kg/m^3)。

4.1.1.2 笛卡尔坐标系二维泥沙输运方程

(1) 悬沙不平衡输运方程

由 $\frac{\partial c}{\partial t}+\frac{\partial(cu_{m,i})}{\partial x_i}=\frac{\partial}{\partial x_i}(c\omega\delta_{i3})+\frac{\partial}{\partial x_i}\left(\frac{\nu_{mt}}{\sigma_c}\frac{\partial c}{\partial x_i}\right)$ 沿水深积分，并假定由流速和含沙量沿垂线分布不均匀在积分时产生的修正系数如下：

$\frac{1}{HuS}\int_{-h}^{\zeta}u_1 s\,\mathrm{d}z\approx 1.0$，$\frac{1}{HvS}\int_{-h}^{\zeta}u_2 s\,\mathrm{d}z\approx 1.0$。引入冲淤平衡时的挟沙能力 S^*，得：

$$\frac{\partial HS_i}{\partial t}+\frac{\partial HuS_i}{\partial x}+\frac{\partial HvS_i}{\partial y}=\frac{\partial}{\partial x}\left(H\frac{\nu_t}{\sigma_S}\frac{\partial S_i}{\partial x}\right)+\frac{\partial}{\partial y}\left(H\frac{\nu_t}{\sigma_S}\frac{\partial S_i}{\partial y}\right)+\Phi_s \tag{4.1-4}$$

式中：s 为单位水体垂线平均含沙量，s 为单位水体含沙量，$S=\frac{1}{H}\int_{-h}^{\zeta}s\mathrm{d}z$，$s=\rho_s c$，$c$ 为单位水体体积浓度；$\nu_t=\nu_{mt}$；$\sigma_S=\sigma_c$ 为 Schmidt 数；ω_S 为泥沙沉速，下标 i 表示非均匀泥沙分组情况。

①源汇项的处理

式(4.1-4)源汇项是由：$\Phi_s=\int_{-h}^{\zeta}\left[\frac{\partial(\omega_s s)}{\partial z}+\frac{\partial}{\partial z}\left(\frac{\nu_t}{\sigma_s}\frac{\partial s}{\partial z}\right)\right]\mathrm{d}z=\left(\omega_s s+\frac{\nu_t}{\sigma_s}\frac{\partial s}{\partial z}\right)\Big|_{z=-h}^{z=\zeta}$

对于水面 $z=\zeta$ 泥沙扩散通量为零边界条件：$\omega_s s+\frac{\nu_t}{\sigma_s}\frac{\partial s}{\partial z}=0$，对于底部 $z=-h$ 泥沙扩散通量：$\Phi_s=\omega_s s_b+\frac{\nu_t}{\sigma_s}\frac{\partial s_b}{\partial z}$，一般认为悬沙粒径很细时，不论泥沙沿水深分布是否处于平衡状态，含沙量沿水深变化不大，上式表示为：$\Phi_s=\alpha\omega_s(S^*-S)$。

式中：$\alpha=\alpha^* P_r$ 为系数，此表达式在泥沙输移数模计算中得到广泛运用。关于表达式中的系数 α，韩其为在研究悬沙二维扩散方程的边界条件时，定义为恢复饱和系数，并给出如下关系：

$$\alpha=(1-\varepsilon_0)(1-\varepsilon_4)\left[1+\frac{1}{\sqrt{2\pi}(1-\varepsilon_4)}\frac{u_*}{\omega_s}e^{-\frac{1}{2}\left(\frac{\omega_s}{u_*}\right)^2}\right]$$

在数学模型计算中，垂线恢复饱和系数 α 取值范围为 0.25—1.0，淤积状态取 $\alpha=0.25$，冲刷状态取 $\alpha=1.0$。

②挟沙力公式的处理

按照窦国仁等的模式将非均匀沙按其粒径大小分成 N_0 组，S_n 表示 n 组粒径的含沙量，P_n 表示此粒径在悬沙总含沙量 S 中所占的比值：

$$S_n=P_n S,\ S=\sum_{n=1}^{N_0}S_n$$

总挟沙力：$S_* = K_s \dfrac{u^3}{hw_m}$

挟沙力级配：$P_n{}^* = \dfrac{\left(\dfrac{P_n}{w_n}\right)^a}{\sum_{i=1}^{N_0}\left(\dfrac{P_i}{w_i}\right)^a}$

分组挟沙力：$S_n^* = P_n^* S_*$ ，$\omega_m = \sum_{n=1}^{N_0} p_n \omega_n$

式中：$0 < \alpha < 1$，ω_n 为第 n 组粒径的沉速，ω_m 为非均匀平均沉速。

(2) 推移质不平衡输移方程

根据推移质不平衡非均匀输沙原理，通过推移质水深折算推导出底沙不平衡输沙输移方程：

$$\frac{\partial(HN_b)}{\partial t} + \frac{\partial(uHN_b)}{\partial x} + \frac{\partial(vHN_b)}{\partial y} = \beta\omega_s(N_{b*} - N_b) \quad (4.1\text{-}5)$$

对于非均匀沙，推移质不平衡输移方程采用如下形式：

$$\frac{\partial HN_i}{\partial t} + \frac{\partial HuN_i}{\partial x} + \frac{\partial HvN_i}{\partial y} = \beta_i\omega_{si}(N_i^* - N_i) \quad (4.1\text{-}6)$$

式中：N_b、N_i、N_i^* 分别为推移质输沙量和推移质输沙能力折算成相应水深的泥沙浓度；β_i 为推移质泥沙恢复饱和系数，下标 i 表示第 i 组粒径泥沙对应的变量，对于非均匀沙表示第 i 组粒径泥沙输沙率。

推移质输沙率的计算公式众多，目前较常用的有：van Rijn 公式、窦国仁公式、岗恰洛夫公式等，对于非均匀沙第 i 组粒径泥沙输沙率，根据 Karim 和 Kennedy(1981)建议考虑隐蔽系数 η_i：

$$\eta_i = \left(\frac{d_i}{d_{50}}\right)^{0.85}$$

总的输沙能力：

$$q_b = \sum_{i=1}^{m} P_{bi}\eta_i q_{bi}^*$$

式中：P_{bi} 为第 i 组粒径泥沙所占的百分比；q_{bi}^* 为第 i 组粒径泥沙推移质输沙率。

窦国仁推移质输沙率公式为：

$$q_{bi}^{*}=\frac{k}{c^{2}}\frac{rr_{s}}{r_{s}-r}m_{i}\frac{(u^{2}+v^{2})^{\frac{3}{2}}}{g\omega_{si}}$$

式中：$m_i=\begin{cases}\sqrt{u^2+v^2}-V_{ki} & \text{当 } V_{ki}\leqslant\sqrt{u^2+v^2} \text{ 时}\\ 0 & \text{当 } V_{ki}>\sqrt{u^2+v^2} \text{ 时}\end{cases}$

V_{ki} 为第 i 组粒径泥沙临界启动流速：

$$V_{ki}=0.265\ln\left(11\frac{H}{\Delta}\right)\sqrt{\frac{r_s-r}{r}gd_i+0.19\left(\frac{r_0}{r_0'}\right)^{2.5}\frac{\varepsilon_k+gH\sigma}{d_i}}$$

式中：d_i 为第 i 组泥沙粒径；γ_o 为稳定干容重，$\gamma_o=1\ 650\ \mathrm{kg/m^3}$；$\varepsilon_k$ 为黏结力参数（天然沙 $\varepsilon_k=2.56\ \mathrm{cm^3/s^2}$）；$\sigma$ 为薄膜水厚度，$\sigma=0.21\times10^{-4}\ \mathrm{cm}$；$\gamma_o'$ 为床面泥沙干容重，对于细沙 $\gamma_o'=\gamma_o$；C 为谢才系数，$C=2.5\ln\left(11\frac{h}{\Delta}\right)$；$\Delta$ 为床面糙度：

$$\Delta=\begin{cases}0.5\ \mathrm{mm} & \text{当 } d_{50}\leqslant0.5\ \mathrm{mm} \text{ 时}\\ d_{50} & \text{当 } d_{50}>0.5\ \mathrm{mm} \text{ 时}\end{cases}$$

k 为系数，对于沙质推移质 k 取 0.01，这样方程（4.1-6）式中 N_i^* 可写成：

$$N_i^{*}=P_{bi}\eta_i\frac{k}{c^{2}}\frac{rr_{s}}{r_{s}-r}m_{i}\frac{(u^{2}+v^{2})}{gH\omega_{si}}\tag{4.1-7}$$

（3）河床变形方程

由悬移质冲淤引起的河床变形方程为：

$$\gamma_0\frac{\partial\eta_{si}}{\partial t}=\alpha_i\omega_{si}(s_i-s_i^{*})\tag{4.1-8}$$

式中：η_{si} 为第 i 组粒径悬移质泥沙引起的冲淤厚度，γ_0 为床面泥沙干容重。

由推移质冲淤引起的河床变形方程为：

$$\gamma_0\frac{\partial\eta_{bi}}{\partial t}=\beta_i\omega_{si}(N_i-N_i^{*})\tag{4.1-9}$$

式中：η_{bi} 为第 i 组粒径推移质泥沙引起的冲淤厚度。

河床总的冲淤厚度：

$$\eta = \sum_{i=1}^{n} \eta_{si} + \sum_{i=1}^{m} \eta_{bi} \tag{4.1-10}$$

对于非均匀沙冲淤将发生河床床面泥沙的分选，床沙的级配将不断调整，河床冲刷会形成床面粗化层，悬沙落淤使床面层细化，因此，床沙级配的调整对河床变形计算十分重要。这种床面冲淤造成床沙级配调整可采用吴伟民和李义天模式：

$$P_{bi} = [\Delta Z_i + (E_m - \Delta Z) P_{obi}] / E_m \tag{4.1-11}$$

式中：P_{obi}、P_{bi} 分别为时段初和时段末的床沙级配；E_m 为床沙可动层厚度，其大小与河床冲淤状态、冲淤强度及冲淤历时有关，当单向淤积时 $E_m = \Delta Z$，当处于单向冲刷时，E_m 的限制条件是保证掺混层有足够的泥沙补偿。

4.1.1.3 定解条件

(1) 初始条件

给定初始条件时刻 $t=0$ 时，计算域内所有计算变量（U、V、ζ、K、ε、Si、Ni）的初值，给出悬沙级配和分区床沙级配。

(2) 上、下游控制边界条件

上游进口条件：给定上游来流过程线 $Q_{in(t)}$、沙量过程线 $S_{in(t)}$ 和进口推移质输沙率 q_b，进口各点流速 $\frac{\partial U_i}{\partial \xi}=0$，$V_i=0$。进口各控制点流速由下式迭代算出：

$$U_j = \frac{Q_{in}(t) * h_j^{\frac{2}{3}}}{\sum h_j^{\frac{5}{3}} dy_j} \sqrt{\alpha_j} \tag{4.1-12}$$

式中：U_j，h_j 为进口计算网格点沿 y 方向流速和水深；dy_j 为离散网格间距；$V_j=0$；紊动能 $k=\alpha_k U^2$，α_k 为常数。

下游出口条件：给定水位 $\zeta_{out(t)}$ 过程线、沙量过程线 $S_{in(t)}$ 和推移质输沙率 q_b。

(3) 固壁条件

流速采用非滑移边界条件，其边壁流速给定为零，即 $U=V=0$；对于含沙

量 S_i、底沙 N_i，在计算中采用法向梯度为零条件：

$$\frac{\partial S_i}{\partial n}=\frac{\partial N_i}{\partial n}=0$$

(4) 收敛控制条件

控制连续方程最大质量源 $b_{\max}$ 和通过各断面流量 Q_j，使 $\frac{b_{\max}}{Q_j}<1.0\%$ 。

流速：$|U_{ij}^{n+1}-U_{ij}^{n}|\leqslant 1\times10^{-3}\ m/s$ ，水位：$|\zeta_{ij}^{n+1}-\zeta_{ij}^{n}|<1\times10^{-4}$m。

4.1.2 三维水沙数学模型原理

采用三维水流泥沙数学模型，计算研究局部河段泥沙输移规律和河床变形。

(1) 悬沙数学模型基本方程

悬沙运动控制方程为三维对流扩散方程：

$$\frac{\partial(C_i)}{\partial t}+\frac{\partial(uC_i)}{\partial x}+\frac{\partial(vC_i)}{\partial y}+\frac{\partial((w-w_{si})C_i)}{\partial z}$$
$$=\frac{\partial}{\partial x}\left(A_H\frac{\partial C_i}{\partial x}\right)+\frac{\partial}{\partial y}\left(A_H\frac{\partial C_i}{\partial y}\right)+\frac{\partial}{\partial z}\left(K_h\frac{\partial C_i}{\partial z}\right)\qquad(4.1\text{-}13)$$

式中：A_H 和 K_h 分别为水平和垂向泥沙质量扩散系数，u、v、w 分别为 x、y、z 向水流速度，C_i 为第 i 组份悬浮泥沙浓度，w_{si} 为第 i 组份泥沙沉速。

(2) 边界条件

自由水面要求含沙量的净通量为零，即在 $z=\zeta$ 时，

$$K_h\frac{\partial C_i}{\partial z}=0$$

底部边界条件表示为：

$$K_h\frac{\partial C_i}{\partial z}=E_i-D_i$$

式中：D_i 和 E_i 分别为第 i 组份泥沙淤积率和冲刷率。

冲刷率表示为：

$$E_i=E_{0i}(1-P_b)F_{bi}\left(\frac{\tau_b}{\tau_{ei}}-1\right),\quad \tau_b>\tau_{ei}$$

$$E_i = 0, \quad \tau_b < \tau_{ei}$$

式中：E_{0i} 为第 i 组份泥沙的床面冲刷强度，P_b 是床面泥沙孔隙率，F_{bi} 为第 i 组份泥沙所占比例，τ_b 是床面剪切应力，τ_{ei} 是第 i 组份泥沙的临界冲刷应力。

泥沙的沉积作用由以下方程控制：

$$D_i = w_{si} C_i$$

(3) 推移质运动对局部河床变形的影响

推移质运动对局部河床冲淤的影响采用 Van Rijn(2007)公式计算。

$$q_b = \gamma \rho_{sd} f_s d_{50} D_*^{-0.3} \left(\frac{\tau_b'}{\rho_w}\right)^{0.5} \left(\frac{\tau_b' - \tau_{b,cr}}{\tau_{b,cr}}\right)$$

式中：q_b 为推移质输沙率，ρ_{sd} 为泥沙密度，ρ_w 为水体密度，d_{50} 为泥沙中值粒径，f_s 为泥沙修正系数，D_* 为无量纲的泥沙粒径系数，τ'_b 为床面剪切力，$\tau_{b,cr}$ 为床面泥沙起动临界剪切力，γ 为系数。相关参数具体计算公式如下：

$$f_s = \begin{cases} d_{sand}/d_{50} & d_{50} < d_{sand} \\ 1 & d_{50} \geq d_{sand} \end{cases}$$

$$D_* = d_{50}\left[(s-1)g/\upsilon^2\right]^{1/3}$$

$$s = \rho_s/\rho_w$$

$$\tau_{b,cr} = \theta_{cr}(\rho_s - \rho_w) g d_{50}$$

$$\theta_{cr} = \begin{cases} 0.115 D_*^{0.5} & D_* < 4 \\ 0.14 D_*^{0.64} & 4 \leqslant D_* < 10 \end{cases}$$

$$\tau_b' = 0.5 \rho_w f_c u^2$$

$$f_c = 8g\left[18\log(12h/d_{90})\right]^{-2}$$

式中：$d_{sand} = 0.062$ mm，υ 为水体运动黏性，f_c 为水流产生的底部摩阻，d_{90} 为泥沙级配中以重量计 90%较之小的泥沙粒径。

(4) 求解及离散方法

三维水流数学模型的控制方程及其离散求解方法。紊流模型采用非平衡 κ-ε 模型模拟桥台绕流以及桥台局部冲刷坑内的流场。为了适应冲坑及障碍物同时存在这种复杂的边界，模型网格采用笛卡尔坐标系下非正交结构网格，空间离散采用有限体积法，对流扩散采用乘方格式离散，压力与速度耦合采用 SIMPLE 方法，离散的线性方程组采用强隐格式求解。

模型出口控制水位取长河段二维水沙模型计算各级流量时的水位 ζ，模型进口控制流速 U、V 由长河段二维水沙模型计算得到，模型进口沙量 S 和推移质输沙率 q_b 均由长河段二维水沙数学模型提供。

4.1.3　桥墩群的处理

桩群是内河及海岸工程中常见的基础形式，广泛存在于桥梁工程、码头工程及海上风电场工程中。大量桩墩打入水中，将引起上游水位壅高和一定范围的流速变化，是工程界十分关注的问题。如何在大范围流场计算中考虑小尺度桩墩的影响一直是水动力数值模拟中的难点。目前对桩墩的模拟主要采用两种模式：①局部阻力修正法；②直接模拟法。

当涉水桥墩数量较少时，如我们采用数学模型模拟桥梁工程营运期时，桥墩直径大多在几十米左右，可采用直接模拟法，桥墩周围网格尽可能反映桥墩形状。直接模拟法采用加密网格将每个墩体均作为陆域处理，所得流场较为真实可靠。

当涉水桥墩数量较多时，如我们采用数学模型模拟桥梁工程施工期时，直接在模型中按单桩进行网格剖分将大大增加计算量。由于计算机计算能力的限制，为了减少计算量，采用局部阻力修正法对桩群所在网格的糙率（或切应力）进行修正并相应抬高网格高程，将桩墩作为过水区域处理，这种模式不必描述桩墩外形，可以加大计算网格尺度、缩短计算时间；然而，实际工程中桩墩数量往往达到几百甚至几千，并且墩径可能不足 1 m（特别是桥梁施工期对临时工程的模拟），如果仅仅将桩墩所在的网格阻力加大，将桩墩作为完全过水区域，经分析会出现很大的概化误差，体现在分流比或壅水严重失真（在桩墩数量庞大时尤为明显）；而如果将所有桩墩均作为陆域边界直接模拟，则网格数量庞大，且计算耗时很久。需结合以上两种计算模式的优点，既能够在降低网格数量的同时又可以兼顾流场的真实性。

4.1.4　桩群阻流效果的概化方法

对桩群进行概化，首要的就是提出一个概化准则，以保证概化前后的桩群形式对大范围流场的影响范围相似。对桩群进行概化，就是在保证大范围流场相似的原则下尽可能简化桩群形式。采用等阻水面积法对桩群进行概化，概化准则为保证概化前后桩群的特征迎水面积相等。在等阻水面积概化中，根据特征迎水面积的不同而存在两种思路：①认为桩群阻水效应主要取决于第一排桩墩，后排桩墩由于处在前排的尾流区而影响很小，故应保证概化前后的第一排桩墩阻水面积相等；②认为桩群中所有桩墩的阻水面积均有影响，从而应保证概化前后桩群的阻水面积总和相等。

下面介绍两种桩群阻流效果的概化方法：

(1) 从能量角度分析，桩群建设后的水位壅高和墩后的流速变化均可以视为水流在桩群影响下动能、势能的重新分配，如此则根据桩群绕流阻力相等的原则进行概化更加合理，基于以上考虑，提出采用等效阻力概化的思路。所谓等效阻力概化，即保证概化前后桩群的绕流阻力相等。

采用等效阻力原则对桩群进行概化，最重要的就是确定桩群的绕流阻力。采用邓绍云(2007)提出的公式计算桩群阻力：

$$\sum_{i=j=1}^{m\times n} F_D = \frac{1}{2} m k_H [1+(n-1)k_Z] C_D \rho V^2 A$$

式中：F_D 为桩群绕流阻力(N)；m、n 分别为列数和排数；k_H、k_Z 分别为两桩间横向和纵向影响系数；ρ 为水体密度($\mathrm{kg/m^3}$)；C_D 为单桩绕流系数；V 为行进流速(m/s)；A 为单桩阻水面积($\mathrm{m^2}$)；C_D、k_H 和 k_Z 的取值可由规范查得。

(2) 将桩群所在区域的单元按照绕流阻力结合过水面积等效法进行简化，即将单元中桩群所遮挡的过水面积折合成当量水深在计算单元中予以扣除，并将桩群对水流的绕流阻力折合为底部摩阻，对曼宁阻力系数予以调整。

阻力系数等效将桩群所在的单元按水单元处理，考虑到桩对水流实际效果，将单元的阻力系数加大，与桩阻流效果等效，具体做法如下。

$$\tau = \frac{1}{A_i}(\tau_w + \tau_p)$$

式中：A_i 为第 i 个单元面积；τ_w 和 τ_p 分别为底部剪切力和桩群绕流阻力，式中底部阻力 τ_w 可表示为：

$$\tau_w = A_{iw} \frac{g U_i^{n+1}}{(C_i^{n+1})^2} \sqrt{(U_i^n)^2 + (V_i^n)^2}$$

式中：A_{iw} 为单元 i 中水体部分占据的面积。

桩群阻力公式表示为：

$$\tau_p = \frac{1}{2}\alpha_1 A_p C_d U_i^{n+1}[(U_i^n)^2 + (V_i^n)^2]^{1/2}$$

式中：α_1 为综合系数，反映了各桩对桩群综合阻力的影响，$\alpha_1 = \sum_{j=1}^{N_i}\alpha_j$ ，α_j 为各桩阻力系数的遮蔽影响折减系数；N_i 为第 i 单元桩个数；A_p 为单根桩在 x 方向的投影面积，可表示为 $A_p = H_i^n B_x$ ，B_x 为单根桩在 x 方向的投影宽度；C_d 为单根桩的绕流阻力系数；U_i^{n+1} 为第 i 单元未知流速的 x 方向分量；U_i^n 和 V_i^n 分别为第 i 单元已知流速的 x 和 y 方向分量。

4.1.5 河床坡度对泥沙输移的影响

阻水建筑物周围局部冲刷属于局部的一种河床变形，所以，随着河床高程的变化，床面的横向和纵向坡度都会不断的增加。但是，实际情况是当坡度大于泥沙的自然休止角后，泥沙会不断的坍塌调整，冲坑的侧壁坡度会小于等于泥沙的休止角。在数值模拟中，如果只考虑输沙率对床面高程的影响，则会出现冲坑侧壁坡度大于泥沙休止角的情况，这显然与实际不符。

针对局部冲刷床面坡度较大的特殊情况，分析床面坡度对推移质输沙的影响，对已有的考虑坡度影响的推移质输沙率修正方法进行改进，使其适用于推移质输运数值模型。采用较高阶精度的格式对推移质不平衡输沙方程进行离散，并探索改进推移质计算精度的方法。在求解河床变形的过程中，除了考虑冲淤造成的床面变化外，还将对床面发生坍塌调整的过程进行处理。在斜坡床面上，除了作用在泥沙颗粒上的水流剪切力外，重力的切向分力也是推移质输运的一个动力因素。

参考陈小莉(2008)对推移质输沙率的改进方法，考虑坍塌的影响，在数值模拟中，每个时间步网格节点高程根据地貌模型调整后，都需要判断每个单元平面外法向方向与 Z 轴正向的夹角大小(图 4.1-1)，若夹角大于 $\varphi-2°$，则 Z 向坐标大于单元中心 Z 向坐标的结点(如图中 A 结点)要下移，而小于的要上移(如图中 B,C 结点)。为了保证数值稳定，每步调整的移动距离为根据输沙率计算得出的该结点高程变化值，只是移动的方向做了调整。

在数值模型中，加入河床发生坍塌调整的模块。在根据输沙方程计算完河床变形后，对床面网格进行扫描。当发现相邻角点间的倾角大于泥沙休止角时，要进行局部调整，在扫描时发现角点 $A(xA,yA,zA)$和角点 $B(xB,yB,zB)$之间倾角大于休止角 φ，需要将较高的 B 点降至 B'点，A 点升至 A'

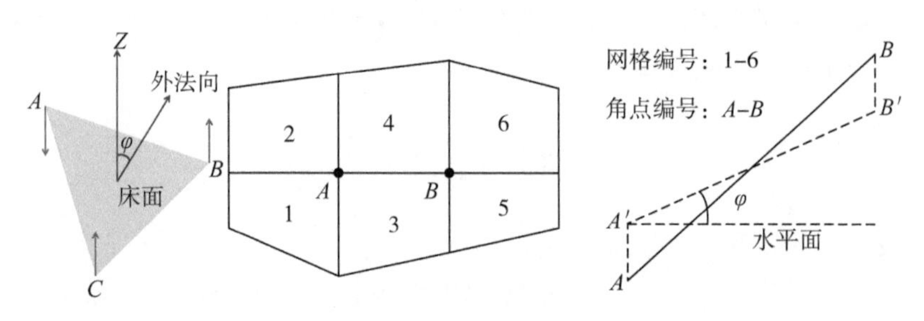

图 4.1-1　泥沙坍塌调整

点，使 AB 之间的倾角降到 φ，表示如下：

$$(z_B-\delta z_B)-(z_A+\delta z_A)=\tan\varphi\sqrt{(x_A-x_B)^2+(y_A-y_B)^2}$$

经过对床面的一次扫描调整后可能会出现新的陡坡，因此需要对整个床面进行反复的扫描检查直至床面上所有相邻角点间的倾角均在休止角范围内。

泥沙模型考虑了重力作用对推移质输沙率大小的影响，在求解河床变形时对床面自动坍塌调整进行了处理，将模型应用于桥墩周围局部冲刷，取得了与实测资料一致的结果。

(1) 斜坡上推移质输沙率计算

作用在泥沙上的主动力和抗力分别为

$$\tau_{be}=\tau_b\sqrt{\frac{(\tau_{c0}/\tau_b)^2\sin^2\gamma/\tan^2\varphi+1-2(\tau_{c0}/\tau_b)\cos\omega_s}{\tan\varphi}}\text{ 和 }\tau_{sce}=\tau_{c0}\cos\gamma\text{，}$$

则 Shields 数和临界 Shields 数表示为：$\theta=\dfrac{\tau_{be}}{[\rho g(s-1)d_{50}]}$ 和 $\theta_c=\dfrac{\tau_{sce}}{[\rho g(s-1)d_{50}]}$。

式中：ρ 为水流密度，g 为重力加速度，s 为泥沙比重，d_{50} 为泥沙的中值粒径，τ_{c0} 为水平床面上的临界切应力。将 θ 和 θ_c 代入泥沙输运公式中，即可求解泥沙在斜坡上的输沙率。需要注意的是，由于重力的作用影响已经采用等效切应力来代替，并代入到了泥沙输运公式中，因此所求得的输沙率中已经包含了重力的切向分量引起的输沙，不需要再通过额外的修正来求解非水流切应力方向的输沙。

接下来采用数值计算中广泛使用的 Van Rijn(1993)输沙率公式加上本

书的修正方法来验证修正效果。将修正的 Shields 数 θ 和 θ_c 代入到 $T=(\theta-\theta_c)/\theta_c$ 。采用下式来求解推移质输沙率。

$$q_{b^*}=0.053\sqrt{(s-1)g}\ \frac{d_{50}^{1.5}T^{2.1}}{D_*^{0.3}}$$

(2) 纵向和横向的分向输沙率

为了在数值模拟中应用方便,推移质输沙率 q_b 需要分解为 x 和 y 两个方向的分向输沙率,见图 4.1-2。q_b 的分解表达式为:

$$q_{bx}=\frac{q_b(\tau_b\cos\omega_x+\tau_{c0}\cos\varepsilon\cos\gamma/\tan\varphi)}{\tau_{be}\cos\alpha},$$

$$q_{by}=\frac{q_b(\tau_b\cos\omega_y+\tau_{c0}\cos\eta\cos\gamma/\tan\varphi)}{\tau_{be}\cos\beta}$$

q_{bx} 和 q_{by} 是分别垂直于 y 轴和 x 轴方向的切向输沙率。

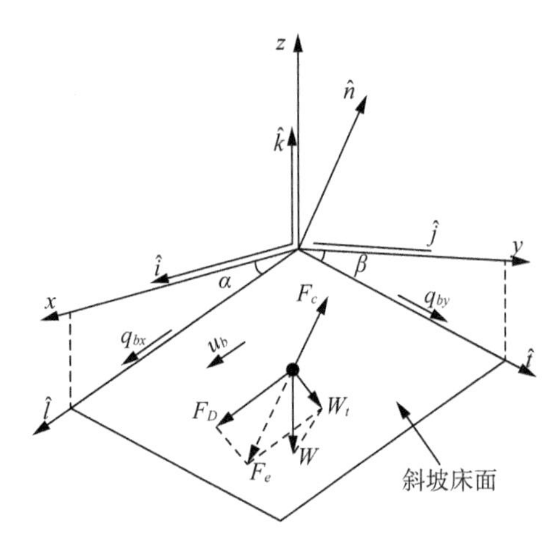

图 4.1-2 床面泥沙颗粒受力示意图

(3) 控制单元上的方程离散

为了使得推移质求解具有较好的精度,可以采用高阶精度的离散格式。用有限体积法求解方程最主要的问题是控制体边界法向通量 $\boldsymbol{F}_{LR}(\boldsymbol{U}_L,\boldsymbol{U}_R)$ 的计算格式的构造,这是求解水流运动方程的核心。近年来空气动力学在格式构造方面取得了不少成果,部分格式被借鉴或移植到浅水数值模拟中,如通量分裂法(FVS 格式)、通量差分裂法(FDS 格式)、全变差缩小(TVD 格式)、Osher 格式等方法,且已经取得很好的效果。下面主要介绍 Osher 的离散思路。

Osher 格式是 Engquist-Osher(EO)格式推广到双曲守恒律组的结果。为了计算方便，一般不用 $\boldsymbol{F}^{\pm}(U)=\int_0^U A^{\pm}(U)\mathrm{d}U$，而只使用通量差 $\int_{U_L}^{U_R} A^{\pm}(U)\mathrm{d}U$，关键在于积分路径的选择(如图 4.1-3)。

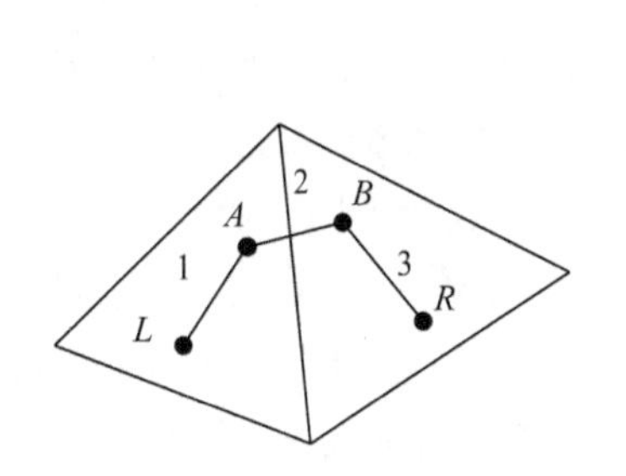

图 4.1-3　Osher 格式积分路径

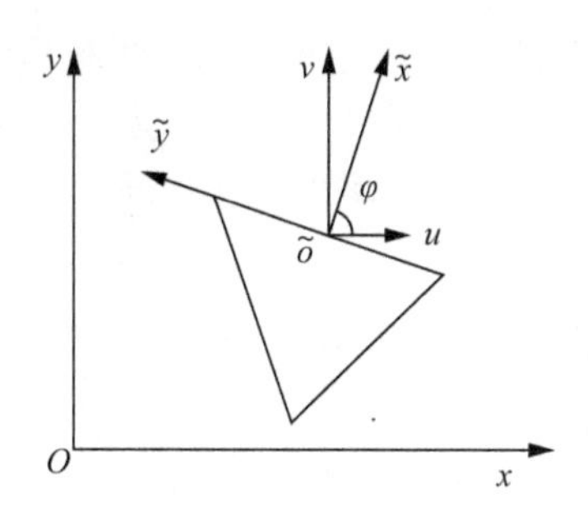

图 4.1-4　单元体局部坐标

在 Godunov 型黎曼通量公式中，Osher 选用的积分路径由 U 的相空间中的 m 段曲线组成(如图 4.1-4)。它们位于下列简单波上：

$$\Gamma_k:\frac{\mathrm{d}U^k}{\mathrm{d}\omega}=r_k(\omega)\quad(k=1,\cdots,m)$$

式中：$U^k(\omega)$ 为 U 的 m 维相空间中的第 k 段积分曲线的坐标；r_k 为相应于 λ_k 的右特征向量；ω 定义为 x-t 空间中沿特征线 $\mathrm{d}x/\mathrm{d}t=\lambda_k$ 不变的纯量，满足 $\partial\omega/\partial t+\lambda_k\partial\omega/\partial x=0$，沿不同特征 ω 取值不同，现取作 Γ_k 的参数。根据定义，曲线 $U^k(\omega)$ 处处与 $r_k(\omega)$ 相切，称波路径。可证明 U_k 为 $\frac{\partial U}{\partial t}+A\frac{\partial U}{\partial x}=0$ 的解(称简单波解)。沿曲线 Γ_k 有 m 个方程独立，说明存在 $m-1$ 个独立变量，$m=2$ 时称黎曼变量，因为它沿 Γ_k 保持常数，故亦称黎曼不变量；$m>2$ 时称广义黎曼变量。对一维气流，$m=3$，三段曲线共有 6 个黎曼不变量关系，在 U_L 及 U_R 已知条件下，可以确定曲线 $LABR$ 转折点的状态 U_A 及 U_B，共 6 个变量。因此，当三段曲线的顺序确定后，由 U_L 至 U_R 存在唯一的积分路径。相似地，对二维浅水方程组，$m=3$，$\lambda_k=u\pm c$，相应的黎曼变量为 $u\pm 2c$ 及 v，$\lambda_k=u$ 对应于 u 及 $h(c=\sqrt{gh})$。

目前采用的积分路径顺序有两种。Osher 为了理论分析方便，采用的顺序为：$\lambda_1=u+c$，$\lambda_2=u$，$\lambda_3=u-c$($u>0$ 时特征值递减)。后来 Pandolfi

采用相反顺序。λ_k 顺序不同，转折点处 U_A 及 U_B 亦不同，对解的精度稍有影响。目前多采用 P 形式。原因是：①这一顺序与一维特征法及特征边界格式中所用黎曼变量的顺序一致，也符合代数特征理论中特征值由小到大排列的习惯，故称自然顺序；②P 形式的数值通量公式所含项数较少，故计算量小些；③ λ_k 由小到大，传播速度递增，符合 U_L 及 U_R 之间通过连续稀疏波衔接(利用特征本身就排除了通过压缩间断来过渡)。

Osher 格式具有如下特点：①Osher 格式假定控制体界面处 U_L 及 U_R 通过 m 个稀疏波和压缩波连接，是对准确的非线性黎曼问题的近似解法；②Osher 格式具有守恒性，其解不会在特征值零点产生局部跳动，在用隐格式计算恒定流(尤其是间断流)时，还有利于加速收敛；③在计算间断解时，间断过渡区形状比其他 Godunov 型格式更接近于实际，在间断后面向下游传播的误差较小；④在计算通量差的积分时利用了准确的特征关系，且计算通量时，无迭代，处理效率高；⑤在计算域内部及边界，格式一致，均为特征格式，不带来额外误差；⑥Osher 格式耗散小，可应用于黏性流，而一般逆风格式不适用。

(4) 求解过程

具体求解步骤如下：

①在给定的床面边界及其他初始边界值条件下求解水流方程，得到床面切应力，流场模拟中对流项离散采用 Osher 格式，紊流模型采用非平衡 k－ε 模型；

②将流场模拟得到的床面切应力代入泥沙模型中，求解悬移质和推移质输运方程和一个时段内的床面变形；

③对床面进行扫描和自动坍塌调整处理，求解河床变形方程得出床面高度，并根据泥沙的休止角对床面的最大坡度进行调整，使床面坡度在泥沙休止角范围内；

④利用求解得出的床面高度和动网格技术，控制床面边界节点运动，并重新调整计算区域内部的网格；

⑤在新的网格系统和初始边界值条件下回到①，再重新求解水流方程，如此反复，直至床面冲淤变形收敛。

模型求解流程见图 4.1-5。

4.1.6 建筑物周围床面网格重构技术

建筑物周围局部网格变形较大且不规则，随着局部冲刷坑的逐渐发展，

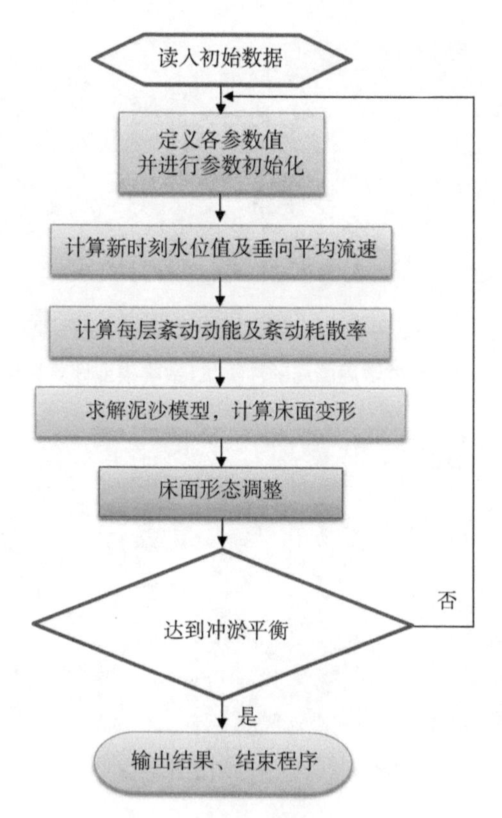

图 4.1-5 数学模型求解流程示意图

局部网格必然变大或者扭曲造成计算结果发散，影响计算精度。所以，在模型计算过程中，需要根据床面地形的变化进行网格更新来保证网格的质量。

借鉴 FLUENT 中的动网格技术，采用网格重构方法。网格重构方法就是首先识别出畸变率过大的网格和尺寸变化过于剧烈的网格，集中在一起进行局部网格重新划分，若重新划分的网格能够满足质量要求及尺寸要求，则用新划分的网格代替原有的网格。局部网格重构可以调节整体网格，也可以调整动边界上的表面网格。本书选用光顺法和网格重构法结合的方式来对网格进行重构。对于需要重构的区域，本书指定最小网格长度尺度为 0.4 倍的平均尺度，最大长度尺度为 1.4 倍的平均尺度。面网格最大扭曲率设为 0.85。图 4.1-6 和图 4.1-7 给出了桥墩局部冲刷坑和桥墩周围流场情况。随着冲刷的发展，桥墩壁面和河床底面的网格均进行了重构，虽然局部变形较大，但是始终保持了较好的网格质量，确保计算结果的收敛和流场计算的准确度。

图 4.1-6　桥墩周围局部冲刷坑(数学模型计算结果)

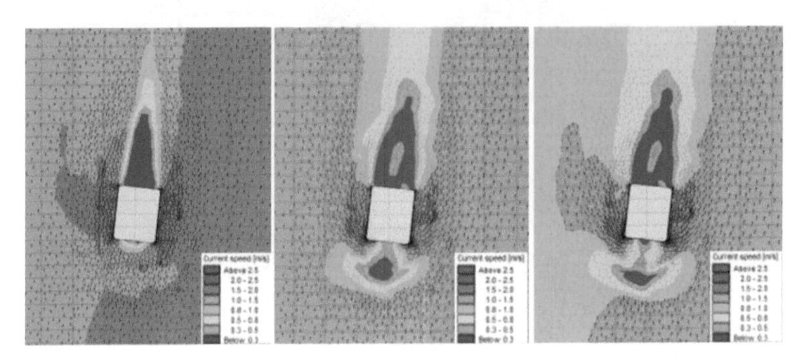

图 4.1-7　桥墩周围流场图

4.2　物理模型设计及参数处理

长江中下游绝大部分已建桥梁工程处于有边心滩的河段，并且河道宽度显著高于目前的桥梁最大跨度，主桥墩必然涉水且对边心滩演变产生显著影响。江中桥墩的存在一定程度上改变了泥沙输移路径，特别是桥墩位于边心滩附近，桥墩对于河床冲淤的影响长期存在，特别是周围局部冲刷坑形成后，边心滩周期性变化规律将受到影响。为了实现兼顾局部河床冲淤调整和上下游之间联动规律的模拟，在开展模型试验时，需兼顾考虑桥墩局部河床变化和上下游洲滩变化，以便反映桥梁工程与上下游洲滩之间的相互作用，因此，需开展桥区河段整体物理模型试验。

下面以长江下游江心洲水道在建马鞍山长江公铁大桥为例，说明桥区河段整体物理模型设计情况。物理模型进口设在东西梁山附近，出口设在大胜关，物理模型由江心洲、马鞍山、乌江、凡家矶四个水道组成，全长约 56 km。

在建马鞍山长江公铁大桥位于江心洲分汊段，根据桥位位置确定本次试验水流、泥沙模型试验的研究区域为江心洲水道东西梁山下游至人头矶河段。模型设计应满足水流运动、泥沙运动和河床变形等相似条件。

4.2.1 模型设计

4.2.1.1 几何比尺

(1) 平面比尺

根据所要解决的问题、河段的长度、试验场地等因素，模型平面比尺确定为 $\lambda_L = 500$。

(2) 垂直比尺及变率

为避免表面张力影响，模型要求最小水深 $H_{min} > 1.5 \sim 3.0$ cm；为满足流态相似，模型变率不宜过大，同时考虑试验供水能力。

为保证模型水流基本处于阻力平方区，模型垂直比尺应满足下式：

$$\lambda_H \leqslant 4.22\left(\frac{V_p H_p}{\nu}\right)^{\frac{2}{11}} \xi_p^{\frac{8}{11}} \lambda_L^{\frac{8}{11}} \tag{4.2-1}$$

式中：$\xi_P = 2gn^2/H_p^{\frac{1}{3}}$，下标 p 表示天然情况下的因子。根据实测资料计算取垂直比尺为 $\lambda_H = 125$，相应的模型变率为 $\eta = 4.0$。根据本河段实测资料，计算可知上述条件均得到满足，即同时满足了模型水流为紊流($Re_m > 1\,000 \sim 2\,000$)及表面张力不干扰水流运动($H_{min} > 1.5$ cm)这两个限制条件。

4.2.1.2 水流运动比尺

(1) 惯性力重力比相似

$$\lambda_V = \lambda_H^{\frac{1}{2}} \tag{4.2-2}$$

式中：λ_V 为流速比尺。

(2) 惯性力阻力比相似

$$\lambda_n = \lambda_H^{\frac{2}{3}} / \lambda_L^{\frac{1}{2}} \tag{4.2-3}$$

式中：λ_n 为糙率比尺。

(3) 水流连续相似

$$\lambda_Q = \lambda_L \lambda_H \lambda_V \tag{4.2-4}$$

或 $$\lambda_{t_1}=\frac{\lambda_L}{\lambda_V} \tag{4.2-5}$$

式中：λ_Q 为流量比尺；λ_{t_1} 为水流运动时间比尺。

4.2.1.3 泥沙运动比尺

江心洲—乌江河段的河床冲淤变形主要影响因素为悬移质泥沙，河床在冲刷过程中，床面泥沙局部位置较细颗粒直接进入悬浮状态，较粗颗粒的泥沙以推移质形式向下游运动，且悬移质中的床沙质泥沙与推移质泥沙又经常相互交换，因此，在泥沙运动相似条件中，应以满足悬移质泥沙中床沙质运动相似关系为主，兼顾推移质泥沙的输移，忽略悬移质中冲泻质泥沙。

(1) 悬移相似

从悬移质泥沙运动扩散方程推得，变态模型中，悬移质泥沙运动相似应满足对流与重力沉降比相似和紊动扩散与重力沉降比相似两个条件。即泥沙沉降相似条件为：

$$\lambda_\omega=\lambda_V\frac{\lambda_H}{\lambda_L} \tag{4.2-6}$$

泥沙悬浮相似条件为：

$$\lambda_\omega=\lambda_V\left(\frac{\lambda_H}{\lambda_L}\right)^{\frac{1}{2}} \tag{4.2-7}$$

将上述(4.2-6)、(4.2-7)式合并得泥沙沉速相似比尺关系为：

$$\lambda_\omega=\lambda_V\left(\frac{\lambda_H}{\lambda_L}\right)^{m} \tag{4.2-8}$$

式(4.2-8)中指数 m 由泥沙悬浮作用和沉降作用的相对重要性确定。当 $\frac{\omega}{kU_*}<\frac{1}{16}$ 主要满足沉降相似时，取 $m=1$；当 $\frac{\omega}{kU_*}>1$ 主要满足悬浮相似时，取 $m=0.5$；当 $\frac{1}{16}<\frac{\omega}{kU_*}<1$ 同时满足沉降和悬浮相似时，取 $m=0.75$。

根据本河段现场测验资料，可求出沿程各断面水深 h 及河段比降 J，计算枯水和中水期的摩阻流速 $U_*=\sqrt{ghJ}$，从计算结果可知该河段悬浮指标均在 $\frac{1}{16}<\frac{\omega}{kU_*}<1$ 范围内，故取 $m=0.75$。

对于沉速，当天然沙 $d<0.076$ mm 时，可用斯托克斯公式来计算：

$$\omega=\frac{gd^2}{18\nu}\left(\frac{\gamma_S-\gamma}{\gamma}\right) \tag{4.2-9}$$

对应泥沙粒径比尺为：

$$\lambda_d=\left(\frac{\lambda_\omega}{\lambda_{\frac{\gamma_s-\lambda}{\gamma}}}\right)^{\frac{1}{2}} \tag{4.2-10}$$

当天然沙是 $d>0.076$ mm 的天然沙时，属于滞性及过渡状态，可用张瑞瑾沉速公式计算：

$$\omega=\sqrt{\left(13.95\frac{\nu}{d}\right)^2+1.09\frac{r_s-r}{r}gd}-13.95\frac{\nu}{d} \tag{4.2-11}$$

本河段航道整治模型试验研究中多采用新型 PS 塑料沙作为模型沙（$\gamma_s=1.08$ t/m^3，干容重为 $\lambda_{\gamma_0}=0.645$ t/m^3）；模型沙与原型沙的沉速均采用张瑞瑾的粗细颗粒通用公式计算，实际应用效果良好，因此，本次试验延续选用该类型模型沙。由前述泥沙沉降相似关系可算出原型沙的不同粒径时的沉降速度，相应的可求得模型沙的沉速、粒径与粒径比尺关系，结果见表 4.2-1。

表 4.2-1 模型沙粒径及其比尺计算表

d_p(mm)	0.031	0.063	0.090	0.125	0.180	0.186	0.250	0.355	0.500
ω_p(cm/s)	0.060	0.247	0.499	0.939	1.817	1.922	3.074	4.884	6.988
ω_m(cm/s)	0.015	0.062	0.126	0.237	0.460	0.486	0.777	1.236	1.767
d_m(mm)	0.071	0.144	0.205	0.283	0.402	0.414	0.542	0.733	0.967
λ_d(mm)	0.439	0.439	0.440	0.442	0.448	0.449	0.461	0.484	0.517
备注	$\lambda_l=500,\lambda_H=125,\lambda_\omega=\lambda_V\left(\frac{\lambda_H}{\lambda_L}\right)^{\frac{3}{4}}=3.953$								

图 4.2-1 为江心洲—乌江河段近期枯水实测的河床质级配曲线资料。由图可知，在该曲线上 $P=3\%$ 处存在相对明显拐点，故采用 $P=3\%$ 相应的粒径作为床沙质与冲泻质分界粒径，$P=3\%$ 处河床质泥沙曲线对应粒径 $d_c=0.031$ mm。模型中主要模拟悬移质中大于 0.031 mm 以上的床沙质泥沙，小于 0.031 mm 的泥沙认为是冲泻质，因基本不参与造床作用而予以忽略。

根据上述分析，本河段泥沙基本特征如下。

床沙中值粒径：　　　　$d_{50}=0.186\ \text{mm}$；

悬移质中值粒径：　　　$d_{50}=0.030\ \text{mm}$。

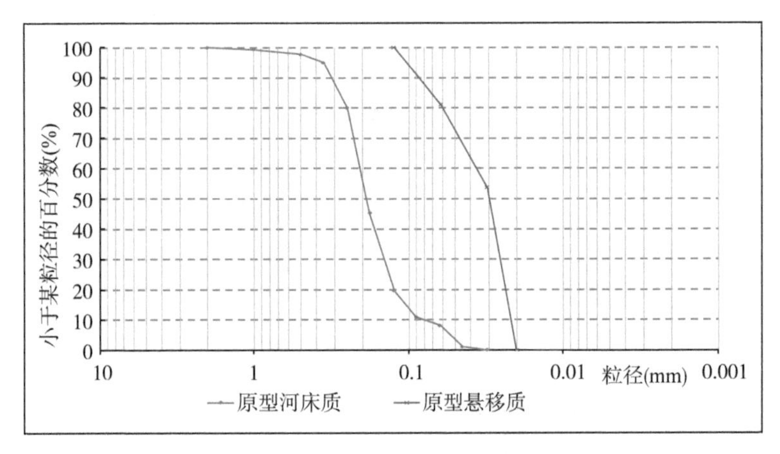

图 4.2-1　　天然实测河床质和悬移质级配

根据河床质的泥沙级配曲线，查得各粒径组的重量百分数 P，再换算成去掉冲泻质后的模型床沙级配曲线。同理，模型加沙则采用天然悬移质去掉冲泻质后的悬移质级配曲线(见图 4.2-2)。

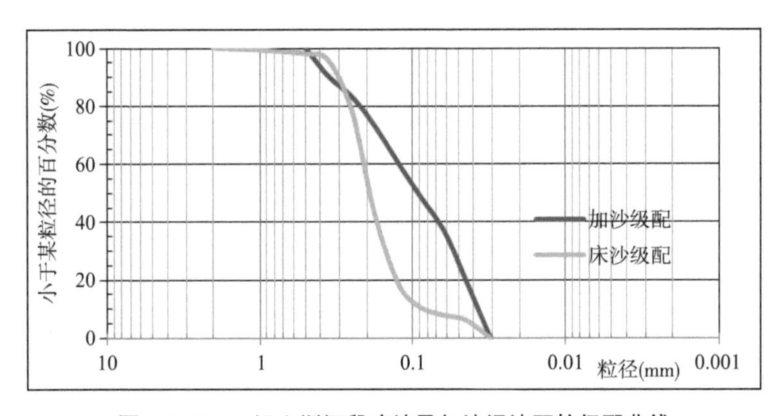

图 4.2-2　　江心洲河段床沙及加沙泥沙颗粒级配曲线

(2) 起动相似

泥沙要达到运动相似，必须满足起动相似条件，即要求：

$$\lambda_{V0}=\lambda_V \tag{4.2-12}$$

式中：λ_{V0} 为泥沙起动流速比尺。

根据经验，天然河流泥沙起动流速计算采用唐存本公式，即：

$$V_{0p}=1.79\frac{1}{m+1}\left(\frac{h}{d}\right)^{m}\left[\Delta gd+\frac{c}{\rho d}\right]^{1/2} \tag{4.2-13}$$

式中：h 为水深(m)；m 为系数，$m=\frac{1}{4.7}\left(\frac{h}{d}\right)^{0.06}$；$\Delta=\frac{\gamma_s-\gamma}{\gamma}$；$d$ 为粒径。

模型沙起动流速采用个别动公式计算，即：

$$V_{0m}=1.60\frac{1}{1+m}\left(\frac{h}{d}\right)^{m}\left[\Delta gd+\frac{0.05}{d}\right]^{\frac{1}{2}} \tag{4.2-14}$$

式中：$m=\frac{1}{4.7}\left(\frac{h}{d}\right)^{0.06}$，$h$ 为水深，d 为粒径，$\Delta=\frac{\gamma_s-\gamma}{\gamma}$。

按照本河段的床沙的中值粒径为：$d_{50}=0.186$ mm，$d_{95}=0.32$ mm，$d_5=0.04$ mm，选用不同粒径级分别计算起动流速，计算水深分别选取 5 m、10 m、15 m、20 m 和 30 m。选取不同的粒径比尺，不同粒径和不同水深情况下的起动流速与流速比尺 λ_V 的计算结果见表 4.2-2。

所求原型沙和模型沙的起动流速比尺介于 8.70～11.25 之间(平均 $\lambda_{V_0}=10.14$)，起动流速比尺计算值与流速比尺($\lambda_{V_0}=11.18$)较接近。因此，选用模型沙基本满足起动相似的要求。

表 4.2-2 泥沙起动流速计算成果表

天然			模型			起动流速比尺 λ_{V0}
粒径(mm)	水深 H(m)	起动流速 V_0(m/s)	粒径(mm)	水深 H(m)	起动流速 V_0(m/s)	
0.063	5	0.610	0.144	0.04	0.070	8.70
	10	0.701		0.08	0.075	9.31
	15	0.760		0.12	0.078	9.71
	20	0.805		0.16	0.080	10.02
	30	0.873		0.24	0.083	10.50
0.125	5	0.555	0.283	0.04	0.060	9.19
	10	0.637		0.08	0.065	9.76
	15	0.691		0.12	0.068	10.14
	20	0.732		0.16	0.070	10.44
	30	0.794		0.24	0.073	10.89

续表

天然			模型			起动流速比尺 λ_{V0}
粒径 (mm)	水深 H(m)	起动流速 V_0(m/s)	粒径 (mm)	水深 H(m)	起动流速 V_0(m/s)	
0.186	5	0.568	0.414	0.04	0.061	9.33
	10	0.653		0.08	0.066	9.87
	15	0.708		0.12	0.069	10.23
	20	0.750		0.16	0.071	10.51
	30	0.813		0.24	0.074	10.94
0.250	5	0.598	0.542	0.04	0.063	9.43
	10	0.687		0.08	0.069	9.93
	15	0.745		0.12	0.072	10.28
	20	0.789		0.16	0.075	10.55
	30	0.855		0.24	0.078	10.97
0.500	5	0.722	0.967	0.04	0.073	9.84
	10	0.829		0.08	0.081	10.29
	15	0.899		0.12	0.085	10.61
	20	0.952		0.16	0.088	10.86
	30	1.033		0.24	0.092	11.25

(3) 挟沙相似

悬移质挟沙能力的水流挟沙力公式：

$$S_* = \frac{r_s}{8c_1 \frac{r_s - r}{r}}(f - f_s)\frac{u^3}{gR\omega} \tag{4.2-15}$$

水流挟沙力比尺：

$$\lambda_s = \lambda_{s_*} = \frac{\lambda_{r_s}}{\lambda_{\frac{r_s - r}{r}}}(\lambda_h / \lambda_l)^{(1-m)} \tag{4.2-16}$$

式中：λ_{s_*} 为水流挟沙力比尺，λ_s 为含沙量比尺。

悬移质输沙率比尺：

$$\lambda_{Q_s} = \lambda_Q \lambda_S = \frac{\lambda_{\gamma_s}}{\lambda_{(\gamma_s - \gamma)}} \lambda^{7/4}{}_L \lambda_h^{3/4} \tag{4.2-17}$$

(4) 河床变形相似

悬移质(床沙质)引起的河床的冲淤变形遵守下列微分方程式：

$$\frac{\partial Q_s}{\partial x}+\gamma' B\frac{\partial z}{\partial t}=0 \tag{4.2-18}$$

据此得出河床变形时间比尺：

$$\lambda_t=\frac{\lambda'_\gamma \lambda_L}{\lambda_V \lambda_s} \tag{4.2-19}$$

将相应参数代入上述公式，可得模型各相应比尺(见表 4.2-3)。

表 4.2-3 模型比尺汇总表

名称	符号	数值	备注
平面比尺	λ_l	500	
垂直比尺	λ_h	125	
流速比尺	λ_V	11.180	
流量比尺	λ_Q	698 771	
糙率比尺	λ_n	1.118	
沉速比尺	λ_ω	3.952	
粒径比尺	λ_d	0.439～0.517	
起动流速比尺	λ_{V_0}	8.70～11.25	平均 10.14
含沙量比尺	λ_s	0.168(0.154)	括号内为验证后调整值
干容重比尺	λ_{γ_0}	2.171	
悬移质输沙率比尺	λ_{Q_s}	107 611	
冲淤时间比尺	λ_{t_s}	577(630)	括号内为验证后调整值

4.2.2 模型制作

4.2.2.1 定床模型制作

模型采用断面法制作，制模地形为 2020 年 3 月实测的 1：10 000 地形图。模型断面根据实测河床地形按平面比尺(λ_l =500)和垂直比尺(λ_h =

125)缩制而成,模型断面间距 0.70 m 左右,共 150 个断面。模型断面由五层板制成,由布置好的主导控制架设,断面高程控制误差小于±1.0 mm,平面控制中误差小于±1.5 cm,符合《水运工程模拟试验技术规范》(JTS/T 231—2021)的要求。

根据本河段近年原型观测的水文资料计算河段河床糙率为 0.024。由 $\lambda_n = 1.118$,求得模型糙率 $n_m = 0.021$。因此,在模型上采用床面在水泥未干情况下拉毛及边壁粘贴石子进行加糙的办法可达到糙率要求。

4.2.2.2 动床模型制作

泥沙模型区域为彭兴洲洲头至下何家洲洲头部处,全长 12 km,模型试验初始地形为 2017 年 12 月实测 1∶10 000 河床地形,河床中的低滩及深槽区域均为动床。动床模型地形断面采用 0.70 mm 厚的镀锌铁皮制作(可重复使用)。动床范围平均铺沙厚度约 15 cm。

4.2.2.3 桥墩制作

桥墩和临时工程钢管桩采用有机玻璃和细钢条制作,宽度和高度分别按平面比尺($\lambda_l = 500$)和垂直比尺($\lambda_h = 125$)同比例缩小。

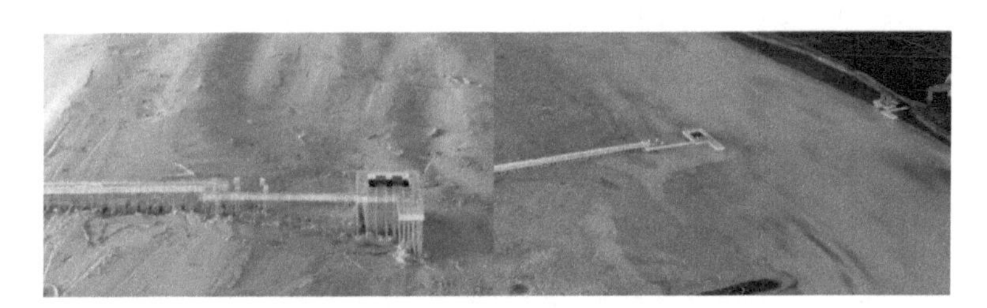

图 4.2-4 动床模型制作现场照片

4.2.3 供回水沙系统及测量系统

模型的进出口采用天科所研制的模型自动控制系统。其中进口流量控制选用电磁流量计控制模型入流,模型出口水位选用远程控制的自动翻板门进行调节。

模型水位由测针水位仪读取,读取精度可达到 0.1 mm。断面流速观测采用小威龙测速仪、旋桨流速仪等。表面流场采用清华大学开发的 VDMS 流场实时测量系统。

动床模型水沙系统由各自独立的清水系统和加沙系统组成，清水系统由水泵、电机、管道、平水塔、量水堰组成，加沙系统主要由 3 m^3 的圆形搅拌池和 1.5 kW 的三相变速电机及输沙管道等组成。输沙管上安装的闸阀控制加入模型中的含沙水流的流量，模型试验时根据要求的输沙率，开启一定开度的加沙孔，同时要求含沙水流在模型前充分混合后进入模型。

4.3 局部冲刷模型设计及参数处理

4.3.1 局部正态冲刷模型设计的一般要求

河工模型试验一般采用变态模型，其水流运动在垂直方向是不相似的。而桥墩周围局部冲刷坑附近的水流运动三维特性明显，局部的漩涡与环流等水流结构是决定冲刷坑形态和大小的最重要的因素之一，因而较少利用变态模型研究纵剖面的急剧变化，多采用正态模型研究局部冲刷问题。

物理模型研究包括定床和动床两部分，考虑到桥墩冲刷主要为推移质泥沙，所以物理模型设计中主要考虑推移质输沙相似。推移质泥沙模拟设计按要求一般应满足几何相似、水流和泥沙运动相似及泥沙冲淤变形相似，模型设计应考虑以下几点。

(1) 模型应做成正态，即 $\lambda_l = \lambda_h$ ，在变态模型中，垂线流速分布不相似。而对于桥墩冲刷问题，垂线流速分布变化对泥沙的落淤有较大影响。

(2) 水流运动方面，由于模型模拟范围较小，在确保桥位断面各墩处水位和流速与原型相似的前提下，适当放宽阻力相似条件，但为了保证水流的纵向和横向运动相似，要求满足弗汝德定律，即 $\alpha_V = \alpha_H^{\frac{1}{2}}$ 。

(3) 模型比尺与模型沙的粒径和重度有关，如模型沙重度小、粒径细，则模型可做得小一些，模型试验要求的流量、流速也小。但过细的模型沙会带来絮凝剂黏结力等问题，泥沙的起动相似难以满足。反之模型沙重度大、粒径粗，则模型要求做得大，模拟试验要求的流量、流速也大。

(4) 模型沙的选择。考虑泥沙起动相似条件，得到起动流速比尺，由泥沙沉降相似和悬浮相似条件，得到沉降速度比尺。由于桥墩局部冲刷模型需要模拟设计洪水的冲刷情况，因此流速较大，超过床沙的起动流速。因此在选择模型沙时，需考虑泥沙起动相似条件。

（5）单宽输沙率比尺和冲淤时间比尺的确定。原型单宽输沙率采用窦国仁公式估算：

$$g_b = \frac{k_0}{C_0^2} \frac{\gamma\gamma_s}{\gamma_s - \gamma}(V - V_0)\frac{V^3}{g\omega}$$

式中：$V_0 = 0.265\ln\left(11\frac{h}{\Delta}\right)\sqrt{\frac{\gamma_s-\gamma}{\gamma}gD + 0.19\frac{\varepsilon_k + gh\delta}{D}}$，$\omega = 1.068\sqrt{\frac{\gamma_s-\gamma}{\gamma}gd_m}$，$C_0 = 2.5\ln\left(11\frac{h}{D_{50}}\right)$，$K_0$ 为综合系数。根据长江部分水文站实测资料，对于沙质推移质，$K_0=0.01$，对于悬移质中临底沙 $K_0=0.09$。本模型除了考虑沙质推移质量以外，还考虑一部分悬移质中的临底沙，在估算时取 $K_0=0.03$。计算结果得到推移质输沙率估算值约占悬移质输沙率的2.2%～6.6%，基本符合长江下游河道推悬比情况。

（6）桥墩压缩比相似

桥墩是阻水建筑物，放置在水槽中侵占了部分水槽宽度，导致断面流速有所增大。因此，需要在试验中考虑到桥墩压缩比 $m=\frac{b}{B}$ 对局部冲刷深度的影响（b 为桥墩宽度，B 为水槽宽度）。根据实践经验，桥墩压缩比需≥8，且模型桥墩最小宽度≥0.03 m，基本满足试验要求。

（7）泥沙水下休止角相似

为使桥墩冲刷坑形态相似，模型沙与原型沙水下休止角应相等。

（8）局部模型模拟区域的选择

理论上讲局部模型模拟的最佳宽度应该是整个河宽，这样可真实反映滩段的水沙运动状态与滩槽水体的动量交换过程。以长江下游江心洲水道为例，该河段平均河宽 3.0 km 以上，若按全河宽开展研究，目前试验条件下只能采用小比尺变态河工模型，而小比尺变态河工模型很难对三维特性明显的局部冲刷开展有效研究。若采用大比尺正态模型研究局部冲刷问题，目前通常采用两种方式：一是采用与原体相差无几的巨大试验场地研究整个河宽，目前试验场地很难满足；二是利用流带法取冲刷坑附近一定宽度内的流带。流带法前提是流带选择要合理，要求流带宽度应包含局部冲刷坑形成过程中可能引起的水体动量交换范围，研究建筑物冲刷问题时流带法被广泛应用。实践证明只要流带选择合理，流带法不失为一种技术可行、经济合理的研究方法。综合考虑，本试验选择采用流带法研究。

局部模型试验地形范围主要应该包括拟建工程区及工程区周围工程后水流影响相对较小的区域，但不限于以上区域。

4.3.2 长江下游江心洲水道局部正态模型设计

下面具体介绍长江下游江心洲水道马鞍山公铁大桥桥区河段局部正态模型设计。

4.3.2.1 局部模型相似准则

(1) 几何相似

桥梁工程局部冲刷试验主要研究守护工程局部冲刷深度与范围，为建筑物结构设计提供支撑，因此模型设计为局部正态模型。

(2) 水流泥沙运动相似

局部正态模型应满足水流运动相似和泥沙运动相似，包括惯性力重力比相似、惯性力阻力比相似、泥沙起动相似等。

(3) 模型应保证局部冲刷深度与范围的相似，模型沙选择应满足休止角相似。

4.3.2.2 几何相似

考虑到模型场地、模型供水能力、模型选沙、工程规模等诸多方面的因素，局部正态模型几何比尺取为：$\lambda_l=125$。

4.3.2.3 水流运动相似

模型必须满足惯性力重力比相似、惯性力阻力比相似：

流速比尺 $$\lambda_u=\lambda_l^{\frac{1}{2}} \tag{4.3-1}$$

流量比尺 $$\lambda_Q=\lambda_l\lambda_h^{\frac{3}{2}} \tag{4.3-2}$$

糙率比尺 $$\lambda_n=\lambda_l^{\frac{1}{6}} \tag{4.3-3}$$

模型水流必须为紊流，$Re>2\ 000$；

模型水深大于1.5～2.0 cm，$h>1.2\sim2.0$ cm。

4.3.2.4 泥沙运动相似

(1) 起动相似

采用正态模型研究河床局部冲刷，除要满足模型水流运动相似，还应满足泥沙运动相似：

$$\text{泥沙起动相似}\ \lambda_{V_0}=\lambda_V=\lambda_h^{\frac{1}{2}} \tag{4.3-4}$$

$$\text{输沙率相似}\ \lambda_P=\lambda_{P_*} \tag{4.3-5}$$

$$\text{河床冲刷变形相似}\ \lambda_{t_2}=\frac{\lambda_{\gamma_0}\lambda_l\lambda_h}{\lambda_P} \tag{4.3-6}$$

式中：λ_l 为平面比尺，λ_h 为垂直比尺，λ_{t_1} 为水流时间比尺，λ_V 流速比尺，λ_{V_0} 为起动流速比尺。

(2) 泥沙起动相似

泥沙要达到运动相似，必须满足起动相似条件，即要求：

$$\lambda_{V_0}=\lambda_V \tag{4.3-7}$$

式中：λ_{V_0} 为泥沙起动流速比尺。

根据经验，天然河流泥沙起动流速计算采用唐存本公式，即：

$$V_{0p}=1.79\frac{1}{m+1}\left(\frac{h}{d}\right)^m\left[\Delta gd+\frac{c}{\rho d}\right]^{1/2} \tag{4.3-8}$$

式中：h 为水深；m 为系数，$m=\frac{1}{4.7}\left(\frac{h}{d}\right)^{0.06}$；$\Delta=\frac{\gamma_s-\gamma}{\gamma}$；$d$ 为泥沙粒径。

模型沙起动流速采用个别动公式计算，即：

$$v_{0m}=1.60\frac{1}{1+m}\left(\frac{h}{d}\right)^m\left[\Delta gd+\frac{0.05}{d}\right]^{\frac{1}{2}} \tag{4.3-9}$$

式中：$m=\frac{1}{4.7}\left(\frac{h}{d}\right)^{0.06}$。

根据最新测量资料分析，原型床沙 $d_{50}=0.17$ mm 左右，故选用该粒径级计算起动流速；计算水深分别选取 $h=20$ m、15 m、10 m 和 5 m。不同水深情况下的起动流速与起动流速比尺 λ_{v_0} 的计算结果见表 4.3-1。

表 4.3-1 泥沙起动流速计算成果表

天然			模型			起动流速比尺 λ_{V_0}
粒径(mm)	水深 H(m)	起动流速 V_0(m/s)	粒径(mm)	水深 H(m)	起动流速 V_0(cm/s)	
0.17	5	0.760	0.27	4.167	7.352	10.331 68
	10	0.853		8.333	7.944	10.733 02
	15	0.912		12.500	8.283	11.012 89
	20	0.957		16.667	8.520	11.232 47

原型泥沙不同水深的计算起动流速见表 4.3-1,可见(4.3-8)式计算流速 0.76～0.96 m/s。重力与阻力相似要求 $\alpha_V = \alpha_H^{1/2} = 11.18$,要满足泥沙起动相似条件(4.3-7)式,要求模型沙的起动流速为 $V_{0m} = \frac{V_{0p}}{\alpha_{V_0}} = \frac{0.76 \sim 0.96}{11.18} = 0.068 \sim 0.086$ m/s 。利用(4.3-9)式对 $\gamma_s = 1.15 \frac{T}{m^3}$ 、$d_{50} = 0.27$ mm 塑料沙进行起动流速计算得到起动流速 0.073～0.085 m/s,则 $\frac{\alpha_{V_0}}{\alpha_V} = 1.01—0.92$,可基本达到起动相似。因而采用 $\lambda_d = 0.65$ 配制(图 4.3-1)的模型沙可满足起动相似(4.3-4)式。

(3) 泥沙休止角相似

泥沙休止角相似保证了原型与模型局部冲刷形态相似,因此必须保证原型沙休止角与模型沙休止角相等。原型沙水下休止角按张红武天然沙公式计算:

$$\varphi = 35.3d^{0.04} \tag{4.3-10}$$

经(4.3-10)式计算原型沙 $\varphi = 32.80°$。

不同模型沙水下休止角不同,当模型沙采用煤时,天津大学室内试验得出的粒径与休止角关系式($d = 0.2 \sim 4.37$ mm)为:

$$\varphi = 32.5 + 1.27d \tag{4.3-11}$$

圆形塑料沙做模型沙时。金腊华得到的塑料沙粒径与水下休止角之间的关系为:

$$\varphi = 22.85 - 3.27\lg d \tag{4.3-12}$$

模型选用新型PS塑料沙，其水下休止角根据《新型PS模型沙研发及特性试验研究报告》研究成果，圆形的模型塑料沙的值与(4.3-12)式计算结果相比略小，因此，选择塑料模型沙时采用部分不规则塑料沙基本能够满足水下休止角相似。

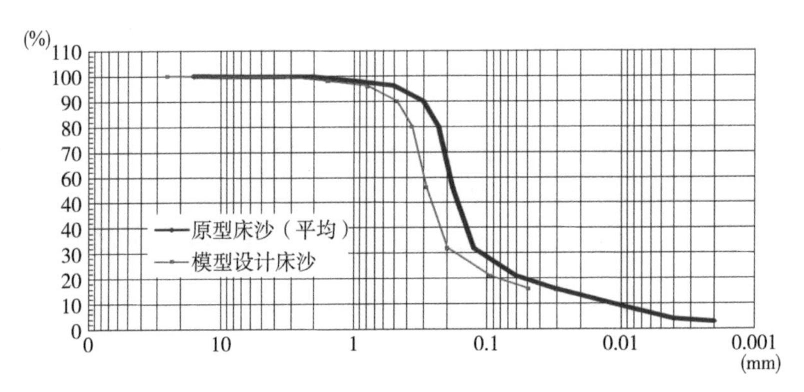

图4.3-1 天然实测及概化模型设计床沙级配图

4.3.2.5 桥墩及临时工程相似

桥梁工程水下墩桩(主桥墩或临时工程钢管桩)为固定建筑物，不会受水流和河床冲淤变化影响，我们仅考虑桥墩或临时工程阻水和泥沙输移路径的影响，因此，在概化桥墩和临时工程时，仅需满足几何相似即可，包括平面比尺和垂直比尺。

4.4 试验研究内容

动床模型试验主要研究不同水沙过程桥区河段的河床冲淤变化、洲滩稳定性、桥位附近河床局部冲刷和普遍冲刷的范围和幅度，并分析桥区河床冲淤后对河段水流条件的影响等。

第5章

长江中下游重点桥梁工程与滩槽演变关系模拟研究

5.1 戴家洲燕矶长江大桥营运期模型试验研究

5.1.1 桥区河段概况

拟建桥梁工程位于长江中游戴家洲河段(图 5.1-1),河段上游为沙洲水道(三江口—大脚石,河道全长约 20 km),下游为黄石水道。戴家洲河段全长约为 34 km,分为巴河水道和戴家洲水道,其中大脚石—燕矶镇为巴河水道,燕矶镇—回风矶为戴家洲水道,自戴家洲洲头分为直水道(右汊)和圆水道(左汊)。戴家洲河段属长江中下游平原水系,左岸自上至下有巴河、兰溪河等小型支流入汇,河道左岸属湖北省黄冈市,右岸属湖北省鄂州市。

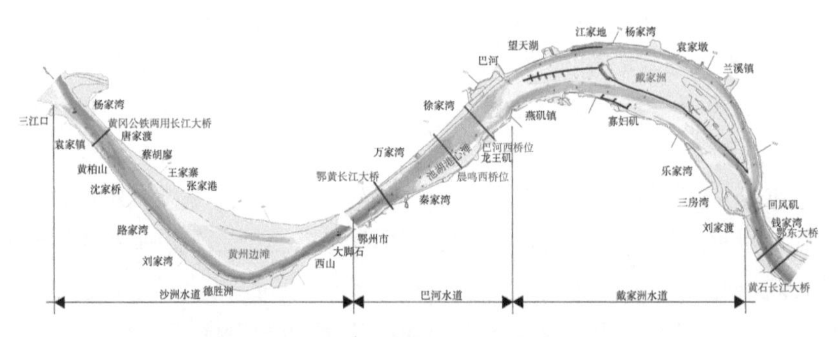

图 5.1-1 沙洲—戴家洲河段洲滩分布图

(1) 沙洲水道

沙洲水道为向右弯曲的弯曲河型(或弯曲分汊河型),河道内存在黄州边滩、江心洲(或德胜洲)等成型淤积体,将水道分为左右两汊(槽)。近期,沙洲水道左岸的黄州边滩冲刷,倒套呈发展态势,逐渐发展形成左汊,仍为支汊;右汊为主汊,为主航槽所在。沙洲水道进口处的宽度约为 1 237 m,分汊段最大宽度达 3 957 m,出口处河宽再次缩窄,约为 1 172 m。

(2) 巴河水道

大脚石—燕矶镇为巴河水道,巴河水道呈顺直放宽型,水道全长约 14 km,在水道中段右岸侧为池湖港心滩,将巴河水道分为两槽,左侧为巴河通天槽,为目前的主航槽,右侧为池湖港夹槽;巴河水道出口放宽段左岸的巴河入汇口附近曾形成巴河边滩,2011 年以来已基本冲失。

(3) 戴家洲水道

巴河口(右岸为燕矶镇)至回风矶段为戴家洲水道,戴家洲水道呈微弯分汊型。戴家洲洲体(包含新洲,下同)将水道分为左右两汊,左汊为圆水道,河道形态微弯,河道全长约 20 km;右汊为直水道,河道形态微弯偏顺直,河道全长约 16 km。

(4) 矶头和节点

沙洲水道右岸自上而下沿程分布黄柏山、西山等天然节点,有效稳定了沙洲水道的河势条件。戴家洲河段左岸的岸线较为平顺,无明显的凸嘴或凹槽,仅在两汊汇流处存在回风矶节点,该矶头节点凸入河槽,具有明显的挑流与导流作用。戴家洲河段右岸自上而下存在龙王矶、燕矶、寡妇矶、平山矶等矶头,这些矶头式节点有利于河势格局的稳定。

(5) 主要洲滩分布

①德胜洲:20 世纪 80 年代以前,德胜洲心滩位于沙洲水道微弯放宽段江心处,将沙洲水道分成左右两汊。1959—1981 年间,德胜洲经历了存在—消亡的演变过程,德胜洲的变化主要表现为洲头后退及洲身左侧大幅度蚀退,洲头累计后退约 1 400 m,洲身左侧右移近 800 m。1959 年 10 月德胜洲心滩面积为 1.09 km^2,至 1981 年 6 月缩小至 0.05 km^2,至此德胜洲心滩基本冲失。

②黄州边滩:黄州边滩位于沙洲水道内弯道的凸岸,黄州边滩与德胜洲心滩表现出此消彼长的变化特点。1959—1981 年间,随着德胜洲心滩的逐渐冲刷,黄州边滩逐渐淤积壮大,至 1981 年 6 月黄州边滩向江中右移近 600 m,面积达 11.85 km^2,此时德胜洲心滩面积仅为 0.05 km^2。1981—1996 年间,经历了 1983 年大水后,在原德胜洲心滩冲刷区域逐渐形成了新的江中心滩,该江中心滩逐渐上伸下延、心滩左缘上半段也逐渐向左展宽,至 1998 年大水

后，新形成的江中心滩与黄州边滩已连为一体。2003年三峡工程运行以来，随着上游来水来沙条件的变化，黄州边滩上段冲刷，下段倒套上延且发展，至2008年3月地形显示，黄州边滩左槽逐渐冲刷形成离岸的黄州心滩，至2018年8月地形显示，黄州心滩0 m滩体的最大长度约6.34 km，最大宽度约为1.55 km，滩顶最大高程约为航行基面以上14.20 m，面积为6.16 km^2。

③巴河边滩：巴河边滩位于左岸巴河入汇口的上下游一定范围内，一般分布在入汇口的上游。历史上，巴河边滩的冲淤变化影响戴家洲汊道分流关系、汊道进口航道条件等。近期，巴河边滩逐渐冲刷，至2011年巴河边滩基本冲失，至2019年6月测图显示无明显的恢复淤积迹象。

④池湖港心滩：巴河水道中段靠右岸侧存在池湖港心滩，池湖港心滩将巴河水道分为两槽，左侧为巴河通天槽，是多年的主航槽，右侧为池湖港夹槽。一般而言，当河道水位在航行基面上5 m左右时，池湖港心滩完全淹没。2014—2018年间，池湖港心滩的冲淤变幅较大，主要表现为头部略有后退、中下段横向冲刷较为明显。目前，武汉至安庆段6.0 m水深航道整治工程戴家洲段的工程中，在池湖港心滩区域实施了2条护滩带工程，综合数学模型计算和物理模型试验相关研究成果，工程的实施有利于稳定池湖港心滩，改善戴家洲直水道进口水动力条件，不利年份配合维护疏浚的情况下，可保障直水道进口段6.0 m水深目标的实现。

⑤戴家洲洲体：戴家洲是戴家洲河段最大的江心洲，其左汊为圆水道，右汊为直水道。戴家洲洲尾无明显的潜洲，潜洲主要分布在戴家洲头部，其冲淤变化与巴河边滩、池湖港心滩及来水来沙条件等密切相关，共同影响了戴家洲汊道分流比、进口段航道条件的变化过程及发展趋势。戴家洲河段航道整治一期工程实施以来，戴家洲洲头潜洲为淤积状态，潜洲头部向上游延伸。

⑥乐家湾边滩：在直水道中下段右岸侧分布有成型边滩，近年来近岸呈现窜沟冲刷发展态势，不利于该段航道条件的稳定。

⑦新淤洲心滩：戴家洲直水道的出口靠右岸一侧，存在新淤洲心滩，该心滩周边建有子堤，常年处于非淹没状态，洲体较为稳定。

5.1.2 航道整治工程

戴家洲河段已实施了多期的航道整治工程，主要有戴家洲河段航道整治一期工程（2009—2010年）、戴家洲右缘下段守护工程（2010—2013年）、戴家洲河段航道整治二期工程（2012—2014年），各期工程的平面布置见图5.1-2。

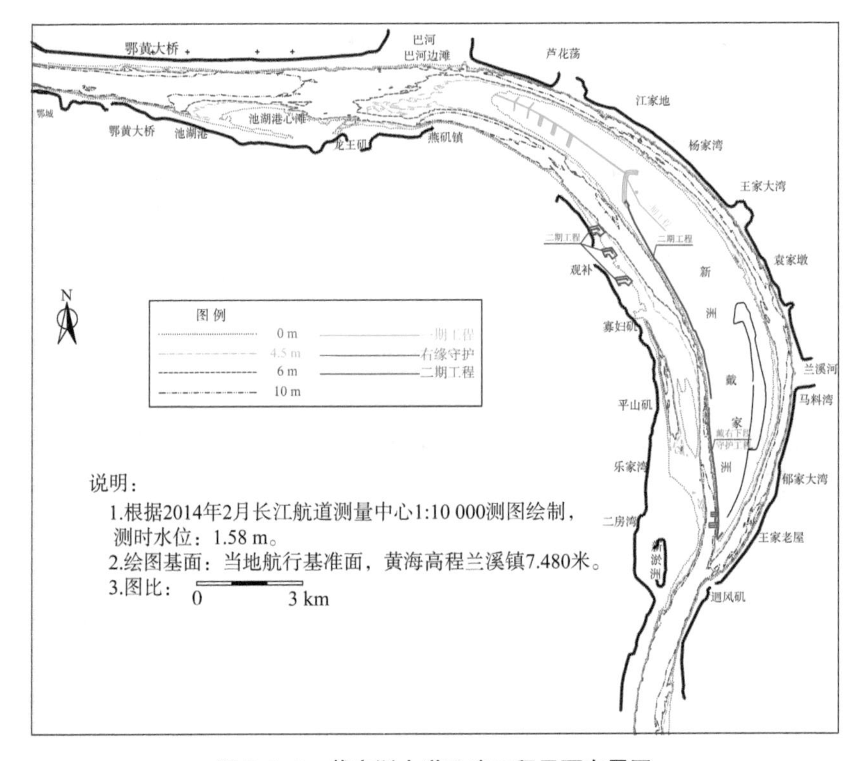

图 5.1-2　戴家洲水道已建工程平面布置图

2018 年以来，长江干线武汉至安庆段正在实施 6.0 m 水深航道整治工程，在沙洲水道和戴家洲河段均布设有航道整治工程。

5.1.2.1　戴家洲河段航道整治一期工程

戴家洲河段航道整治一期工程于 2009 年 1 月实施，2010 年 5 月实施完成。重点是守护新洲头滩地，塑造直水道进口凹岸边界，稳定两汊分流条件。

主要建设内容：新洲头滩地修建 1 座鱼骨坝，主要包括 1 道脊坝，左侧 2 道刺坝（1＃ 和 3＃）、右侧 2 道刺坝（2＃ 和 4＃）、右侧 3 道刺型护滩带（5＃—7＃）和根部护岸，新洲洲头窜沟锁坝 1 道、对戴家洲水道两岸部分岸脚实施护岸加固。

一期工程治理目标：维持直、圆水道交替通航的格局，枯水期利用圆水道通航，中、洪水期利用直水道通航，航道尺度为 4.5 m×100 m×1 050 m，保证率 98%。

工程实施效果：一期工程实施后，有效控制洲头滩地，两汊分流条件一定程度上得到稳定，航道条件有所改善，基本达到其治理目标，为本河段后续工程的实施创造有利条件并奠定良好基础。

5.1.2.2 戴家洲河段航道整治右缘下段守护工程

戴家洲右缘下段守护工程于2010年底实施，于2013年5月实施完成。工程重点是对戴家洲右缘下段进行护岸，并在洲尾低滩实施两条护底带工程，稳定戴家洲右缘下段岸线和洲尾低滩，制止直水道平面形态向过直过宽方向变化。

主要建设内容：戴家洲右缘下段建设护岸3 838 m，抑制洲体右缘下段岸线持续受冲后退，防止直水道向过直过宽方向发展；戴家洲洲尾建两道护底带，主要作用为控制直港出口段航槽位置。

治理目标：枯水期利用圆水道通航，中、洪水期利用直水道通航，航道尺度为4.5 m×100 m×1 050 m，保证率98%。

工程实施效果：右缘下段守护工程实施后，戴家洲右缘下段得到了稳定，护底带工程区处地形略有淤积，直水道出口段浅区航道条件得到了巩固，戴家洲右缘下段洲尾布置的两条护底带对航道起到了遏制洲尾处贴岸槽进一步冲深的作用，工程的实施为总体治理工程的全面实施创造了有利条件。

5.1.2.3 戴家洲河段航道整治二期工程

戴家洲二期工程于2012年10月开工建设，2013年6月主体工程实施完成，2014年11月交工验收。二期工程是一期工程及右缘守护工程的延续，工程主要包括戴家洲右缘中上段护岸、直水道右岸中上段3道潜丁坝。

主要建设内容：在直水道右岸边滩中上段布置潜丁坝3条，其中Y1#潜丁坝总长度为248 m(含勾头段长70 m)、Y2#潜丁坝总长度为303 m(含勾头段长100 m)、Y3#潜丁坝总长度为373 m(含勾头段长100 m)；戴家洲右缘中上段护岸总长6 118 m，上游端与戴家洲一期工程无缝连接，下游端与戴家洲右缘下段护岸工程无缝连接。

二期工程治理目标：在前期工程的基础上，通过必要的工程措施，改善戴家洲直水道的航道条件，以直水道为枯水期通航主汊，通过必要的工程措施，河段航道尺度达到4.5 m×200 m×1 050 m，保证率为98%的规划目标。

工程实施效果：二期工程实施后，戴家洲河段河道岸线稳定，直水道上段浅区航道条件有所改善，戴家洲河段"十二五"期间规划目标基本能实现，河段航道尺度基本达到4.5 m×200 m×1 050 m。

5.1.2.4 武汉至安庆段 6.0 m 水深航道整治工程

(1) 沙洲水道工程

沙洲水道航道建设目标为:航道尺度满足 6.0 m×200 m×1 050 m(水深×航宽×弯曲半径),保证率为 98%。主要建设内容(图 5.1-3)如下。

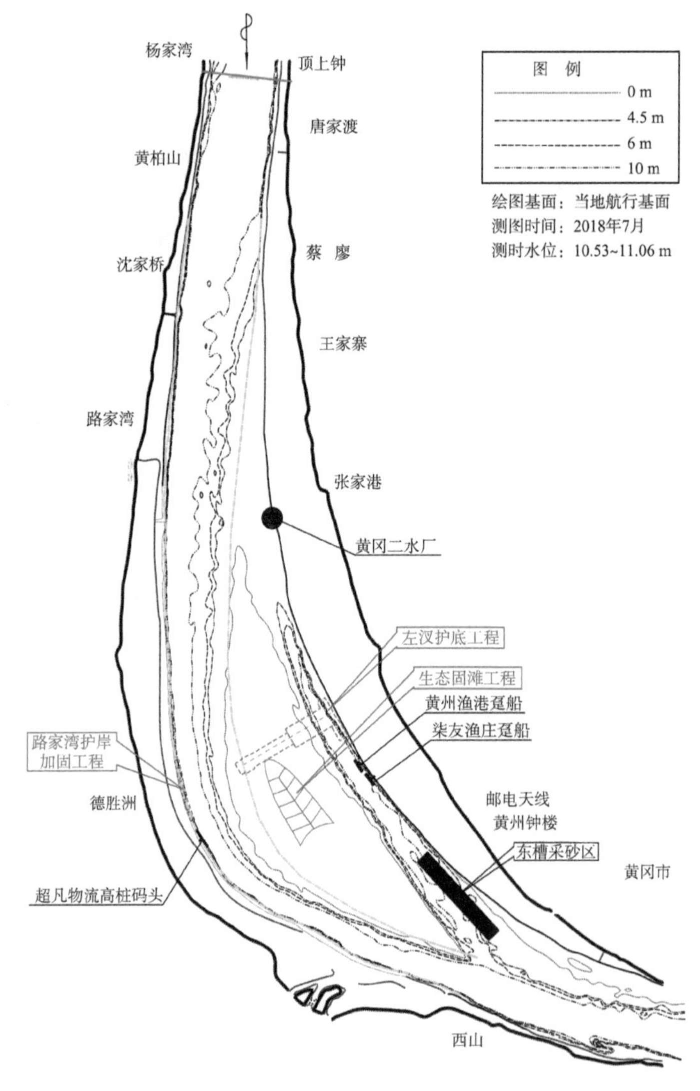

图 5.1-3 沙洲水道 6.0 m 水深航道整治工程平面布置图

①左汊护底工程:在左汊中段修建 1 道长 1 459 m 的护底带,并对接岸处

480 m 岸线进行高滩守护。

②右岸路家湾护岸加固工程：对右岸路家湾一带已建护岸进行水下加固，长度 888 m。

③生态工程建设：在黄州心滩头部建设生态工程 50 万 m^2。

(2) 戴家洲河段工程

戴家洲河段航道建设目标为航道尺度：6.0 m×110 m×1 050 m(水深×航宽×弯曲半径)，保证率为 98%。主要建设内容如下(图 5.1-4)。

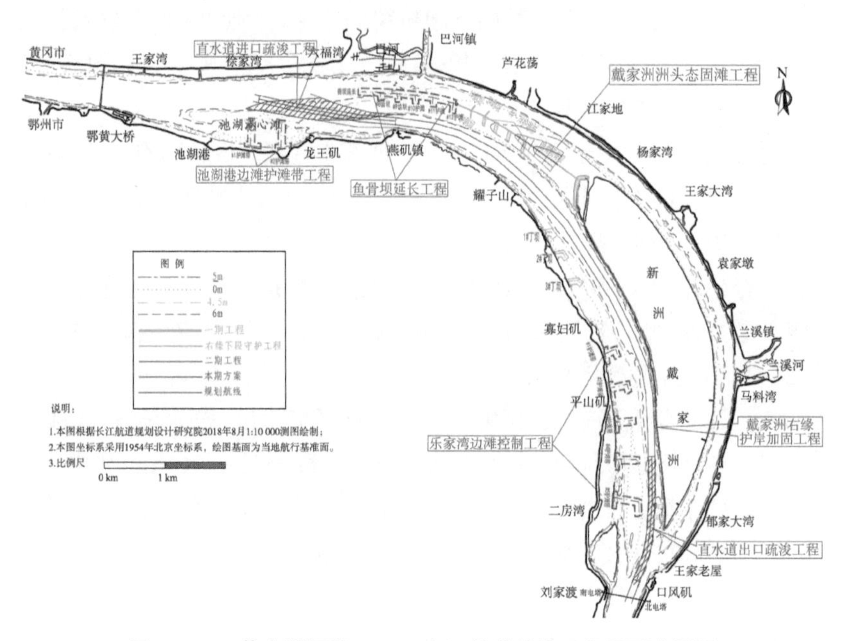

图 5.1-4 戴家洲河段 6.0 m 水深航道整治工程平面布置图

①池湖港边滩守护工程：在池湖港边滩修建 2 道护滩带，长度分别为 690 m、691 m。根部护岸均为 330 m。

②已建鱼骨坝延长工程：将新洲洲头滩地已建鱼骨坝进行延长，延长长度为 2 736 m。鱼骨头部为坝体，高程为设计水位下 1.5 m，中后段为护滩，根部与已建鱼骨坝平顺衔接；在鱼骨坝延长段新建 2 道齿坝与 3 齿形护滩，齿坝头部为设计水位下 1.5 m，长度分别为 144 m、150 m、151 m、172 m、206 m。

③乐家湾边滩控制工程：在直水道右岸乐家湾一带修建 5 道护滩带，护滩带长分别为 490 m(含勾头长 150 m)、668 m(含勾头长 150 m)、524 m、603 m、1 049 m(含勾头长 300 m)，5#、6#护滩带根部窜沟区域为坝体，坝体高程为

设计水位下 2 m;根部护岸均为 330 m。

④戴家洲直水道进、出口段浅区疏浚工程:疏浚底高为设计水位下 6.5 m,即 1985 国家高程基准 1.53 m;超深 0.5 m,开挖边坡 1∶5。

⑤生态固滩工程:生态固滩设置在戴家洲洲头护岸前部区域,长约 1 500 m,最大宽度约 700 m,面积约 65 万 m^2。

5.1.3 桥区河段上下游区段已建桥梁概况

拟建桥梁的桥区上下游河段内已建桥梁为 4 座,分别为黄冈公铁长江大桥、鄂黄长江公路大桥、鄂东长江公路大桥、黄石长江公路大桥(表 5.1-1,图 5.1-5)。

(1) 黄冈公铁长江大桥

黄冈公铁长江大桥于 2010 年 2 月 8 日开工建设,于 2014 年 6 月 16 日完工。黄冈公铁长江大桥下距鄂黄长江大桥约 17 km,主桥为双塔双索面钢桁梁斜拉桥,主塔为钢筋混凝土 H 形,塔高 193 m。黄冈长江大桥全长 4 008.192 m,其中公铁合建段长 2 568 m,设计为双层桥面,上层桥面设计为时速 100 km/h 通行四车道高速公路,下层桥面设计为时速 200 km/h 通行双线高速铁路。

(2) 鄂黄长江公路大桥

鄂黄长江公路大桥于 1999 年 10 月 15 日开工建设,于 2002 年 9 月 26 日完工。鄂黄长江公路大桥位于巴河水道内,大桥全长 3 245 m,其中主桥长 1 290 m,为五跨连续双塔双索面预应力混凝土斜拉桥,主塔高 172.3 m。桥面宽 24.5 m(不含布索区宽度),设计为双向四车道。

(3) 鄂东长江公路大桥

鄂东长江公路大桥于 2006 年 8 月 18 日开工建设,于 2010 年 9 月 28 日完工。鄂东长江公路大桥起自黄冈市浠水县,接黄梅至黄石高速高路,于黄冈市浠水县唐家湾附近跨越长江(即艾家湾桥位),止于黄石市黄石港区花湖街道艾家湾,接武黄高速公路。路线全长约 15.149 km,其中大桥全长约 6.3 km,主桥主跨为 926 m 组合梁斜拉桥。

(4) 黄石长江公路大桥

黄石长江公路大桥于 1991 年 7 月开工建设,于 1995 年 12 月完工。黄石长江公路大桥位于长江中游的湖北省黄石市黄石港区,全长 2 580.08 m,主桥长 1 060 m,分跨为 162.5+3×245+162.5(m),为 5 跨预应力混凝土连续刚构桥,跨度与联孔长度均很大。桥宽 20 m,其中机动车道宽 15 m,非机动车道各宽 2.5 m 设于两侧。

图 5.1-5 为已建桥梁图片，桥梁基本信息见表 5.1-1，桥梁的通航净高均为 24 m。

表 5.1-1 拟建桥梁上下游河段主要桥梁一览表

桥名	结构形式	位置(km)	所在水道	最大主跨(m)
黄冈公铁长江大桥	双塔双索面钢桁梁斜拉桥	下游 961.1	沙洲水道	567
鄂黄长江公路大桥	双塔双索面预应力混凝土斜拉桥	下游 944.0	巴河水道	480
鄂东长江公路大桥	组合梁斜拉桥	下游 915.3	黄石水道	880
黄石长江公路大桥	混凝土连续刚构桥	下游 914.3	黄石水道	245

(a) 黄冈公铁长江大桥 (b) 鄂黄长江公路大桥

(c) 鄂东长江公路大桥 (d) 黄石长江公路大桥

图 5.1-5 拟建桥梁桥区上、下游河段已建桥梁图片

5.1.4 拟建桥梁布置方案

5.1.4.1 跨长江公路主桥方案

根据总体设计单位提供的通道桥梁设计方案，拟建鄂黄第二过江通道工程有两个桥位方案，分别为巴河西桥位、晨鸣西桥位。

推荐桥位为巴河西桥位，为一跨过江的桥式布置，其主跨跨度为 1 650 m（图 5.1-6）。

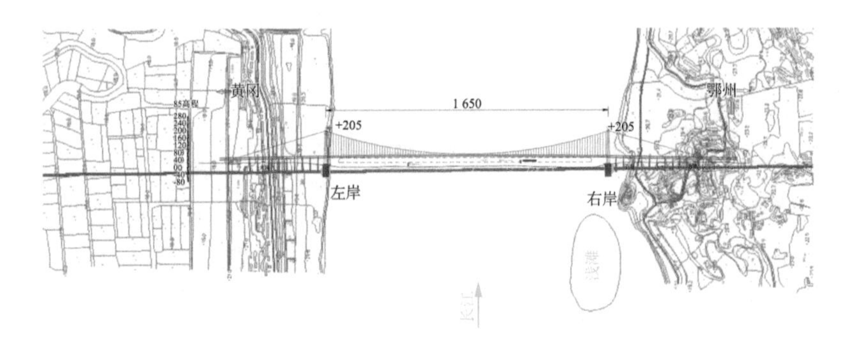

图 5.1-6 巴河西桥位平面布置图(单位:m)

晨鸣西桥位为两跨过江的桥式布置，主跨跨度均为 2×1 020 m(图 5.1-7)。

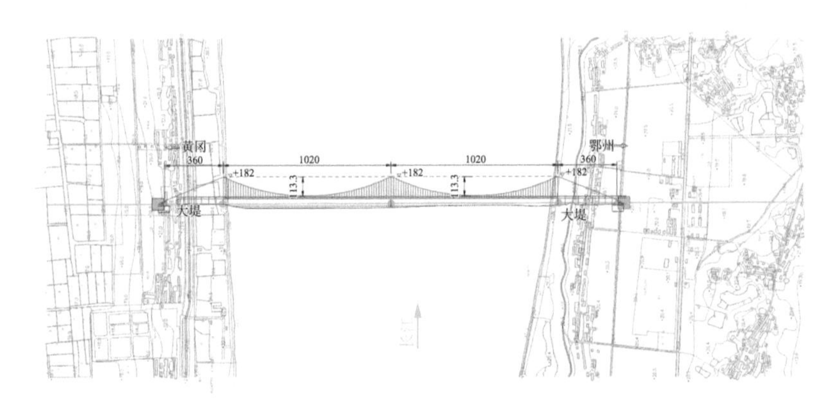

图 5.1-7 晨鸣西桥位布置图(单位:m)

主桥桥跨布置

推荐方案主跨度布置为 520 m+1 650 m+480 m，中跨矢高 130 m，主跨 1 650 m 一跨跨过通航水域，两个主塔均设置在岸边，主塔采用混凝土门式塔，其中塔柱采用钢筋混凝土结构，主塔采用群桩基础方案，采用 68 根 3.0 m 直径钻孔灌注桩。承台采用圆端形承台，平面尺寸为：92.75 m×37.25 m，承台厚 7.5 m，钻孔桩采用 C30 水下混凝土，承台采用 C40 混凝土。

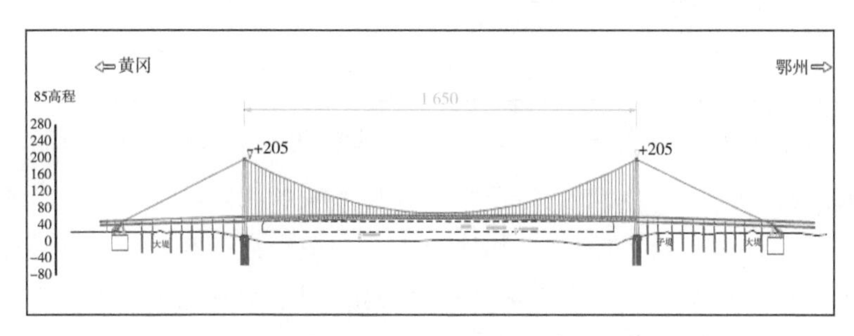

图 5.1-8 主桥设计方案模型桥式布置图(单位:m)

图 5.1-9 主桥设计方案桥式布置图

5.1.4.2 推荐桥型方案阻水率

该桥跨布置方案在各试验流量条件下的桥墩阻水面积比见表 5.1-2。

表 5.1-2 推荐方案建桥后各试验流量桥墩阻水面积统计

流量(m^3/s)	过水面积(m^2)	阻水面积(m^2)	阻水比(%)
22 600	24 883.75	128.90	0.52
40 000	33 054.93	351.70	1.06
62 500	40 068.42	580.59	1.45

续表

流量(m^3/s)	过水面积(m^2)	阻水面积(m^2)	阻水比(%)
75 300	42 820.27	659.43	1.54
77 700	43 245.17	687.17	1.59
83 700	44 438.35	718.57	1.62

流量小于 15 000 m^3/s 时，两侧桥墩完全位于水面线以上，此时阻水比为零；当流量大于 62 500 m^3/s 时，左侧边墩开始阻水，阻水比增加；最高通航流量下(75 300 m^3/s)，桥墩阻水面积比为 1.54%；大于 75 300 m^3/s 流量时，桥墩阻水面积和桥位过水面积变化均较为稳定，阻水面积增幅较缓。300 年一遇洪水流量时，阻水面积比值为 1.62%。

5.1.5 模拟与试验条件

5.1.5.1 水流模型试验水文条件

根据试验的任务和要求，水流模型试验水文条件选择 300 年一遇(P=0.33%)流量、100 年一遇(P=1%)流量、20 年一遇(P=5%)流量、5 年一遇(P=20%)流量、造床流量、多年平均流量等六组(表 5.1-3)。

表 5.1-3 水流模型试验条件

序号	试验流量(m^3/s)	标准	回风矶水位(国家 85 高程)
1	83 700	300 年一遇(P=0.33%)	26.47
2	77 700	100 年一遇(P=1%)	25.70
3	75 300	20 年一遇(P=5%)流量	24.42
4	62 500	5 年一遇(P=20%)流量	22.62
5	40 000	造床流量	19.65
6	22 600	多年平均流量	14.96

5.1.5.2 泥沙模型试验水文条件

针对研究河段来水来沙特点，考虑三峡水库的影响，从工程安全角度出发，提出水沙条件的确定方法。本次泥沙模型中选择：2012—2016 年连续 5 个水文年循环两次共 10 个水文年作为平常长系列水文年；连续两个洪水水文年，采用 100 年一遇大洪水过程＋300 年一遇洪水过程组合作为不利的“冲刷组合”。

(1) 三峡工程蓄水后平常条件下水文系列年选取

三峡工程自 2003 年 6 月蓄水运用以来，其下游河段的来水来沙条件发生了很大的变化，特别是来沙量大幅度减小，这种现象在今后一段时间仍将持续，而三峡工程运用前的来水来沙情况今后可能很难再发生，同时三峡枢纽经历了几个阶段试验性蓄水，自 2009 年开始 175 m 正常蓄水运行，因此，选取 175 m 正常蓄水的水文年研究平常水条件下建桥对河段的影响。

从实测水文资料可知：2012—2016 年涵盖了三峡运行后大中小水年，因此，选择 2012—2016 年连续 5 个水文年循环两次共 10 个水文长系列年作为平常长系列年。

(2) 100 年一遇与 300 年一遇洪水过程

根据桥梁的设计标准，建桥采用 100 年一遇洪水设计、300 年一遇洪水校核，100 年一遇、300 年一遇设计洪水水沙过程根据历史实测的大水年的来水来沙过程确定。本模型选择 1998 年(大水中沙年)按照现状计划分洪条件下计算的 100 年一遇与 300 年一遇洪峰流量进行同倍比放大，作为 100 年一遇与 300 年一遇洪水过程。根据以上分析，选取水沙系列年组合如表 5.1-4 所示。

表 5.1-4 泥沙模型试验工况一览表

试验工况	方案	水文条件
工况一	有、无推荐桥位	2012—2016 年循环两次共 10 个长系列水文年
工况二	有、无推荐桥位	100 年一遇洪水过程年＋300 年一遇洪水过程年

5.1.6 整体冲淤及洲滩适应性关系模拟研究

5.1.6.1 建桥前后桥区河段流速变化

(1) 断面垂线平均流速变化

①无桥状态，桥区河段断面垂线平均流速均随着流量的增大而增大，桥轴线最大流速的位置随流量变化略有右移，75 300 m^3/s 以上流量随流量增加流速增幅均变缓。

②建桥后，小于 40 000 m^3/s 流量桥轴线上、下游断面垂线平均流速变化

较小；62 500 m³/s 以上流量桥轴线上游断面垂线平均流速略有减小，各流速最大减小 0.04 m/s，下游则有所增加，各流速最大增加 0.05 m/s，各流量断面垂线平均流速最大值位置建桥前后均没有改变。

③不同流量下建桥对桥区河段断面垂线平均流速的影响范围不同，枯水期无影响，洪水期影响范围略大；桥轴线上游影响范围略小，下游影响范围大；左墩上下游影响范围略大于右墩。其中 40 000 m³/s 流量条件下，桥墩对左墩影响范围为桥轴线向向上游 350 m；桥轴线向下游 850 m。83 700 m³/s 流量条件下，桥墩对左墩影响范围为桥轴线向上游 950 m，桥轴线向下游 1 950 m。

图 5.1-10　工程前后桥区表面流场照片对比(40 000 m³/s)

表 5.1-5　建桥前桥区河段断面垂线平均流速最大值

距桥位距离(m)	平均流速											
	22 600 m³/s 流量		40 000 m³/s 流量		62 500 m³/s 流量		75 300 m³/s 流量		77 700 m³/s 流量		83 700 m³/s 流量	
	最大值(m/s)	位置(m)	最大值(m/s)	位置(m)	最大值(m/s)	位置(m)	最大值(m/s)	位置(m)	最大值(m/s)	位置(m)	最大值(m/s)	位置(m)
1 200	1.20	1 100	1.47	1 100	1.91	1 100	2.13	1 100	2.16	1 100	2.27	1 100
1 000	1.11	1 300	1.37	1 300	1.79	1 200	1.99	1 200	2.01	1 300	2.11	1 300
800	1.09	1 300	1.35	1 300	1.77	1 300	1.97	1 200	2.01	1 200	2.10	1 200
600	1.10	1 500	1.34	1 500	1.77	1 200	1.95	1 200	1.99	1 100	2.16	100
400	1.11	1 300	1.37	1 300	1.86	1 200	1.99	1 300	2.15	1 300	2.20	1 300
200	1.04	1 300	1.36	1 300	1.80	1 200	2.01	1 200	2.07	1 200	2.16	1 200
轴线	1.12	1 500	1.34	1 500	1.80	1 400	1.99	1 300	2.04	1 200	2.14	1 200
−200	1.04	1 400	1.30	1 300	2.83	1 300	2.10	1 300	2.15	1 300	2.20	1 200
−400	1.09	1 400	1.52	1 300	1.82	1 300	2.01	1 300	2.07	1 300	2.19	1 200
−600	1.07	1 500	1.57	1 300	1.89	1 300	2.07	1 300	2.09	1 300	2.15	1 200
−800	1.17	1 400	1.67	1 400	1.82	1 300	2.01	1 200	2.06	1 200	2.17	1 100
−3 000	1.02	1 500	1.34	1 400	1.93	900	2.13	800	2.25	800	2.37	700

注：表中位置为右岸大堤内侧至该点距离。

表 5.1-6 建桥前、后桥区河段断面垂线平均流速最大变幅

距桥位距离(m)	平均流速最大变幅(m/s)					
	22 600 m^3/s 流量	40 000 m^3/s 流量	62 500 m^3/s 流量	75 300 m^3/s 流量	77 700 m^3/s 流量	83 700 m^3/s 流量
1 200	0.00	0.00	0.00	0.00	0.00	0.00
1 000	0.00	0.00	0.00	0.00	0.00	0.00
800	0.00	0.0	0.00	0.00	0.00	−0.02
600	0.00	0.00	0.00	−0.02	−0.02	−0.03
400	0.00	−0.02	−0.02	−0.03	−0.03	−0.04
200	−0.02	−0.02	−0.03	−0.03	−0.04	−0.04
轴线	0.02	0.03	0.04	0.05	0.05	0.05
−200	0.02	0.03	0.03	0.04	0.04	0.04
−400	0.00	0.02	0.02	0.03	0.03	0.04
−600	0.00	0.01	0.02	0.03	0.03	0.03
−800	0.00	0.00	0.00	0.02	0.02	0.03
−1 600	0.00	0.00	0.00	0.00	0.00	0.02
−2000	0.00	0.00	0.00	0.00	0.00	0.00

(2) 表面流速变化

①建桥前、后表面流速变化与垂线平均流速变化趋势一致，建桥前后桥区河段表面流速均随着流量的增大而增大，75 300 m^3/s 以上流量表面流速增幅放缓，建桥前桥区河段(上游 800 m—下游 1 600 m)最大表面流速出现在 300 年一遇洪水流量条件下。

②建桥前、后桥区河段主流位置及表面流速分布均没有变化。

③建桥后表面流速大小除桥墩附近变化明显外其他区域变化不大明显，中洪水桥轴线上游局部区域表面流速略有减小，下游局部区域表面流速略有增加；其中建桥前桥轴线上游 1 600 m 范围内最大表面流速为 2.10～2.27 m/s，桥轴线下游 1 600 m 范围内最大表面流速为 2.20～2.40 m/s，建桥后桥轴线上游 1 600 m 范围内最大表面流速为 2.07～2.25 m/s，桥轴线下游 800 m 范围内最大表面流速为 2.25～2.43 m/s。

④建桥对枯水期桥区河段表面流速无影响，中水期影响较小，洪水期影响略大；桥轴线上游影响范围小，下游影响范围大，影响区域主要位于左右主墩上下游及内侧，由于右侧桥墩上游存在矶头，右侧主墩区域在 62 500 m^3/s 以下流量时处于较低流速区，左侧主墩影响范围明显大于右侧主墩(图 5.1-11)。其中 40 000 m^3/s 流量条件下，左侧主墩上游影响范围约为 400 m，下游

影响范围约为 1 220 m；75 300 m^3/s 流量条件下，上游影响范围约为 800 m，下游影响范围约为 1 700 m；83 700 m^3/s 流量条件下，上游影响范围约为 1 050 m，下游影响范围约为 2 350 m（图 5.1-12）。

(1)

(2)

(3)

图 5.1-11　桥轴线附近局部流场照片

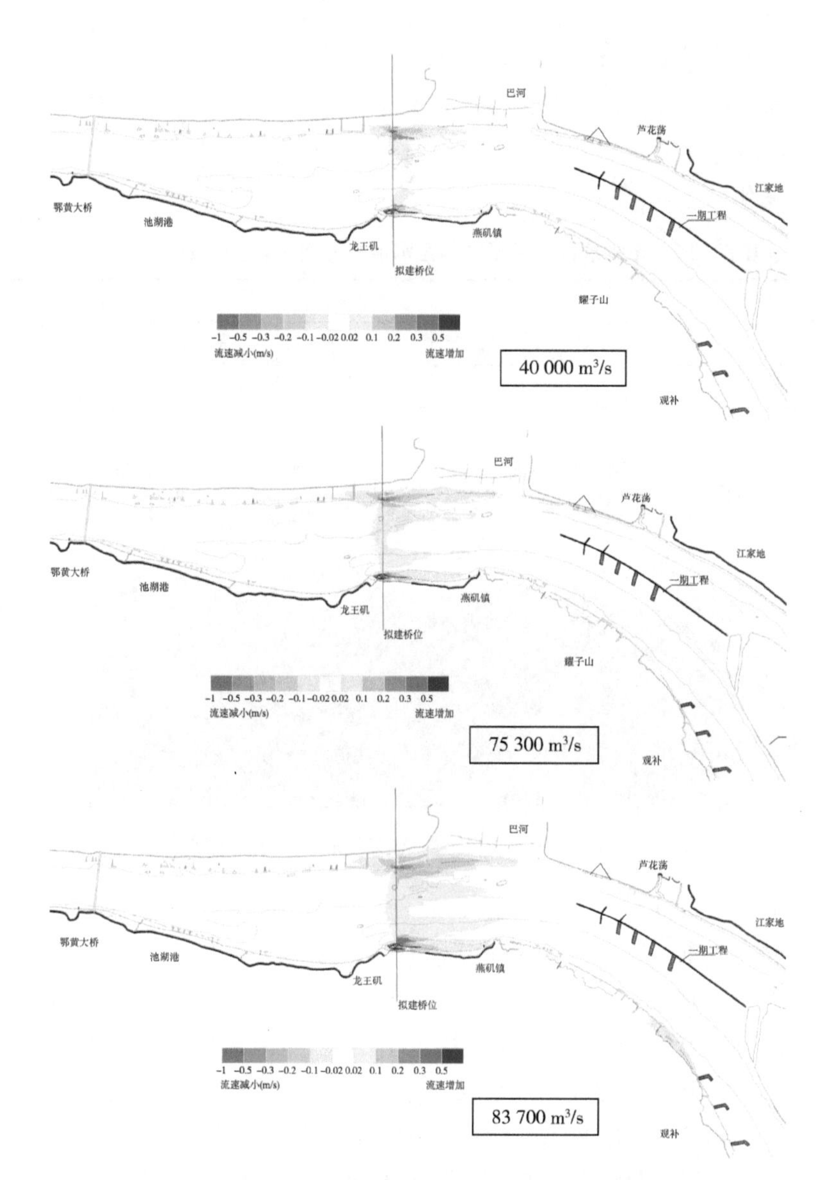

图 5.1-12 桥轴线附近建桥前后表面流速相对变化图

5.1.6.2 建桥前长系列年泥沙模型试验

泥沙模型在 2018 年 3 月地形上开展了现状条件下长系列年泥沙模型试验，系列年为 2012—2016 年连续 5 个水文年＋2012—2016 年连续 5 个水文年共 10 年系列。

(1) 汊道分流比的变化

无桥条件下,在同一流量下(流量为 11 900 m³/s),直水道分流比略有增加,至第 10 年末直水道枯水分流比增加约 0.35%,中洪水流量下的两汊分流比没有变化。

表 5.1-7　无桥条件下长系列年直水道分流变化表(Q=11 900 m³/s)

项目	试验历时				
	至第 1 年末	至第 2 年末	至第 3 年末	至第 5 年末	至第 10 年末
分流比(%)	0.4	0.3	0.5	0.2	0.35

图 5.1-13　无桥条件下系列水文年后桥区河段地形照片

(2) 地形冲淤变化

无桥长系列年试验中桥区河段整体河势、滩槽格局没有大的变化。从滩槽变化来看,河段年内滩槽局部有所调整,总体表现为冲淤交替,且调整幅度不大,相应的桥区位置及地形调整幅度也不大,年内地形冲淤基本平衡。至第 10 年末,桥断面上游池湖港心滩相对较稳定,池湖港心滩整体淤积,最大淤积达 2 m,心滩左缘沿主流一侧出现冲刷,航道整治工程基础上左侧滩体 0 m 线趋于顺直,滩体完整性增强,龙王矶头部深坑附近表现淤积,幅度 1 m 以内;桥轴线附近河道冲淤交替,整体变化不大,其中断面偏河道左岸侧冲刷,正对新洲洲头上沿部分区域出现淤积,断面右侧冲淤交替;桥轴线下游巴河通天槽有所冲刷,幅度 1 m 左右,下游戴家洲洲头上延区淤积,戴家洲右汊直港进口浅区冲刷幅度为 0.5~2.5 m;直水道中段心滩有所冲刷下移。

(3) 航道条件变化

当河段出现中小水年,由于年内汛期来沙少、中小流量持续时间长,对桥区航道发展相对有利，桥区 4.5 m、6.0 m 线贯通，宽度均在 110 m 以上；当河段出现大水大沙年后，巴河通天槽均以淤积为主，影响航道畅通，巴河水道往直港进口过渡段航道 6.0 m 线虽贯通，但不满 110 m。

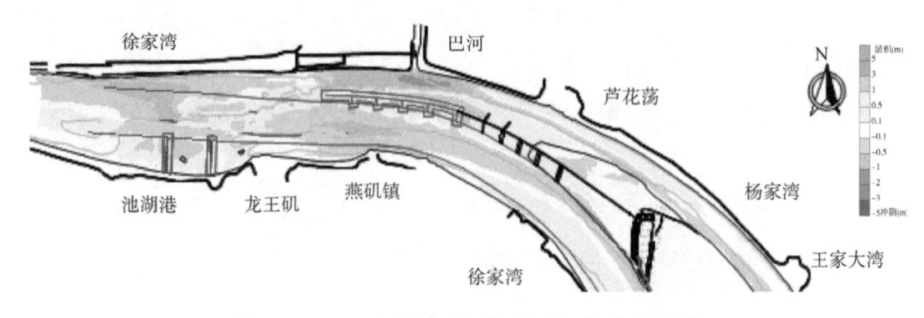

图 5.1-14 无桥条件下系列年末冲淤图片

5.1.6.3 建桥后泥沙模型试验成果

泥沙模型以 2018 年 3 月地形为初始地形，采用 10 年平常水沙系列年、大洪水系列年两个水沙过程分别进行无桥试验和有桥试验，通过建桥前后河段平面冲淤变化和典型断面横向冲淤相对变化对比，分析研究平常、大洪水条件下拟建大桥附近河段的河床冲淤变化、桥位附近河床的普遍冲刷和局部冲刷情况。

5.1.6.3.1 长系列年(10 年)冲淤试验(相对冲淤)

(1) 建桥前、后河床平面冲淤变化

桥区河段滩槽稳定，总体表现为有冲有淤；上游池湖港心滩中下部淤积，最大淤积 1.0～2.0 m，心滩左缘冲刷；巴河通天槽过渡段浅区则有所冲刷，拟建桥位段冲淤主要发生在低滩和深槽，最大冲刷位于右侧，幅度约 0.3～2.0 m，中右侧冲淤交替。戴家洲直港有所冲刷，进口冲刷深度略大，约 0.5～2.0 m，汊内冲刷幅度不大。圆港内有冲有淤，深槽内有所淤积，淤积幅度约为 1.0～3.0 m。

桥梁建成后桥区河段总体冲淤态势与建桥前一致，建桥对河势没有影响，建桥仅对桥位附近尤其是左右主桥墩上、下游一定范围内冲淤有所影响。

①右主墩上游池湖港心滩 800 m 范围内有相对淤积，淤积幅度约0.2～1.0 m；墩后在桥墩掩护下存在带状淤积，范围 1 400 m 左右；墩左侧深槽相对冲刷，幅度约为 0.5～2.0 m。

②左主墩上游 600 m 范围内存在零星淤积，相对淤积幅度在 0.5 m 以内，

桥梁上游近桥墩处相对明显冲刷，墩下游左后方 1 500 m 范围存在带状淤积；墩下游右后方岸坡边缘低滩范围内相对冲刷，相对冲刷深度约为 0.5～3.1 m。

③由于左右两侧主墩均位于岸坡边缘，故主墩河道内侧坡角存在明显冲刷，左主墩内侧冲刷大于右主墩。

④建桥对桥区河段其他区域河床冲淤影响较小，建桥后下游戴家洲洲头低滩及两汊进口变化不大。

建桥前、后桥区河段冲淤仅限于主墩上下游及主墩边缘河道内侧河床，整个桥区滩槽位置未发生明显改变，河势保持稳定。

图 5.1-15　10 年平常水沙系列年末桥区河段相对冲淤照片

(2) 建桥前后断面冲淤变化

①桥位上游断面表现为两侧微淤，池湖港心滩左缘以冲刷为主，幅度不大，河道中间变化不大。②桥址断面平面形态基本稳定，左右主墩所在岸坡内侧低滩附近冲刷明显；桥轴线断面河道中间冲淤交替，以冲为主。③桥位下游断面呈现两侧岸坡上淤积、坡脚冲刷，河道主槽边缘冲刷，主槽整体变化不大。

10 年平常系列水沙条件下，桥位附近断面局部(桥墩附近)略有冲淤变化，断面形态变化不大，深泓位置稳定。

(3) 等深线变化

建桥前后 0 m 线变化不大，桥轴线左、右两侧 0 m 线展宽最大幅度不超过 25 m；左侧上游近桥轴线 200 m 段略有冲刷展宽，200 m 以上段略有淤积，幅度较小；右侧桥轴线上游池湖港心滩 1＃护滩带下游 0 m 线淤积为主，桥轴线周围及下游 0 m 线冲刷展宽，最大 30 m。

两岸侧桥轴线上游100 m以上区域6.0 m线变化不大，桥轴线及下游两岸侧6.0 m线均有所冲刷展宽，左侧最大展宽幅度约40 m，右侧约25 m。

5.1.6.3.2 洪水系列年冲淤试验(相对冲淤)

(1) 建桥前后河床冲淤变化

大洪水水沙条件下拟建大桥对河床影响与平常水沙年基本一致，但幅度明显大于平常水文年，主要表现在桥址断面及桥墩附近上下游一定局部范围区域，桥址上下游随着距桥轴线距离增大工程影响力度逐渐减弱，河床冲淤变幅逐渐减小。

①桥轴线主要是两侧桥墩上游1.2 km范围内存在一定淤积，相对淤积幅度约0.1～3.0 m，其中右墩上段池湖港的尾部以淤积为主，左墩上游冲淤交替，出现条状淤积；②桥轴线下游近桥墩掩护区2 km范围内出现带状的淤积，幅度1.0～3.5 m；③桥区桥墩临河侧坡脚河床相对冲刷，左右侧相对冲刷深度最大分别达4.3 m、2.7 m；④桥轴线河段主槽边缘冲刷明显，主槽中间冲刷幅度不超过0.5 m，戴家洲洲头河段整体变化不明显。

大洪水系列水沙条件下，建桥后河床冲淤与无桥条件下整体冲淤特征基本一致，建桥对桥区河段上、下游一定范围内冲淤有所影响，对河势无明显影响。

(2) 建桥前后桥区断面冲淤变化

大洪水系列水沙条件下，桥位上游400 m断面以淤积为主，河槽左、右两侧淤积稍大，左侧航槽边缘低滩存在轻微冲刷，变化幅度0～0.5 m。桥址附近断面平面形态基本稳定，桥墩附近以冲刷为主，主跨中间河床小幅冲刷；桥位下游400 m断面左岸滩缘冲刷为主冲刷，但位于滩缘主墩后淤积，主航槽边缘冲深；右侧滩缘与左侧基本一致。

大洪水系列水沙条件下泥沙冲淤试验结果表明，桥位附近断面随着来水来沙条件的变化，局部发生一定冲淤，但是断面整体形态保持相对稳定。

(3) 等深线变化

①0 m线变化

左、右两主墩均位于河段两岸岸坡，其中右侧是燕矶矶头影响深泓所经之处，岸线相对稳定，桥轴线及下游最大展宽30 m。左岸0 m线在桥轴线上下游随水沙条件变化存在一定冲淤摆动，年际间变化幅度最大不超过40 m；桥位处0 m槽左右两侧均略有展宽，两侧幅度不超过35 m。

②6.0 m线变化

大洪水系列水沙条件下，建桥前后桥位上下游800～1 500 m区域6.0

图 5.1-16 大洪水水沙系列桥区冲淤照片

m 线略有变化，幅度较平常系列年大，其中桥轴线及其下游所在两岸侧 6.0 m 线冲刷展宽最大幅度分别约为 50 m、40 m，左墩上游变化不大，右墩上游 6.0 m 线局部略有缩窄，缩窄不超过 15 m；戴家洲洲头低滩上延区域 6.0 m 线在桥轴线区域冲刷缩窄约 100 m。

5.1.6.4 桥墩引起的局部冲刷

推荐桥型方案左、右主墩均位于两侧岸坡中间，中高水期涉水，桥墩附近较强三维水流导致墩周围产生较大局部冲刷，但由于本试验为变态模型，变态模型的岸坡模拟问题目前仍十分困难，因此，在试验过程中仅对桥墩内侧坡脚局部冲刷情况进行了观测(表 5.1-8)。不同水沙条件下，左主墩和右主墩内侧坡脚局部冲刷均较大。其中左主墩位于航槽边缘边坡上，水流动力强，连续大洪水条件下冲刷长约 220 m，宽 55 m，冲刷呈不对称分布，墩位近岸侧最大冲深约为 11.3 m；右主墩位于位于龙王矶和池湖港心滩下游，流速略缓，大洪水系列水文条件下冲刷稍小，最大冲深约 9.9 m。

左右主墩均位于深槽边缘岸坡上，主墩周围河床局部冲淤对于两岸边坡的稳定将会产生明显不利影响，建议加强墩周围边坡防护。

表 5.1-8 左主墩和右主墩局部冲刷坑尺寸

(单位：m)

典型年	左主墩		右主墩	
	冲刷深度	冲刷范围(长×宽)	冲刷深度	冲刷范围(长×宽)
三峡蓄水后 10 年水沙系列	8.1	175×45	7.5	125×30
100 年+300 年	11.3	220×55	9.8	170×35

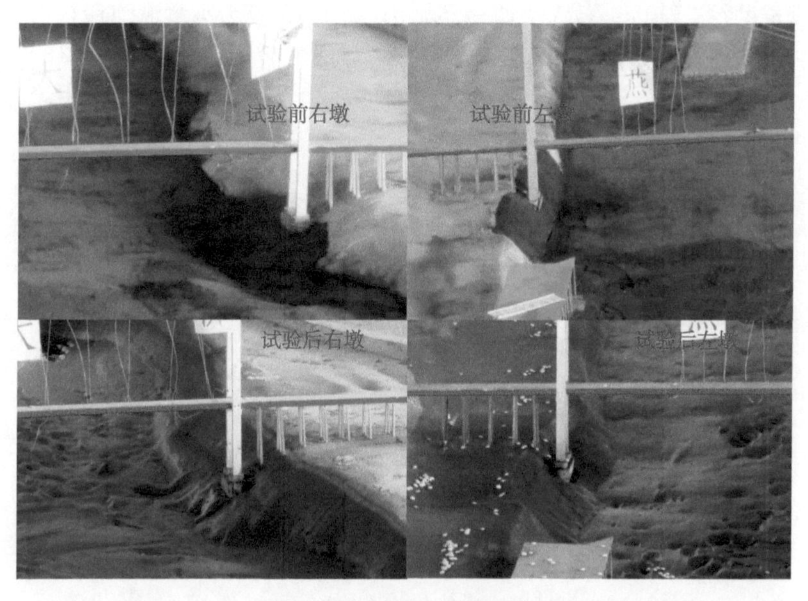

图 5.1-17　桥墩内侧坡脚局部冲刷图片(系列水文年)

图 5.1-18　桥墩内侧坡脚局部冲刷图片(大洪水年)

5.2　马鞍山长江公铁大桥营运期模型试验研究

5.2.1　桥区河段概况

马鞍山河段位于安徽省马鞍山市境内，上起东梁山，下迄慈姆山(猫子山)，全长约 33 km，为顺直分汊河型(图 5.2-1)。马鞍山河段与新生洲—新济洲河段又称为江心洲—乌江河段，其中东西梁山—人头矶段为江心洲河段

(河段长度约 25.0 km),人头矶—慈姆山(猫子山)段为小黄洲河段(河段长度约 8.0 km)。江心洲河段的上游为芜裕河段,下游为小黄洲河段,均为分汊河段。

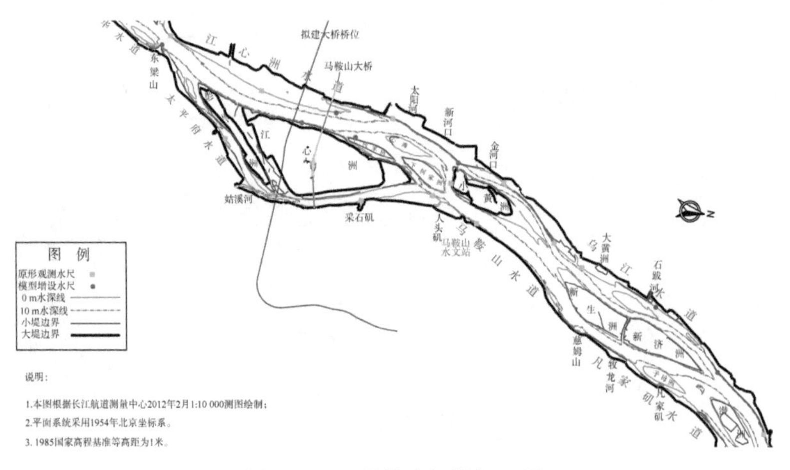

图 5.2-1　马鞍山河段概况图

拟建桥梁位于江心洲河段,平面形态呈两头窄、中间宽顺直分汊状。上端东、西梁山之间河宽 1.1 km,自东、西梁山往下河道骤然展宽,中部江心洲展宽达 8 km,下端人头矶江宽又收缩至 3.8 km。江中有彭兴洲和江心洲将河道分成左、右两汊,其中江心洲长度约 21 km,最大宽度约 6 km。江心洲左汊为主汊(即江心洲河段),长约 25 km,宽约 2 km,有牛屯河、姥下河、太阳河等支流汇入。历史上,左汊内主流摆动,两侧滩槽交替变化。右汊为支汊(习称太平府水道),中部弯曲,长约 24.8 km,宽约 0.6 km,有姑溪河、采石河支流汇入。桥区所在河段内主要的洲滩分布如下:

(1) 江心洲

江心洲位于长江主航道江心洲河段东侧,太平府水道西侧,由江心洲、泰兴洲、大兴洲及幸福洲组成,其中江心洲面积最大,统称为江心洲。江心洲洲体呈顺河道的梭形,长度约 14 km,中部最大宽度约 5 km,洲顶面较为平坦,起伏不大,最大高程约 11.0 m,一般高程 5.0 m 至 8.0 m。

(2) 彭兴洲

彭兴洲位于江心洲上游,两洲之间经流一条岔河,洲体呈梭形,最大宽度约 2.0 km,最长约 3.5 km。洲顶面平坦起伏小,一般高程在 6.0 m 至 8.0 m。

(3) 上何家洲

江心洲左缘下游方向，紧挨江心洲处存在一小型洲体，即上何家洲。上何家洲的洲体呈细长梭形，枯水季节洲体长约3.6 km，最宽处0.55 km左右。洲体顶面平坦微起伏，地面高程5.5～8.0 m。

(4) 下何家洲

下何家洲位于上何家洲的下游、小黄洲上游。洲头位于江心洲与江心洲心滩之间，洲尾距江心洲洲尾约2 km。洲体顶面平坦微起伏，地面高程多为5.5～7.7 m。

(5) 江心洲心滩

江心洲心滩位于上何家洲与长江主航道之间，洲体平面呈梭形分布，枯水季节洲体长约2.5 km，最宽处约0.7 km。洲体顶面平坦，地面高程多为5.5～7.0 m。

5.2.2 工程附近主要涉水工程

5.2.2.1 航道整治工程及效果

(1) 江心洲至乌江河段航道整治一期工程

2009年9月—2011年5月长江航道局对江心洲至乌江河段航道进行整治，实施了江心洲至乌江段航道整治一期工程，一期工程整治建筑物包括牛屯河边滩护滩带工程、江心洲洲头及彭兴洲洲头护岸工程。

牛屯河边滩护滩带工程：自上而下布置3条护滩带，其中L1＃护滩带直线段长1 260.10 m，勾头段长164.2 m；L2＃护滩带直线段长1 152.16 m，勾头段长150.0 m；L3＃护滩带直线段长1 265.07 m；3条护滩带宽度均为100 m。为加强对边滩上窜沟的控制，防止其进一步发展，在护滩带通过的窜沟部位抛筑锁坝，锁坝坝顶宽度为3 m，顶高程为设计最低通航水位上2.5 m，上边坡采用1∶1.5，下边坡采用1∶2。

江心洲洲头及彭兴洲洲头护岸工程：在彭兴洲洲头及其左缘实施护岸工程，护岸总长度为3 668 m；在江心洲洲头及其左缘实施护岸工程，护岸长度为884 m。

效果分析：通过工程措施稳定了牛屯河边滩，守护了彭兴洲洲头及其左缘和江心洲洲头及其左缘，防止江心洲水道向不利方向发展。工程实施后，航道尺度满足6.5 m×200 m×1 050 m，保证率为98%。

（2）江心洲河段航道整治工程

江心洲河段航道整治工程于2016—2017年实施。工程主要包括上何家洲低滩布置3条护底带、上何家洲护岸、江心洲心滩头部护岸、彭兴洲—江心洲左缘护岸加固、太阳河口护岸加固。

上何家洲护底带工程：在上何家洲低滩布置3条护底带，各护底带长度（包括勾头部分）分别为263 m、335 m和582 m；各护底带宽度均为120 m，护底带由系混凝土块D形软体排＋排上抛石（厚度0.8～1.0 m）组成，在护底带轴线脊抛筑一宽10 m压载块石棱体，厚度2.0 m。

上何家洲护岸工程：上何家洲护岸长1 700 m，上何家洲护岸排上抛石1.0 m厚，排体边缘内15 m—外5 m范围，抛石1.5 m厚。

心滩头部护岸：心滩头部护岸长1 525 m，护底采用D形排（双加筋条），护底排边缘延伸至水下岸坡的缓坡部位，宽度在113～390 m，排上满抛石1.2 m厚，在护底排体边缘设40 m宽（20 m排上，20 m排外）的防冲石，0＋000—0＋325段抛石厚1.5 m，其余厚2.0 m。

彭兴洲—江心洲护岸和太阳河口护岸加固：彭兴洲—江心洲左缘护岸加固长度4 270 m，太阳河口护岸加固长度3 100 m。

效果分析：工程实施后进一步稳定了马鞍山河段的洲滩格局，遏制滩槽形态的不利变化，巩固已实施工程效果；工程实施后，航道尺度满足7.5 m×200 m×1 050 m，保证率98%，航道边界进一步稳定。

（3）江心洲至乌江河段航道整治二期工程

为充分发挥长江黄金水道的航运功能，确保实现“十三五”长江干线建设规划，应对船舶大型化趋势、适应地方经济发展的需要，防止航道条件向不利方向发展、解决水道安全隐患，巩固已建整治工程效果、进一步提升航道尺度、并最终实现江乌河段总体整治目标，该河段在2019年12月至2022年11月实施了长江下游江心洲至乌江河段航道整治二期工程。

根据长江下游江心洲至乌江河段航道整治二期工程可行性研究阶段推荐方案，工程主要由以下几个部分组成。

上何家洲护底带加高工程：对上何家洲已建3条护底带棱体进行加高，加高厚度5 m，1＃、2＃、3＃护底带加高后长度分别为351 m、424 m和671 m，宽度为180 m。

江心洲心滩滩头守护工程：在江心洲心滩滩头布置一纵一横2条护底带，其中1＃护底带（纵向护底带）长857 m，2＃护底带（横向护底带）长362 m，护底带宽度均为 140 m。1＃、2＃护底带棱体长度分别为 717 m、272 m，其中 1＃护底带棱体自头部向心滩侧 273 m 范围厚度为 5 m，自根部向头部 217 m 范围厚度 3 m，中间平顺过渡。2＃护底带棱体厚度 3 m。对心滩右缘岸坡崩窝进行处理。

下何家洲高滩守护工程：在下何家洲洲头及右缘布置护岸工程，主体段长约 2 016 m，两端部各设置 100 m 长过渡段。先利用疏浚弃土对下何家洲洲头及左右缘受冲刷后退的区域进行恢复抬高，然后实施高滩守护工程。

小黄洲洲头过渡段疏浚工程：疏浚范围为小黄洲过渡段右侧心滩滩尾以及部分航槽，小黄洲过渡段疏浚区域的长度 2 694 m，面积为 0.42 km^2，疏浚底高程为设计水位下 10.5 m。

根据江心洲至乌江河段的河床演变特点、碍航特性和水运发展需求，本工程的整治目标为：通过完善洲滩守护、适当调整局部滩槽形态，遏制不利变化，改善航道条件，实现规划目标。

本期航道整治工程的建设规模和建设标准为：航道尺度为 10.5 m×200 m×1 050 m，保证率为 98％；通航代表船型(队)为通航 2 万～4 万吨级船队和 1 万吨级海船。

5.2.2.2 水利工程及水利设施

(1) 河段已建水利工程概况

江心洲河段上承芜湖西华水道，下接马鞍山水道和乌江、凡家矶水道，上下河段分别有东、西梁山一对节点和慈姆山、骚狗山和下三山 3 个单向控制节点，全长 23.5 km，为两端束窄、中间展宽的顺直分汊型河段。河道左岸驻马河以西属安徽和县管辖，以东属南京江浦县(今南京浦口区)管辖。沿江筑有和县江堤(二级堤防)及江浦江堤(二级堤防)，沿堤建有牛屯河新桥闸、姥下河闸、郑蒲闸、太阳河闸、马弯闸、金河口闸、石跋河闸、乌江闸。右岸横埂头(芜湖江堤 17＋523)以上属芜湖市，横埂头以下至丽山为当涂县、马鞍山市管辖，丽山以下为南京江宁县(今南京江宁区)管辖。沿江有芜当江堤(二级堤防)、陈焦圩江堤(三级堤防)、马鞍山市江堤(二级堤防)及江宁县江堤(二级堤防)，沿堤建有双摆渡闸、三马场闸、襄城河闸、乙字河闸、采石闸、雨山湖泵站、联农斗门。

2000 年以前，江心洲河段的护岸工程主要位于左岸郑蒲圩、新河口，江中小黄洲、七坝，右岸恒兴洲、腰坦池等河岸段。2000 年以后，又对郑蒲段、新河口—王丰沟、大荣圩、大黄洲、东梁山下、腰坦池、长沟头、恒兴洲、小黄洲头左右两侧及新济洲尾段右侧等重点河岸段进行了守护，新护和加固护岸总长近20 km，总投资约1.5亿元。

(2) 马鞍山河段二期工程布置及方案

长江马鞍山河段二期整治工程可行性研究报告于2018年2月得到国家发改委批复，工程于2021年8月完工。该整治工程范围为长江干流陈家洲汊道段中部的四褐山至马鞍山河段尾，全长约42 km，工程建设内容包括新建12.7 km护岸工程，加固17.9 km护岸工程，在小黄洲左汊口门新建长900 m的护底工程。

表5.2-1 江心洲河段已建护岸工程统计表

位置	名称	时间	工程量	经费（万元）
左岸	和县江堤西梁山护岸	1965—1979	长2 410 m，石方量3.41×10^4 m^3	68.3
	和县江堤郑蒲圩护岸	1981—1998	长7 450 m，护坎3 410 m，石方量68.9×10^4 m^3	2 793.73
	和县江堤新河口护岸	1971—1979	长5 600 m，石方量51.88×10^4 m^3	519.8
	和县江堤大荣圩护岸	1969—2000	长2 650 m，护坎100 m，石方量10.87×10^4 m^3	277.6
	江浦县江堤七坝护岸	1983—1993	新建护岸3 960 m，加固护岸6 272.5 m，石方量27.4×10^4 m^3	1 278.5
	无为大堤黄山寺护岸	1990—2002	长3 200 m	
	长江重要堤防隐蔽工程郑蒲圩—新河口	1999	护岸加固四段：8 000 m	
	长江重要堤防隐蔽工程小黄洲左汊	1999	进口护底工程，长300 m	
	长江重要堤防隐蔽工程小黄洲左缘护岸	1999	长1 033 m	
	长江重要堤防隐蔽工程大黄洲护岸	1999	长1 300 m	

续表

位置	名称	时间	工程量	经费（万元）
右岸	芜当江堤东梁山下护岸	1997—2000	长 1 890 m，石方 3.33×10^4 m^3，沉树 0.3 万组	221.41
	芜当江堤腰坦池、长沟头护岸	1975—1999	长 10 373 m，护坎 4 630 m，石方 25.4×10^4 m^3	412.02
	马鞍山恒兴洲护岸	1955—1985	长 3 600 m，石方 70.47×10^4 m^3，沉树 8.07 万组	935.1
	马鞍山小黄洲护岸	1969—2000	护长 13 569 m，石方量 83.16×10^4 m^3	1 947.02
	彭心洲洲头及左缘护岸	2009—2010	长 1 180 m	
	彭太圩二村队护岸	2010—2011	长 1 300 m	
	长江重要堤防隐蔽工程陈焦圩	1999	护岸加固，长 1 200 m	
	长江重要堤防隐蔽工程小黄洲洲头及右缘	1999	护岸加固，长 2 800 m	
	长江重要堤防隐蔽工程人工码头至电厂	1999	护岸加固，长 1 500 m	
	长江重要堤防隐蔽工程小黄洲洲尾右缘村口段	1999	水上护坡，长 1 010 m	
	小黄洲洲尾右缘护岸	1998—2002	长 2 000 m	

5.2.2.3 港口岸线

5.2.2.3.1 港口岸线现状

拟建过江通道工程所处河段江心洲水道两岸分布有马鞍山港郑蒲港区和江心洲港区，太平府水道内分布有太平府港区。

马鞍山港地处“芜（湖）马（鞍山）铜（陵）”皖江经济带，紧邻南京，临江近海，紧靠经济发达的长江三角洲地区，区位优势明显，是全国内河主要港口和一类开放口岸。

2011 年行政区划调整前，工程河段长江岸线分别属于马鞍山港和巢湖港，原《马鞍山港口总体规划》将马鞍山长江岸线划分为慈湖港区、中心港区、人头矶港区、采石矶港区、太平府港区、江心洲港区和姑溪河港区，长江支流没有进行港口规划；原《巢湖港总体规划》将和县和含山境内的码头分别划分为一个港区，即和县港区和含山港区。

到 2015 年底，马鞍山港共有生产性泊位 142 个，其中：5 000 吨级(含)以上泊位 18 个，3 000(含)～5 000 吨级泊位 21 个，1 000(含)～3 000 吨级泊位 31 个，500(含)～1 000 吨级泊位 34 个，500 吨级以下泊位 38 个。泊位总延长 9 731 m，设计年通过能力为：散货及件杂货 8 142 万 t，集装箱 24 万 TEU。共有 8 个加油泊位，其中 5 000 吨级 3 个，3 000 吨级 3 个，300 吨级 2 个，泊位总延长 612 m；共有 16 个修造船厂，占用岸线长约 4 705 m。

2011 年 8 月，和县、含山并入马鞍山，马鞍山港进入了拥江发展的新时期，与此同时，国家继续加大对皖江深水航道的建设力度。依托长江深水航道的优势和行政区划调整带来的发展空间，马鞍山港积极推进北岸郑蒲港的建设，2013 年 3 月 21 日，马鞍山市人民政府办公室印发《打造江海联运枢纽中心工作方案》，依托郑蒲港区、中心港区 2 个区域打造物流核心区，推动建设马鞍山江海联运枢纽中心。

按照原马鞍山港、巢湖港港区划分情况，行政区划调整后，马鞍山港共有 9 个港区，主要包括慈湖港区、中心港区、人头矶港区、采石矶港区、太平府港区、江心洲港区、姑溪河港区、和县港区、含山港区。

和县港区有生产性泊位 39 个，其中，5 000(含)吨级以上泊位 3 个，3 000(含)～5 000 吨级泊位 2 个，500(含)～1 000 吨级泊位 13 个，500 吨级以下泊位 21 个；高桩码头 8 个，重力式码头 28 个，浮码头 3 个；公用泊位 34 个，非公用泊位 5 个。港区码头以煤炭、矿建材料、水泥等散货运输为主。主要分布企业为安徽金固港口有限公司、和县贵财建材厂等。在长江宝红庄、何家洲沿线分布有 2 个 5 000 吨级、2 个 3 000 吨级的加油泊位，在运漕镇裕溪河沿线建有 1 个 300 吨级的加油泊位，泊位总延长 312 m。在长江西梁山、牛屯河口上游等地分布有 3 处造船厂，占用岸线约 1 140 m。

江心洲港区有临时生产性泊位 1 个，泊位总延长 132 m，泊位等级 800 吨级，非公用泊位。

5.2.2.3.2　郑蒲港作业区现状与规划

马鞍山港郑蒲港区位于长江左岸马鞍山长江公路大桥下游 750 m 与得胜河口上游 1 800 m 之间，受上游影响近期变化明显。一期码头工程泊位长度 468 m，包括 1 个 5 000 吨级集装箱泊位和 2 个 5 000 吨级件杂货泊位(预留改造为集装箱泊位的条件)，码头水工结构兼顾20 000吨级船舶停靠，年通过能力为15万标准箱、130万吨件杂货，已于2014年12月26日开港运营。自2014年郑蒲港营运以来，原位于码头前沿水域的牛屯河边滩随时间逐步淤积下延，目前牛屯河边滩尾部已越过太阳河河口。

郑蒲作业区港口岸线长6 650 m(不包含姥下河水厂一级保护区、太阳河河口、新河口口门、规划九华山路过江隧道预留安全距离)，规划以集装箱、件杂货、散货、石化产品运输为主。规划自上而下形成件杂货泊位区、集装箱泊位区、件杂货泊位区、散货泊位区、石化泊位区。马鞍山长江公路大桥下游2 200 m与太阳河河口之间为件杂货泊位区，港口岸线长1 550 m，规划布置11个5 000吨级泊位(兼顾2万吨级)；太阳河河口与新河口之间为集装箱和件杂货泊位区，港口岸线长2 500 m，规划布置4个2万吨级集装箱泊位，8个2万吨级件杂货泊位；新河口与得胜河河口上游1 800 m之间为散货泊位区和石化泊位区，港口岸线长2 350 m，自上游到下游依次布置6个2万吨级(兼顾3万吨级)的散货泊位和4个1万～2万吨级的石油化工泊位。太阳河河口、新河口等河口内的岸线需经过必要的建港适宜性分析和论证后才可利用。规划在马鞍山长江公路大桥下游750 m处，根据需要布置支持保障系统泊位。

5.2.3 拟建桥梁布置方案

巢湖—马鞍山快速铁路线路自商合杭铁路巢湖东站引出，经含山县，向东后上跨宁芜高速公路后考虑在郑蒲新区设马鞍山西站方案，后在江心洲跨长江，经当涂县，向北接入宁安铁路，线路全长约75 km。其中过江通道拟采取公铁合建，推荐江心洲姑孰过江桥位，马鞍山公铁大桥按铁路双线＋双向六车道城市快速路标准建设。整个公铁合建桥位自北侧和县岸侧起，跨越长江左汊主航道，通过江心洲，再跨越长江右汊副航道，至南边当涂县岸侧止，公铁合建段总长约8.6 km。根据前期研究比选确定推荐的桥式方案，具体说明如下。

(1) 跨长江江心洲左汊公铁合建主桥方案

跨长江左汊公铁合建主桥采用三塔斜拉桥设计方案：140 m＋364 m＋1 120 m＋1 120 m＋364 m＋140 m，主跨2×1 120 m；其中左汊南主墩基础位于江心洲子堤边缘，中主墩位于深槽附近，北主墩位于牛屯河边滩高滩(图5.2-2)。

斜拉索采用镀锌平行钢丝斜拉索。主塔为混凝土结构，水中主塔基础采用桩基础，江心洲侧主塔基础采用钻孔桩基础。通航净空高度为 32 m。

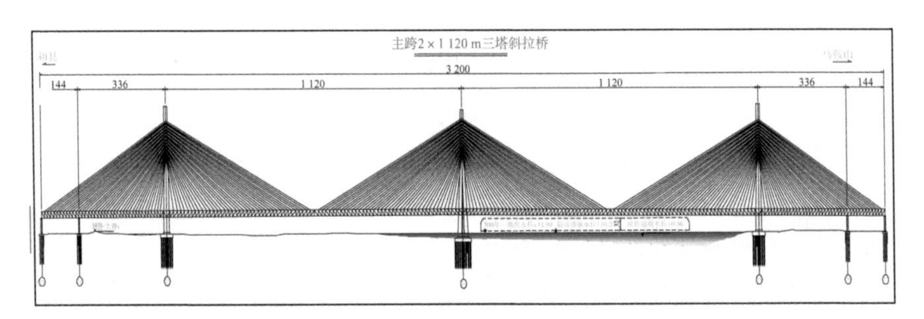

图 5.2-2　左汊公铁合建主桥设计方案桥式布置图(单位:m)

(2) 跨长江江心洲右汊主桥方案

线路跨越长江右汊采用跨度布置为(58 m＋168 m＋392 m＋168 m＋58 m)的公铁合建五跨连续钢桁梁斜拉桥。主梁采用钢桁梁，N 形桁架(图 5.2-3)。斜拉索采用镀锌平行钢丝斜拉索。主塔为混凝土结构。基础均采用钻孔桩基础，钻孔桩基础承台的平面为哑铃形。

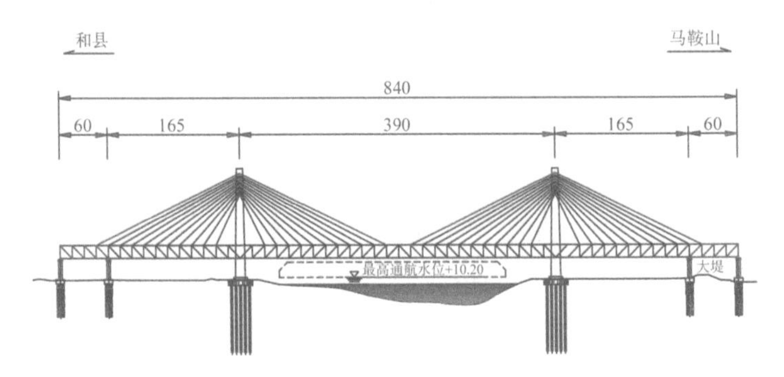

图 5.2-3　跨江心洲右汊钢桁桥立面布置图(单位:m)

5.2.4　模拟与试验条件

5.2.4.1　水流模型试验水文条件

根据试验的任务和要求，水流模型试验水文条件选择 300 年一遇(P＝0.33%)流量、100 年一遇(P＝1%)流量、20 年一遇(P＝5%)流量、接近设计防洪流量、造床流量、多年平均流量等六组(表 5.2-2)。

表 5.2-2 水流模型试验水文条件表

组次	试验流量(m^3/s)（大通站）	标准	尾门水位（国家85高程）
1	105 000	300 年一遇(P=0.33%)流量	10.6 m
2	94 400	100 年一遇(P=1%)流量	10.1 m
3	82 700	20 年一遇(P=5%)流量	9.23 m
4	71 600	接近防洪设计流量	8.62 m
5	45 000	造床(平滩)流量	6.34 m
6	28 500	三峡蓄水后多年平均流量	4.80 m

5.2.4.2 泥沙模型试验水文条件

针对研究河段来水来沙特点，考虑三峡水库的影响、类似桥梁试验条件确定方法，从工程安全角度出发，提出水沙条件的确定方法。本次模型中选择 2010—2012 年作为平常条件下水沙系列年；选择平常条件下水沙系列+100 年一遇和 300 年一遇特大洪水组成的水文系列年作为不利的水文系列年。

(1) 三峡工程蓄水后平常条件下水文系列年选取

三峡工程自 2003 年 6 月蓄水运用以来，其下游河段的来水来沙条件发生了很大的变化，特别是来沙量大幅度减小，这种现象在今后一段时间仍将持续，而三峡工程运用前的来水来沙情况今后可能很难再发生，同时三峡枢纽经历了几个阶段试验性蓄水，自 2009 年开始 175 m 正常蓄水运行，因此，选取 175 m 正常蓄水的 2010—2012 年作为平常水沙系列年组合研究在平常水文年建桥对河段的影响。

从实测水文资料可知：2010 年为大水中沙年，2011 年为小水小沙年，2012 年为大水大沙年，该系列年来水条件涵盖大、小水年，来沙条件包括大、中、小沙年，为常规偏不利的典型系列年，能充分反应建桥后桥区河段现状条件下较不利的冲刷情况。

(2) 100 年一遇与 300 年一遇洪水过程

特大洪水年选 1998 年的理由：三峡工程自蓄水运用以来，至今还未出现比较大的洪水过程。大洪水出现年份距今最近的是 1998 年，该年洪水流量大，历时较长，河床冲淤变形比较大，基本反映了特大洪水年对河床的造床作用。因此 1998 水文年基本能够代表今后可能出现的特大洪水年。

根据桥梁的设计标准，100 年一遇洪水设计、300 年一遇洪水校核，100 年一遇、300 年一遇设计洪水水沙过程根据历史实测的大水年的来水来沙过程确定。本模型选择 1998 年（大水小沙年）按照现状计划分洪条件下计算的 100 年一遇与 300 年一遇洪峰流量进行同倍比放大，作为 100 年一遇与 300 年一遇洪水过程。根据以上分析，选取 2 组水沙系列年组合，如表 5.2-3 所示。

表 5.2-3　泥沙模型试验水沙过程

组合	水文系列年			大洪水年	
	第 1 年	第 2 年	第 3 年	第 4 年	第 5 年
平常系列水沙条件	2010 年	2011 年	2012 年		
特大洪水系列水沙条件	2010 年	2011 年	2012 年	1998 年（洪峰放大至 100 年一遇）	1998 年（洪峰放大至 300 年一遇）

5.2.5　整体冲淤及洲滩适应性关系模拟研究

5.2.5.1　建桥前、后泥沙模型试验成果

大桥修建后将可能对局部河段边界、河道冲淤带来一定影响。泥沙模型以 2017 年 12 月地形为初始地形，采用平常水沙系列年、大洪水系列年两个水沙过程分别进行无桥试验和有桥试验，通过建桥前后河段平面冲淤变化和典型断面横向冲淤变化对比，分析研究平常、大洪水条件下拟建大桥附近河段的河床冲淤变化、桥位附近河床的普遍冲刷和局部冲刷情况。

5.2.5.1.1　平常系列水沙条件冲淤试验（相对冲淤）

1）建桥前后河床冲淤平面分布变化

平常水沙系列条件下，拟建大桥对河床地形变化影响主要位于桥址上下游局部范围，导致左、右两汊桥轴线上游 1.5 km 与下游 3 km 间河床会出现一定冲淤（冲槽淤滩），冲淤幅度约 0.5 m 左右，由于桥墩阻水影响，桥址断面附近流速会增强，冲淤幅度最大；桥址上下游随着工程影响逐渐减弱，河床冲淤变幅逐渐减小。

左汊桥轴线上下游主槽冲刷为主，右岸侧深槽最大冲深达 1.0 m。左汊桥轴线上游牛屯河边滩（低滩）表现相对淤积，淤积幅度约 0.5～0.7 m；牛屯河边滩紧邻桥轴线下游附近区域呈带状冲刷和冲淤交替（墩后淤积，墩间冲刷），桥轴线 400 m 以下牛屯河边滩高滩存在约 0.5 m 幅度淤积，低滩存在小幅冲刷；已建马鞍山大桥桥区及以下区域牛屯河边滩相对冲淤不大；郑蒲港

区域河床未见明显相对冲淤。

江心洲右汊(支)河床冲淤影响主要在桥轴线附近主槽及左侧边滩,对岸线影响较小。位于河道右侧侧边坡上右主墩局部冲刷较为显著。

图5.2-4 平常系列水沙条件桥区冲淤图片

2) 建桥前后断面冲淤变化

建桥前后桥轴线及上、下游400 m断面冲淤形态对比表明:①左汊桥位上游断面表现为左淤右冲,左侧滩面以淤积为主,但幅度不大;②桥址断面平面形态基本稳定,断面纵向冲刷为主,右侧深槽最大冲刷达1.5 m,左主墩附近局部冲刷明显;③桥位下游左岸高滩淤积,滩缘冲刷,主墩下游淤积,右侧深槽冲刷;④右汊(支)桥址及上下游断面整体形态比较稳定,冲淤调整幅度较小,与主汊冲淤趋势基本一致,右主墩上下游边滩冲刷明显。平常系列水沙条件下，桥位附近断面存在一定幅度冲淤变化，但深泓位置稳定、断面形态变化不大。

3）等深线变化

(1) 0 m 线变化

选取 0 m 水深线分析桥址河段岸滩变化(下同)。建桥前后左汊内 0 m 线变化不大，桥位下游 0 m 线以展宽为主，最大幅度为 50 m，上游近桥轴线 400 m 段略有冲刷展宽，400 m 以上段略有淤积，幅度较小。右汊深槽内冲淤交替，0 m 线变化不大，桥位处 0 m 线略有展宽，幅度为 30 m。

(2) 7.5 m 线变化

选取 7.5 m 水深线分析主航槽变化，左汊内 7.5 m 槽宽度较大，建桥前后 7.5 m 槽整体变化不大，局部小幅变动，变动主要位于牛屯河边滩一侧。其中牛屯河边滩低滩桥轴线上游 300 m 以上范围有所淤积，7.5 m 线有所右摆；左侧桥轴线上游 300 m 至已建马鞍山公路大桥段 7.5 m 线有所左摆，7.5 m 线最大展宽 50 m。右汊桥轴线上游 7.5 m 槽总体稳定，7.5 m 线变化最大区域位于桥轴线位置，7.5 m 线展宽约 40 m。

(3) 10.5 m 线变化

选取 10.5 m 水深线分析深槽变化，平常系列水文条件下，桥轴线上游 200 m 以上区域牛屯河边滩侧 10.5 m 线变化不大，桥轴线上游 200 m 至马鞍山公路大桥牛屯河边滩低滩冲刷；桥位上下游江心洲左缘 10.5 m 线均有所冲刷展宽，最大幅度约 10 m。建桥前后，右汊深槽槽宽基本不变，10.5 m 槽尾下挫约 240 m，汊内 10.5 m 槽不贯通。

4）小结

(1) 平常系列水沙条件下，建桥前后江心洲河段滩槽位置未发生明显改变，河势保持稳定。建桥后左、右两汊桥轴线上游 1.5 km 与下游 3.0 km 间河床出现一定相对冲淤，其中左汊桥轴线上游牛屯河边滩低滩淤积幅度约 0.5～0.7 m；牛屯河边滩紧临桥轴线下游区域交替出现带状冲刷和淤积，桥轴线 400 m 以下范围牛屯河边滩高滩出现约 0.5 m 淤积；低滩存在小幅冲刷，左侧深槽最大冲刷达 1.5 m，郑蒲港区域河床未见明显相对冲淤。江心洲右汊河床冲淤影响较小。

(2) 平常系列水沙条件下，桥位附近断面随着来水来沙变化，河床发生一定冲淤变化，但断面形态、深泓位置稳定。

(3) 建桥后左汊主航槽以冲刷为主。建桥对左汊主航槽(7.5 m)的影响主要表现为牛屯河边滩低滩侧7.5 m线变化，其中牛屯河边滩低滩桥轴线上游300 m以上范围有所淤积，局部7.5 m线相对无桥条件下右摆约20 m；桥轴线上游300 m至已建马鞍山公路大桥段7.5 m线相对无桥左摆约30～50 m；右汊桥轴线上游7.5 m槽有所缩窄，7.5 m线变化最大区域位于桥轴线位置，7.5 m线展宽约40 m。

5.2.5.1.2 大洪水系列水沙条件冲淤试验(相对冲淤)

1) 建桥前后河床冲淤平面分布变化

大洪水系列水沙条件下拟建大桥对河床影响主要表现在桥址断面及上下游一定范围区域，桥址上下游随着距桥轴线距离增大工程影响力度逐渐减弱，河床冲淤变幅逐渐减小。

江心洲左汊(主)桥轴线上游2.0 km范围内以淤积为主，相对淤积幅度约0.5～1.0 m，牛屯河边滩上段的窜沟以淤积为主；桥梁下游3.5 km范围内深槽及深槽边缘低滩相对冲刷，相对冲刷深度约为1～2 m。桥轴线至下游600 m范围牛屯河边滩以冲刷为主，墩后侧出现带状的淤积，桥轴线600 m以下牛屯河边滩高滩局部存在1.0 m左右的淤积，深槽边缘低滩出现部分冲刷；牛屯河边滩尾部郑蒲港区冲淤变化不明显。

江心洲右汊桥轴线上游2.2 km范围内有相对淤积，幅度约0.5～1.0 m，下游3.0 km范围内冲淤交替，以冲刷为主，幅度约0.5～1.2 m；建桥对河床冲淤影响主要在深槽和低滩，对岸线影响较小。

大洪水系列水沙条件下，建桥后河床冲淤与无桥条件下整体冲淤特征基本一致，建桥对桥区河段上、下游一定范围内有冲淤影响，对河势无明显影响。

2) 建桥前后桥区断面冲淤变化

大洪水系列水沙条件下，左汊桥位上游400 m断面河槽右侧冲刷，左侧航槽边缘低滩冲刷为主，变化幅度1.0～1.5 m。桥址附近断面平面形态基本稳定，纵向冲刷明显，且滩槽同冲，右侧航槽冲刷达3.5 m；桥位下游400 m断面左岸滩缘冲刷为主冲刷，但位于滩缘主墩后淤积，主航槽冲深。右汊(支)断面变化与主汊基本一致。

大洪水系列水沙条件下泥沙冲淤试验结果表明，桥位附近断面随着来水来沙条件的变化，局部发生较大冲淤变化，但是断面整体形态特征保持相对稳定。

3) 等深线变化

(1) 0 m线变化

左汊主桥所在的河段右岸为江心洲左缘，是江心洲左汊深泓所经之处，

图 5.2-5　大洪水水沙系列桥区冲淤图片

近年航道和水利部门在此均修建了护岸工程，岸线相对稳定，该区域建桥前后 0 m 线基本保持不变。左岸牛屯河边滩 0 m 随水沙条件变化发生冲淤调整，左右摆动，年际间变化幅度最大不超过 90 m。桥位处 0 m 槽略有展宽，幅度为 55 m。右汊内 0 m 线变动不大，进口姑溪河口有所冲刷，该处 0 m 槽有所展宽，最大展宽约 50 m。

(2) 7.5 m 线变化

大洪水不利水沙系列条件下，建桥前后左汊内桥区 7.5 m 槽整体变化不大。桥上游 500 m 以上略有淤积，幅度较小。桥上游 500 m 以下牛屯河边滩 7.5 m 线有所左摆，7.5 m 槽展宽，一般展宽幅度 30～50 m，最大展宽幅度约 70 m。右汊桥轴线附近 7.5 m 槽展宽，幅度约 50 m。

(3) 10.5 m线变化

大洪水系列水沙条件下，建桥前后左汊内桥位上游500 m以上牛屯河边滩侧河段10.5 m线变化不大，桥位上游500 m以下牛屯河边滩10.5 m槽有所展宽左摆，最大展幅约100 m，一般展宽幅度20～45 m，。右汊内桥位处10.5 m槽展宽至40 m，下游有所冲刷，10.5 m线下延，但汊内10.5 m槽不贯通。

4) 小结

(1) 大洪水不利水沙系列条件下，建桥前后河床整体冲淤特征与平常水沙系列条件下基本一致，建桥对桥区河段上、下游一定范围内冲淤有所影响，但河势基本保持稳定。

(2) 大洪水不利水沙系列条件下，建桥后江心洲左汊桥梁上游2.0 km范围内存在0.5～1.0 m淤积，该区域边滩上窜沟以淤积为主；桥梁下游3.5 km范围内深槽及深槽边缘低滩出现1.0～2.0 m相对冲刷。牛屯河边滩桥轴线下游600 m范围冲刷为主，600 m以下高滩部分存在1.0 m左右的淤积，低滩部分出现冲刷；牛屯河边滩滩尾郑蒲港港区整体变化不大。江心洲右汊(支)桥轴线上游2.2 km范围内相对有所淤积，下游3.4 km范围内冲淤交替，以相对冲刷为主，幅度约为0.5～1.2 m。

(3) 大洪水不利水沙系列下，桥位附近断面随着水沙的变化，河床发生明显冲淤变化，但断面形态变化不大，桥位处滩槽同冲，右侧深槽冲刷明显，航槽最大冲刷达3.5 m。

(4) 大洪水系列水沙条件下，建桥对左汊内7.5 m航槽的影响主要表现在牛屯河边滩右缘，其中桥位上游500 m以上范围局部7.5 m线相对无桥条件下有所右摆，摆幅与平常系列水沙条件基本一致，幅度约在30 m以内；桥位上游500 m以下至桥位下游7.5 m线相对无桥条件下有所左摆，摆幅约35～70 m，明显大于平常系列水沙条件试验结果。

5.2.5.2 桥墩局部冲刷

建桥后由于桥墩的阻水影响，桥墩附近水流结构发生明显变化，水流紊动强烈，尤其汛期大流量时更为突出，导致桥墩周围河床形成较大范围局部冲刷。在试验过程中除观测河床整体地形外，还对桥墩周围局部冲刷情况进行观测。推荐桥型方案位于左右两汊内共7个桥墩，由于左汊南主墩和右汊北主墩(两子堤之间)均位于高滩，而北汊三个水下辅助墩位于凸岸边坡上，水流动力相对较弱，冲刷相对较弱，因此，试验重点对位于主流附近的左汊北主墩和右汊南主墩局部冲刷进行了观测，见表 5.2-4。

不同水沙组合条件下，左汊北主墩和右汊南主墩局部冲刷坑均较大(见图 5.2-6)。其中右汊(支)南主墩位于凸岸近岸边坡上，连续大洪水条件下冲刷坑长约 120 m，宽 50 m，冲刷坑呈不对称分布，墩位近岸侧冲深较大，最大冲深约为 13.3 m；左汊(主)北主墩位于航槽边缘主流区，水流动力强，大洪水系列水文条件下形成的冲刷坑长约 220 m，宽 120 m，最大冲深约 18.9 m。

左汊北主墩位于北岸深槽边缘床面、右汊南主墩位于南岸陡坡上，因此，主墩周围河床局部冲淤对于两岸边坡及滩体的稳定将会产生明显不利影响。

表 5.2-4　左汊北主墩和右汊南主墩局部冲刷坑尺寸

典型年	左汊北主墩		右汊南主墩	
	冲刷深度	冲刷范围(长×宽)	冲刷深度	冲刷范围(长×宽)
三峡蓄水后平常水沙系列	14.4 m	145 m×65 m	9.7 m	85 m×40 m
平常水沙+100 年+300 年	18.9 m	220 m×120 m	13.3 m	120 m×50 m

图 5.2-6　大洪水系列后桥墩局部冲刷图片

5.3 马鞍山长江公铁大桥施工期模型试验研究

5.3.1 国内类似已建或在建桥梁施工期临时工程概述

目前大型桥梁施工期常规的临时工程主要采用施工栈桥、施工平台、临时码头、围堰等。近年来出现了一些新的临时工程措施，但这些临时工程均不成熟，优缺点均特别明显。

(1) 桥梁工程在近海或江河修建时，将面临着水位变化大、水流急、浪高等不利影响，修筑便道或水上运输均有困难。这时，架设临时施工栈桥是个有利的选择方案。它作为材料设备的运输通道，下部结构的施工平台，使水上施工变成陆上施工，减小了恶劣环境对施工的影响，缩短及保证工期，同时它还具有减少工程建设对环境的污染和破坏等优点。临时栈桥具有临时性的特点，一般要求其有足够的承载力、施工迅速、拆除方便、可重复利用等特点。目前我国已经修建了各种形式的临时施工栈桥，随着更多跨海、跨江大型桥梁工程的实施，也将开展更多的临时栈桥工程。栈桥上部结构形式，理论上可以采用任何结构形式，但出于施工快捷及拆除方便的需要，一般采用便于工厂化拼装的结构形式，如桁架梁、钢箱梁等。在栈桥的下部结构形式中，也是考虑施工与拆除的方便，普遍采用钢管桩基础或预应力混凝土管桩基础。目前世界上最长的施工栈桥之一，宁波杭州湾跨海大桥南岸施工栈桥，全长 9 780 m，是海上主桥施工物资供应及交通出入的唯一通道，也是整座跨海大桥施工的基础性工程和控制性工程，该栈桥上部主要采用跨度 15 m 的贝雷梁，底部采用钢管桩结构。

(2) 施工平台(包括码头)的作用是保障施工主桥深水基础钻孔桩建设和运输物资，随着桩基的施工环境条件(如水文、地质、气象等)和桩基的规模以及具体建设条件的不同，其构造和形式也各不相同。因此，桩基施工条件的不确定性决定了施工平台的多样性，并且随着深水基础的迅速发展出现了各式各样类型的施工平台。总体来说，深水桩基础施工平台分为固定施工平台和浮动施工平台两大类型。

固定施工平台按构造形式可分为支架施工平台和围堰施工平台两种类型。支架施工平台按支撑桩材料可分为木桩施工平台、钢筋混凝土桩施工平台和型钢、钢管桩施工平台等；按组成平台的构造可分为型钢平台、桁架平台和型钢及桁架组合平台；按平台的受力方式可分为钢管桩单独承力、钢护筒单独承力、钢管桩和钢围堰共同承力三种类型。围堰施工平台包括钢套箱围堰施工平台、钢板桩围堰施工平台、浮运薄壳沉井施工平台三种类型。

固定施工平台的优点为：结构简单，便于施工，相对稳定，在成孔过程中对成孔的质量有保证。缺点为：建筑材料使用比较多，建造周期较长，平台构架和定位桩的拆装比较费时费力；且平台结构桩的自由长度较长，刚度较差，会出现“头重脚轻”这样的弊端。当平台受到如风力、水流冲击力等较大水平力或是冲刷较大时，平台容易失稳。浮动施工平台是深水中施工钻孔桩基础的一种简便而有效的方法。它利用水上设备（民用船舶或工程浮箱）以及军用器材等搭设作业平台进行钻孔桩基础施工，适用于水位变化差较大、水流较平稳、波浪小、流速不大、通航压力较小的河流中的深水钻孔桩基础施工。浮动施工平台的优点为：结构简单、易于搭设；可充分利用制式器材，方案灵活；投入施工快，能显著缩短施工周期；容易改装成套箱拼装下沉用平台，能节省大量时间；受潮汐水位变化的影响小，抗洪能力强；平台可随水位上浮下沉，在涨水时能继续在平台上进行作业，有利于保证施工进度。缺点为：占用较多的水上设备、器材和较多河道，一定程度上影响通航；在河道通航繁忙、流速较大的河流中施工比较困难；定位需要较庞大的锚锭系统；钻机施工过程晃动大，钻进效率不高，且不能适配大扭矩、大功率的回旋钻机。

（3）随着长江全线经济发展，近年新建跨江桥梁众多，据调查新建跨江桥梁施工期均采用桩基栈桥、水上施工平台、临时码头等临时施工平台施工。施工平台下部结构多由钢管桩、桩间平联、桩间斜撑、桩项横梁组成，上部结构由贝雷梁、纵横向分配梁和桥面面板组成；搭建时先插打钢管桩，后由平联及斜撑等构件组成整体，吊装上部结构后形成平台。钢管桩平台特点：结构构件质量轻，施工控制难度小，插打容易，精度要求低，工艺成熟，后期钢围堰施工精度准。由于具有整体构件多，耗材大，不经济，且刚度小及临时性的特点，栈桥、临时码头等施工平台的跨度一般较小，桥位处千吨级的运梁栈桥尚无先例，但是预制梁厂的出海运梁栈桥构造和功能与之类似，届时可供参考。该类运梁栈桥设计荷载大，单侧栈桥设计荷载大于 900 t，强度、刚度、稳定性要求高，跨度小、桥墩粗。栈桥跨度基本在 3～6 m，基础基本采用钻孔桩或大直径 PHC 桩。长江新建桥梁施工期临时工程跨度多在 12～15 m，跨度小、桩群密度大，施工期阻水面积相对较大，易对河段周围水流条件及冲淤带来影响。减小施工期临时工程对水流的影响主要以增加施工平台的跨度为主，但施工平台跨度主要与通过平台的荷载有关，目前桥梁构件呈工厂化、大型化的发展趋势明显，要求平台承受荷载大，反过来限制了跨度增加的空间。

表 5.3-1 国内类似运梁栈桥工程统计

序号	桥名	栈桥长度	栈桥跨度	栈桥宽度	设计控制荷载	主梁结构	基础结构
1	金塘大桥预制梁场码头	180 m（双幅）	6 m	9 m	单侧 900 t 轮胎运梁机	C35 钢筋混凝土梁	1.2 m 直径钻孔桩
2	深中通道 60 m 箱梁出梁码头	90 m（双幅）	3 m/6 m	不详	单侧 1 600 t 钢梁滑移	钢箱梁	1.0 m PHC 桩和 1.2 m 钻孔桩+承台
3	中铁山桥、九桥等钢梁制造厂	不详	3～6 m	不详	单侧小于 1 000 t	钢筋混凝土梁	不详

表 5.3-2 长江近年跨江施工期临时工程统计

桥名	栈桥长度	栈桥跨度	栈桥宽度	设计控制荷载	主梁结构
武汉鹦鹉洲长江大桥	81.5 m	10 m/12 m	6 m/7 m	160 t 履带吊走行，70 t 履带吊侧吊 15 t	型钢/贝雷梁
武汉杨泗港长江大桥	328 m	16 m	12 m	160 t 履带吊走行	军用梁
武汉青山长江大桥	1 191 m	15 m	8 m	SR420 旋挖钻走行，80 t 履带吊吊重	贝雷梁
黄冈长江公铁大桥	498 m	15 m	—	50 t 履带吊通行和吊重，80 t 钢梁杆件运输	贝雷梁
武穴长江大桥	453.28 m	15 m	8 m	不详	贝雷梁
安九铁路鳊鱼洲长江大桥	1 000 m	12 m	9 m	125 t 履带吊走行，80 t 履带吊作业（吊重 20 t）	贝雷梁
望东长江大桥	不详	12 m	不详	不详	—
安庆长江铁路大桥	432 m	12 m	8.5 m	60 t 门吊自重 180 t	贝雷梁
池州长江大桥	962 m	15 m	8 m	不详	—
铜陵长江公铁大桥	90 m	12 m	7.5 m	60 t 履带吊通行和吊重	贝雷梁
芜湖长江二桥	1 025 m	12 m	8 m	80 t 履带吊通行和吊重	贝雷梁
芜湖长江公铁大桥	326 m	12 m	8.5 m	100 t 履带吊通行和吊重	贝雷梁
马鞍山长江公路大桥右汊	313 m	9 m	6 m	50 t 履带吊走行及吊重	贝雷梁

续表

桥名	栈桥长度	栈桥跨度	栈桥宽度	设计控制荷载	主梁结构
南京长江四桥	570 m（双幅）	15 m	8 m	100 t 运梁车	贝雷梁
苏通长江大桥 B1 标	1 854 m	12～15 m	7 m	50 t 履带吊走行及吊重	贝雷梁
沪通长江公铁大桥	204 m	12 m	10.5 m	150 t 履带吊通行和吊重，100 t 运梁车	贝雷梁
上海长江大桥 B7 标栈桥	693 m	9 m	8 m	50 t 履带吊通行和吊重，50 t 平板车	贝雷梁

5.3.2 施工期临时工程方案

根据桥梁施工技术和长江中下游类似桥梁施工期临时工程实践，施工单位提出拟建马鞍山长江公铁大桥施工期临时工程方案采用技术较成熟的栈桥方案，主要包括左侧牛屯河边滩交通栈桥、运梁支墩、施工码头、墩施工平台、顶推临时墩、江心洲上及右汊施工平台等临时工程，参考长江已建和在建桥梁施工期临时工程跨度，确定下列施工期临时工程方案作为物理模型试验方案开展模型试验研究，以桥区河段的江—乌二期工程作为本次试验的输入边界。

施工期临时工程(图 5.3-1)介绍

交通栈桥：牛屯河边滩一侧交通栈桥长 1 369 m，右岸侧交通栈桥长 156.2 m，宽均为 7.5 m，采用直径 1.0 m 钢管桩，钢管桩间跨度 14.0 m。

运梁栈桥：牛屯河边滩一侧运梁栈桥长 843 m，宽 10 m，采用直径 1.0 m 钢管桩，钢管桩间跨度 14.0 m。

临时码头：Z4＃(中主墩)、Z5＃墩(南主墩)附近各设一施工临时码头长 38.0 m，沿水流方向宽 96.0 m，采用直径 1.0 m 钢管桩，跨度 14.0 m。

钢围堰及施工平台：Z3＃墩(北主墩)、Z4＃墩(中主墩)、Z5＃墩(南主墩)钢围堰及施工平台，Z3＃墩(北主墩)左侧 3 个顶推临时墩，Z5＃墩(南主墩)右侧 2 个顶推临时墩，采用直径 1.5 m 钢管桩，跨度 14 m；Z3＃墩(北主墩)、Z4＃墩(中主墩)、Z5＃墩(南主墩)钢围堰及施工平台，钢围堰形状与桥墩承台一致，较承台大小外扩 2 m，钢围堰顶高程为 12.0 m；平台钢管桩直径均为 1.5 m，钢管桩间跨度 12.0～16.0 m。

顶推临时墩：Z3＃墩(北主墩)左侧 3 个顶推临时墩，Z5＃墩(南主墩)右侧2个顶推临时墩，采用直径 1.5 m 钢管桩，钢管桩间跨度 14.0 m。

桥轴线断面方向直径 1.5 m 钢桩数 39 根，直径 1.0 m 钢桩数约 111 根；设计顶高程均为 14.0 m。

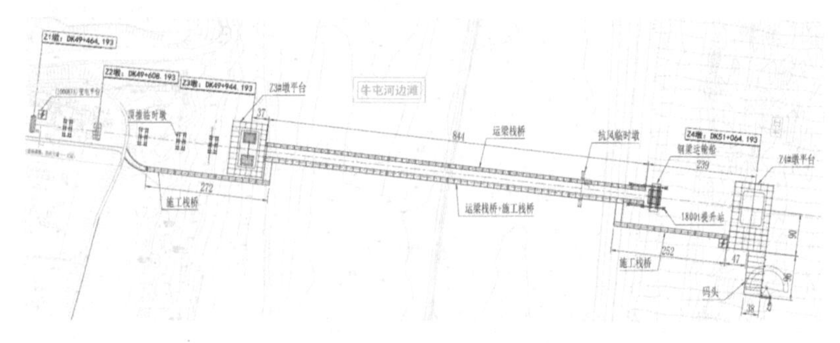

图 5.3-1 临时工程方案平面布置图(左汊)

5.3.3 方案阻水情况分析

(1) 三峡工程蓄水后河段大于 70 000 m^3/s 流量出现概率非常低，70 000 m^3/s 流量对应桥轴线断面水位为 9.3 m(图 5.3-2)，设计高程 12.0 m，现状条件下临时工程阻水主要与钢管桩有关，与顶部结构关系较小，故目前栈桥方案的优化应以减小钢管桩直径和增加桩间跨度为主。

(2) 以 70 000 m^3/s 以下流量阻水面积比来看，桥＋临时工程总阻水面积比随流量增加而增加。以 14 m 方案为例(图 5.3-4)，70 000 m^3/s 以下流量最大阻水面积比 6.3%；从分项阻水面积比来看，各分项工程阻水面积比也均随流量增加而增加，其中仅桥墩和栈桥随流量变化相对较为平缓，桥墩、栈桥 70 000 m^3/s 以下流量最大阻水面积比分别为 2.3%、1.4%，顶推墩、平台(包括钢围堰)、临时码头随流量变化相对较大，70 000 m^3/s 以下流量最大阻水面积比为 2.4%；70 000 m^3/s 以上流量阻水面积比随流量变化相对较小。从分项阻水面积比来看，顶推墩、平台(包括钢围堰)、临时码头对总阻水比影响较大，故从分项临时工程来看方案优化方向应以顶推墩、平台(包括钢围堰)、临时码头优化为主。

(3) 三峡工程蓄水后河段年大于 60 000 m^3/s 的流量天数最多不超过 30 天(图 5.3-3)，对应桥轴线水位 8.34 m，14 m 方案总阻水面积比 5.65%(图 5.3-4)，因此，三峡工程蓄水后大水年条件下桥＋临时工程阻水面积比以 5.65%以下为主。

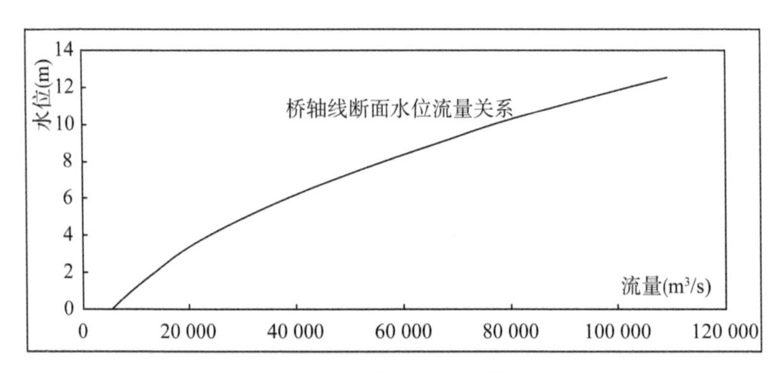

图 5.3-2　桥位断面水位流量关系图

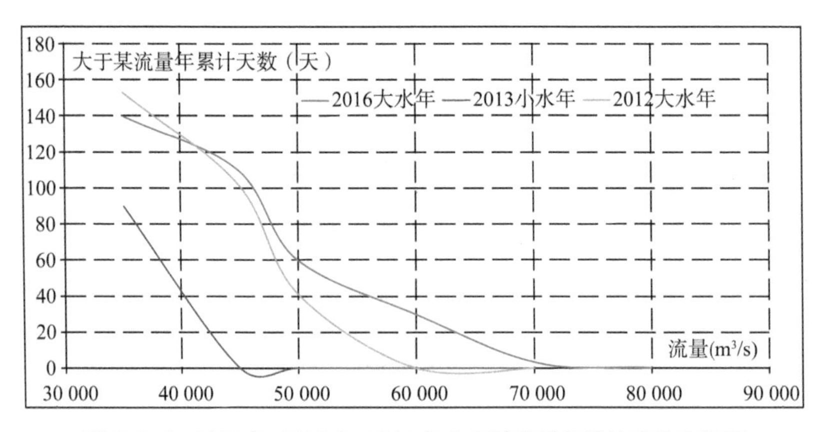

图 5.3-3　2012 年、2013 年、2016 年大于某流量年累计天数变化图

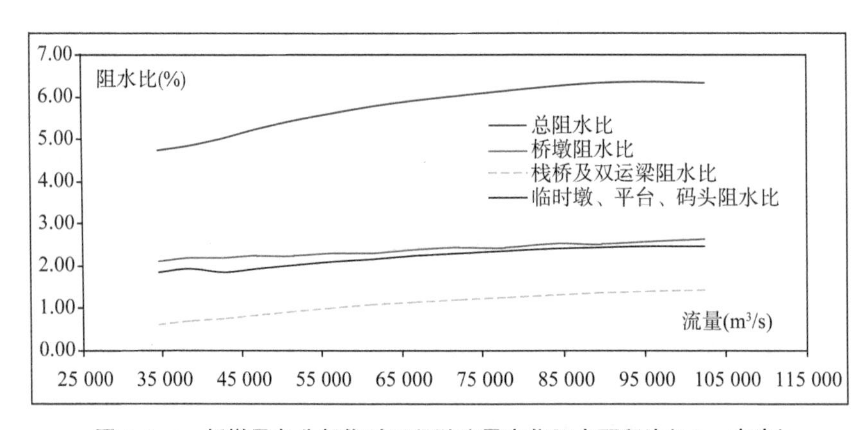

图 5.3-4　桥墩及各分部临时工程随流量变化阻水面积比（14 m 方案）

5.3.4 整体冲淤及洲滩适应性关系模拟研究

5.3.4.1 典型水沙系列年河床冲淤变化

(1) 桥轴线附近冲淤变化

受桥墩及临时工程影响桥轴线断面附近冲淤明显，Z4＃墩上、左、右缘局部冲刷，桥墩上下游整体表现为淤积，右主通航孔(Z4＃墩—Z5＃墩)流速增加明显，冲刷幅度较大，一般冲刷 0.2～2.8 m；提升站至 Z4＃墩区域整体冲刷明显，且与 Z4＃墩局部冲刷连为一体，冲刷幅度 0.2～1.5 m，中主墩(Z4＃墩)右侧最大冲深有减小趋势，最大冲刷达 11.5 m；左侧边滩边孔(Z3＃墩—Z4＃墩)提升站左侧区域呈现明显条状局部冲刷特征。

图 5.3-5 桥十临时工程典型水沙系列年后河床相对冲淤照片

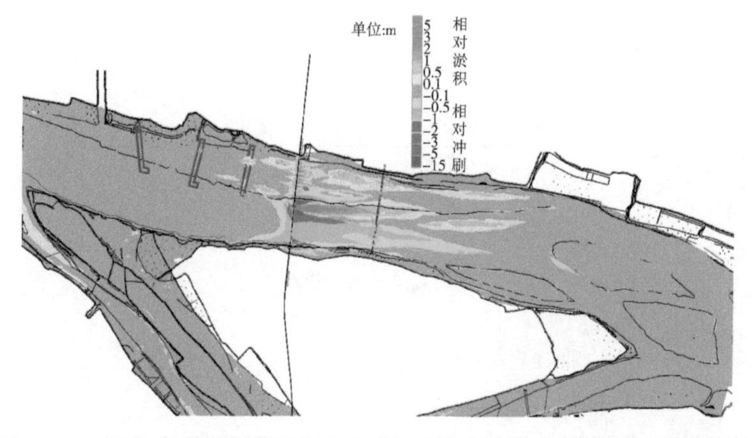

图 5.3-6 桥十临时工程典型水沙系列年后河床相对冲淤变化图(物理模型)

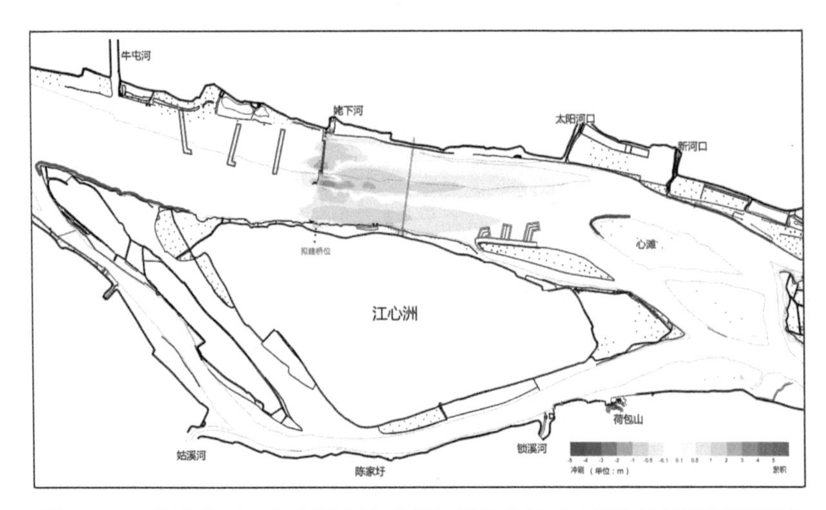

图 5.3-7　桥十临时工程典型水沙系列年后河床相对冲淤变化图(数学模型)

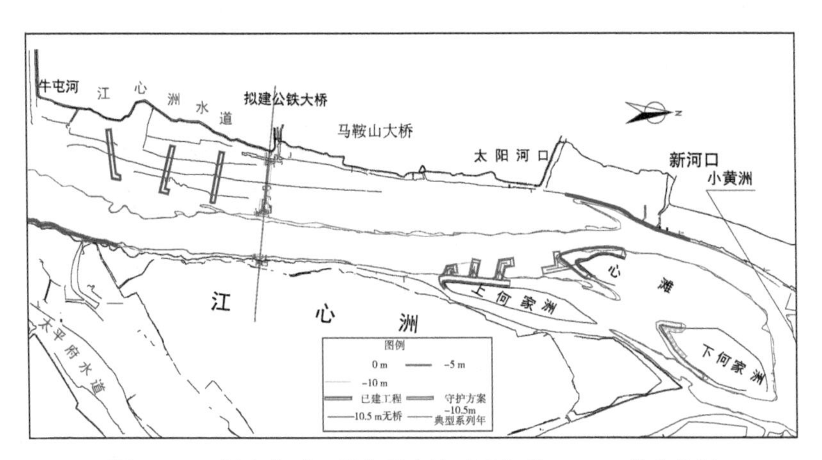

图 5.3-8　桥十临时工程典型水沙系列年后 10.5 m 线变化图

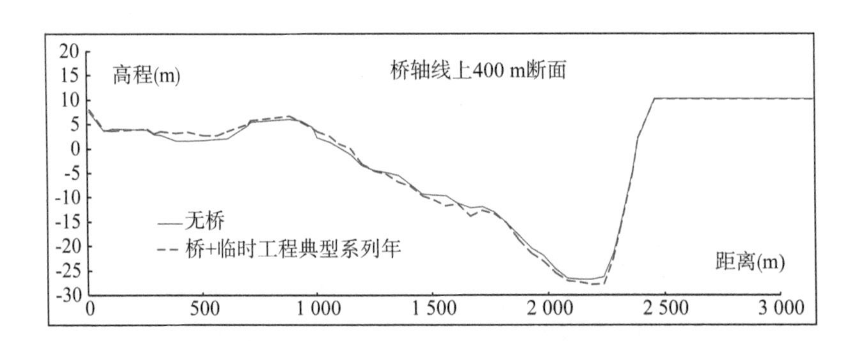

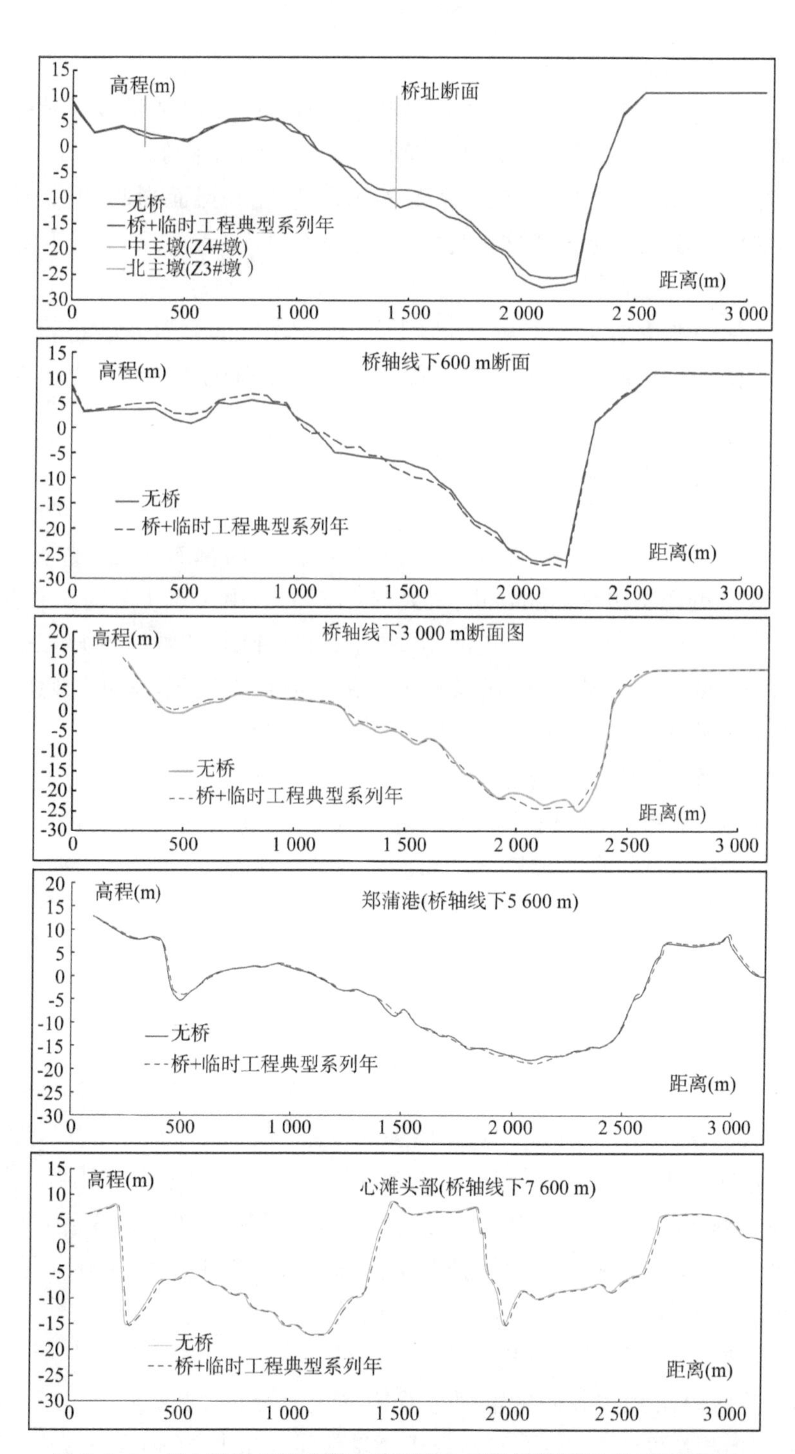

图 5.3-9　桥+临时工程典型水沙系列年后特征断面相对冲淤变化图

(2) 牛屯河边滩冲淤变化

牛屯河边滩1#护滩带以上冲淤基本平衡;已建2#护滩带以下滩面较无桥呈现0.1～1.3 m淤积,0.1 m淤积影响范围一般在上游侧1.8 km;已建三条护滩带至桥轴线之间低滩(提升站至Z4#墩正上游)滩面刷低;牛屯河边滩紧邻桥轴线下游区域呈带状冲淤交替,以淘刷为主,Z3#墩、Z4#墩下游均出现0.2～1.7 m左右带状淤积。

牛屯河边滩桥轴线下缘300 m以下及Z4#墩下游区域出现明显淤积,淤积延至太阳河口附近,其中郑蒲港出现约0.4 m的淤积,太阳河口以下变化不大,存在零星淤积。

(3) 主槽冲淤变化

桥轴线及下游主槽出现明显冲刷,冲刷深度0.2～2.8 m左右,两侧冲刷深度大于中间,至邻近桥墩的区域一般冲刷和局部冲刷叠加,中主墩(Z4#墩)周围冲刷明显,局部冲刷最大约11.5 m。由于桥+临时工程阻水,桥轴线上游至3#护滩带间牛屯河边滩低滩明显冲刷,桥轴线下游800 m至牛屯河边滩低滩出现淤积,已建马鞍山大桥下游再次淤积,该处淤积应该与上游冲刷泥沙落淤有关,淤积厚度大致在0.1～0.9 m。

(4) 郑蒲港区附近冲淤变化

受牛屯河边滩尾部淤积影响,郑蒲港也出现0.4 m左右淤积,太阳河口以下段无整体淤积;心滩左侧主航槽10.5 m线略有缩窄,幅度0～20 m,心滩右汊略有冲刷,幅度范围均较小,一般不大于0.2 m;上何家洲右汊冲淤没有明显变化。

5.3.4.2 大洪水年河床冲淤变化

(1) 整体冲淤变化特征

桥+临时工程实施后经100年一遇水文年后,工程区冲淤变化趋势与桥+临时工程代表系列年后冲淤总体类似,桥+临时工程实施后河段相对现状条件冲淤集中于临时工程和桥轴线断面及上下游一定范围,范围和幅度较长水沙系列年略有增加,其中牛屯河边滩的冲淤范围幅度较典型系列年变幅明显增加;桥址上下游随着距桥轴线距离增大冲淤影响力度逐渐减弱,河床冲淤变幅逐渐减小。

(2) 牛屯河边滩冲淤变化

桥+临时工程实施后牛屯河边滩桥轴线上游2.4 km范围内以淤积为主,相对淤积幅度约0.2～2.1 m,靠近桥轴线淤积略大;桥轴线下缘牛屯河边滩以条状冲刷为主，Z3＃墩、Z4＃墩后侧出现带状淤积，幅度约 2.2 m，Z4＃墩左右两侧冲刷，较仅桥条件冲刷范围增加，冲刷幅度基本一致，右侧冲刷大于左侧，其中右侧局部冲刷达 15.2 m；桥轴线下 400 m 至桥轴下游 7.1 km 范围牛屯河边滩高滩存在 0.2～2.2 m 左右淤积，淤积范围幅度明显大于代表系列年，牛屯河边滩尾部郑蒲港区域小幅淤积，淤积幅度约 0.5 m，太阳河口以下心滩左汊局部存在最大 0.5 m 左右零星淤积。

（3）主槽冲淤变化

桥＋临时工程实施后桥轴线及下游主槽明显冲刷。桥轴线断面主槽普遍冲刷，冲刷深度 0.8～3.5 m；桥轴线以下主槽的两侧冲刷左侧小于右侧，左侧深槽边缘牛屯河低滩相对冲刷一直向下延续至马鞍山大桥，马鞍山大桥以下左侧边滩边缘深槽出现淤积；马鞍山大桥以下深槽冲刷区域往中间偏，冲刷一直延伸至心滩头部。

图 5.3-10 桥＋临时工程 100 年一遇水文年后河床冲淤变化照片

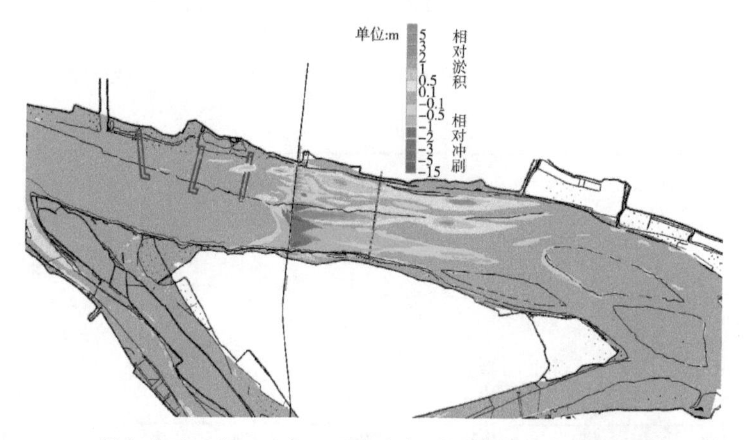

图 5.3-11 桥＋临时工程 100 年一遇水文年后河床相对冲淤变化图(物理模型)

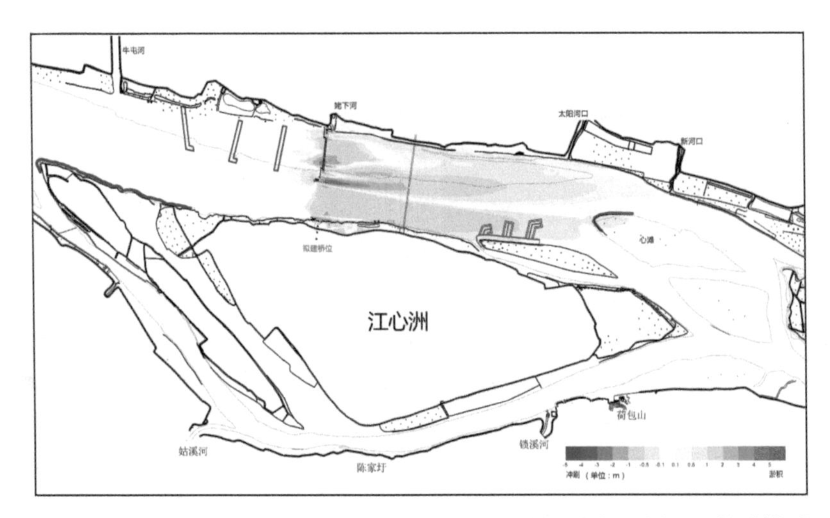

图 5.3-12　桥+临时工程 100 年一遇水文年后河床相对冲淤变化图(数学模型)

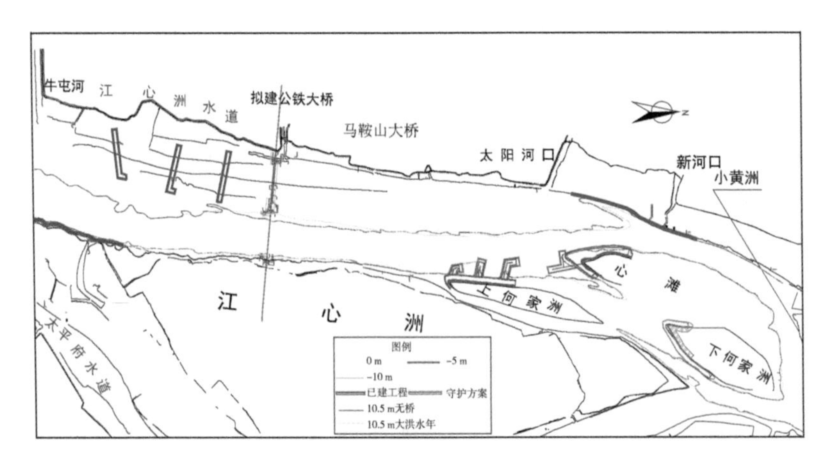

图 5.3-13　桥+临时工程 100 年一遇水文年后 10.5 m 线变化图

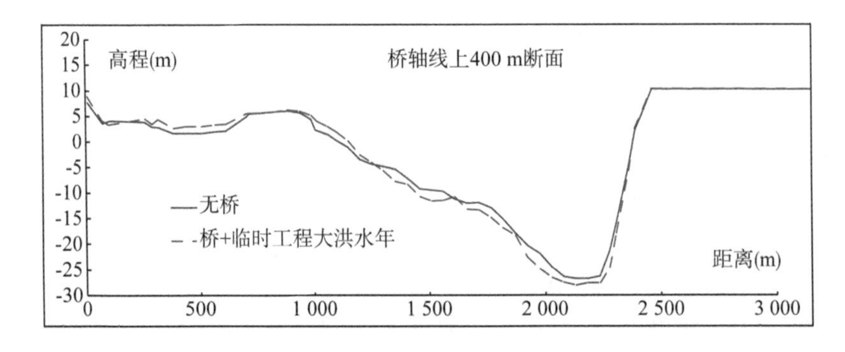

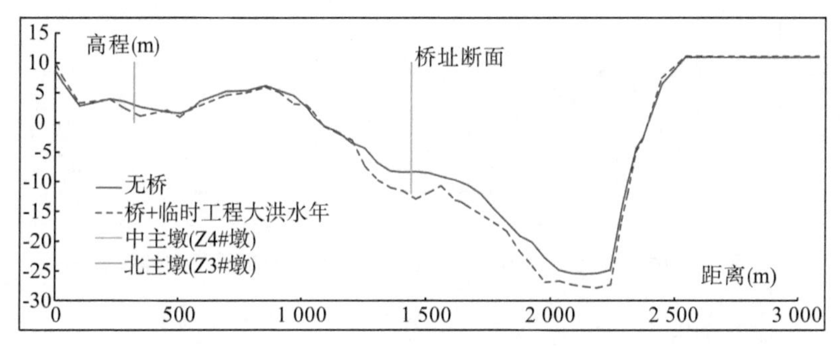
高程(m)
桥址断面
—无桥
---桥+临时工程大洪水年
—中主墩(Z4#墩)
—北主墩(Z3#墩)
距离(m)

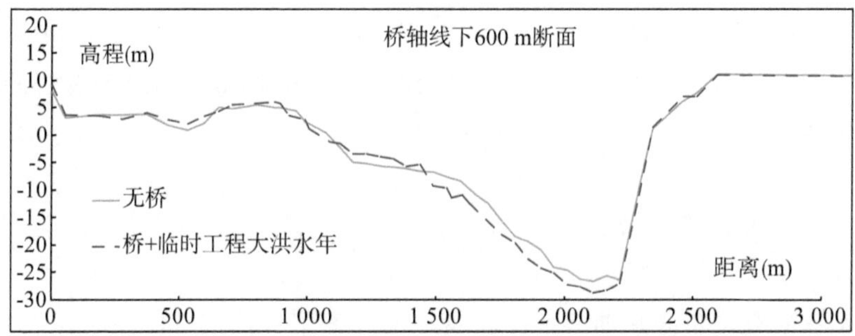
桥轴线下600 m断面
高程(m)
—无桥
- -桥+临时工程大洪水年
距离(m)

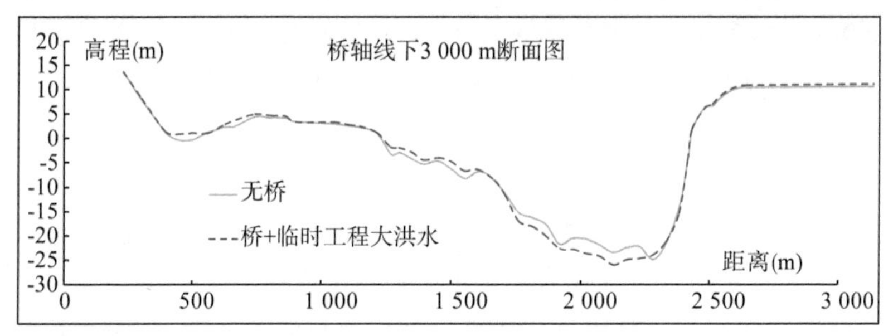
高程(m)
桥轴线下3 000 m断面图
—无桥
---桥+临时工程大洪水
距离(m)

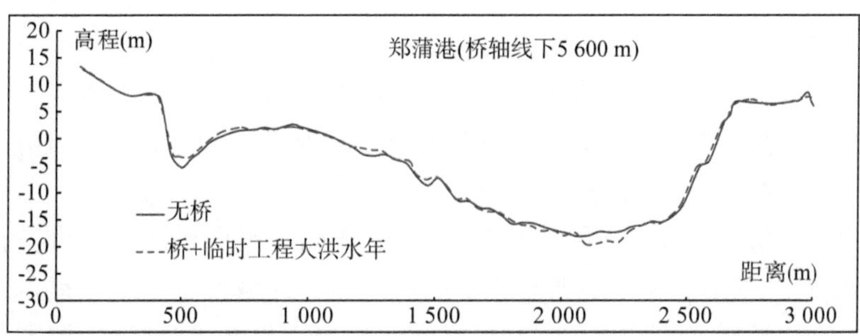
高程(m)
郑蒲港(桥轴线下5 600 m)
—无桥
---桥+临时工程大洪水年
距离(m)

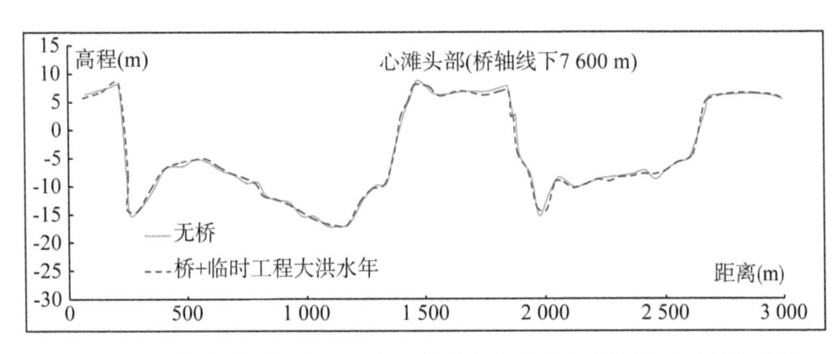

图 5.3-14　桥十临时工程 100 年一遇水文年后特征断面相对冲淤变化图

(4) 郑蒲港区冲淤变化

牛屯河边滩尾部淤积下延，心滩左汊主航槽航宽缩窄，10.5 m 线缩窄了 30 m，与现状相比，心滩右汊右侧冲刷，最大冲刷 0.3 m，上何家洲右汊冲淤没有明显变化。

5.4　本章小结

本章研究了不同水动力条件和泥沙条件下工程局部冲刷坑范围及形态，试验研究认为，系列年河段整体冲淤影响至太阳河口附近，大洪水条件下桥下游牛屯河边滩冲淤范围增加，影响至太阳河口下游，甚至心滩左汊中下段也存在零星淤积，因此，大洪水年不仅要关注郑蒲港和心滩左汊主航道冲淤，还应关注该区域变化对下游河段的影响。桥梁＋临时工程实施不会对桥轴线附近航道造成明显不利影响，但由于施工期施工船舶作业区位于左、右侧航道边缘，从实测船舶航迹线来看，Z4＃主墩周围临时工程位于高水期上行中小船舶航迹线边缘，因此，要加强施工水域通航安全管理，避免过往船舶驶入施工水域。

在线位和跨度比选研究中，为江心洲左汊主通航孔采用 1 120 m 跨度的论证提供了重要支撑。在施工期临时工程方案研究中，推荐的 14 m 栈桥间距方案被专家组采纳，并在施工中应用。

由于大桥建设施工需要，要搭建水上施工作业平台供砂石料、钢构件等装卸运输，施工期需在江心洲水道牛屯河边滩等区域设置临时工程，临时工程包括交通栈桥、运梁栈桥、临时桥墩和水上施工平台工程、桥墩钢围堰、临时码头等，桥梁建设期计划为 4.5 年，临时工程使用时间多为 3～4 年。由于桥梁临时工程分项众多，且处于不同区域，为进一步分析各单项临时工程的影响程度，将临时工程按区域进行拆分，计算结果表明，Z4＃墩（中主墩）施工平台（包括钢围堰）对工程附近水动力条件影响最大，其次是交通栈桥＋临时码头、运梁栈桥，右岸临时工程对附近水动力条件影响最小。通过研究，为优化桥梁工程施工期临时工程施工组织顺序提供了技术支撑，减少了施工期对航道通航条件的影响。

模型试验研究认为：①天然条件下受牛屯河边滩淤积下延影响，郑蒲港码头前沿水域范围受到挤压，近期已不满足 5 000 吨船舶的常年通航要求，同时牛屯河边滩尾部下延挤压下游心滩左侧主航道、心滩右汊发展，左汊过渡段主航道条件趋差。②桥＋施工期临时工程实施对桥轴线附近江心洲左缘、下游郑蒲港港区、心滩及左汊存在一定不利影响；为减小临时工程对河段的不利影响，宜采取必要的应对措施，但河段已有多期航道整治工程研究均表明由于河段的敏感性和复杂性，无论对于天然变化还是人类活动造成的河段不利变化均不宜采取较激烈的调整手段。

马鞍山长江公铁大桥在 2021 年 1 月 13 日正式开工建设，上文提出的施工期桥墩、洲滩等施工方案通过了长航局审查，得到了专家组认可，在施工过程中被施工单位采纳。通过研究，促进了工程的顺利推进，节约了工期，取得了较好的应用效果，提出了施工期桥墩、洲滩等预防护措施，优化了桥梁工程施工期临时工程施工组织顺序。

第6章

桥梁工程与涉水设施关系及防护措施建议

6.1 戴家洲燕矶长江大桥涉水影响及防护措施建议

6.1.1 建桥对河势的影响

(1) 河演分析表明:受河段节点及两岸堤防的控制,戴家洲河段洪水河势稳定。同时河段内已建、在建的各类控制工程基本稳定了滩槽格局,在水沙和边界条件相对稳定的条件下,该河段河势将保持稳定。

(2) 水流模型试验表明,建桥前、后戴家洲两汊分流比稳定,建桥后 40 000 m^3/s 流量条件下桥轴线上、下游断面垂线平均流速变化不太明显,40 000 m^3/s 以上流量条件下略有变化,各流量桥轴线上游断面垂线平均最大流速减小 0.04 m/s,下游最大流速增加 0.05 m/s。因此,建桥对水流影响幅度有限。

(3) 泥沙冲淤试验表明:建桥前、后桥区河段滩槽位置未发生明显相对改变,断面形态、深泓位置稳定。建桥仅对于左、右主墩上下游及桥墩临河一侧河床冲淤有一定影响,但影响幅度有限,而对岸线、高滩影响较小。

6.1.2 建桥对航道的影响

(1) 水流模型试验表明,建桥前、后桥区河段主流位置及流速分布基本没有变化;桥轴线上游流速略有减小,下游流速略有增加,40 000 m^3/s 流量条件下,桥墩对左墩影响范围为桥轴线向上游 350 m,桥轴线向下游 850 m。83 700 m^3/s 流量条件下,桥墩对左墩影响范围为桥轴线向上游 950 m,桥轴线向下游1 950 m,流速最大变幅为 0.06 m/s(桥轴线近桥墩边缘);除桥墩周围以外主通航孔内的流偏角建桥前后变化一般不超过 2°。

(2) 建桥引起的冲淤主要位于桥墩附近局部区域,对航槽平面位置影响相对较小。其中建桥后主航槽两侧以冲刷为主,6.0 m 线的影响主要表现在航槽边缘,中间变化不大,桥轴线周围及两岸侧下游 6.0 m 线冲刷小幅展宽,左岸侧展宽大于右岸侧;大洪水系列水沙组合条件下影响幅度略大,其中左右两墩桥轴线下游 6.0 m 线均有所冲刷,展宽最大幅度分别约为 50 m、40 m,而左墩上游变化不大,右墩上游 6.0 m 线局部略有缩窄,缩窄不超过 30 m。

(3) 不同水沙组合条件下,建桥前、后桥区河段主航槽相对变化不大。

6.1.3 建桥对防洪的影响

(1) 试验成果显示,建桥后,推荐桥跨布置方案桥墩壅水导致上游的水位壅高,77 700 m^3/s 流量时,左岸侧最大水位壅高值为 4.2 cm,右岸近岸水位最大壅高值为 3.8 cm,影响范围不超过桥位上游 1 000 m。

(2) 建桥后左右主桥上游一定范围内近岸流速有所减小,桥位下游河段近岸流速有所增加,范围和幅度均较小。其中,左岸近岸流速最大增值约 0.04 m/s,右岸近岸流速最大增值约 0.03 m/s。

(3) 泥沙模型试验表明,大洪水水沙系列条件下左右主墩上缘桥位至下游 800 m 范围内 0 m 线相对无桥条件下局部有所展宽冲深,幅度在 4 m 以内,表明近岸流速变化对河床冲淤、岸坡稳定带来一定影响,但幅度较小。

总体来看,建桥对防洪没有明显影响,但由于桥墩布置与桥墩的局部冲刷对桥址附近的两侧岸坡有一定影响,需予以关注,建议加强桥址附近岸坡防护。

6.1.4 防护措施建议

模型试验结果认为:建桥对桥区河段的河势、航道以及防洪等影响均不明显。对此,提出以下几点建议。

(1)由于推荐桥型左、右主墩均位于岸坡,建桥后中高水期桥位附近近岸流速有所增加、桥墩边缘坡脚局部冲刷较为明显,建议加强桥轴线附近岸坡及坡脚守护。

综合考虑近岸流速和局部冲刷,建议右侧岸坡守护范围为桥位上游 150 m 至下游 200 m,左缘岸坡守护范围为桥位上游 200 m 至下游 300 m,将桥墩与岸坡进行整体防护。

(2) 本模型为变态模型，且桥墩布置在边坡中间，边坡的模拟较为复杂，试验观测得到的桥墩坡脚局部冲刷深度值仅供参考，建议开展局部正态模型开展相关研究。

(3) 桥区河段的池湖港心滩以及戴家洲洲头目前还存在一定幅度的冲淤变化，建议建桥后加强洲滩的地形监测。

6.2 马鞍山长江公铁大桥涉水影响及防护措施建议

6.2.1 建桥对水流条件影响分析

(1) 水位变化

不同流量级条件下桥梁临时工程方案实施后总体表现为 Z4＃墩(中主墩)上游有壅水，下游有跌水(图 6.2-1)；20 年一遇流量下 Z4＃墩(中主墩)上游最大壅水高度为 9.6 cm，左岸侧近岸最大壅高为 1.6 cm，右岸侧近岸最大壅高为 1.0cm，壅水 2 cm 的影响范围为桥轴线向上游 2.6 km。

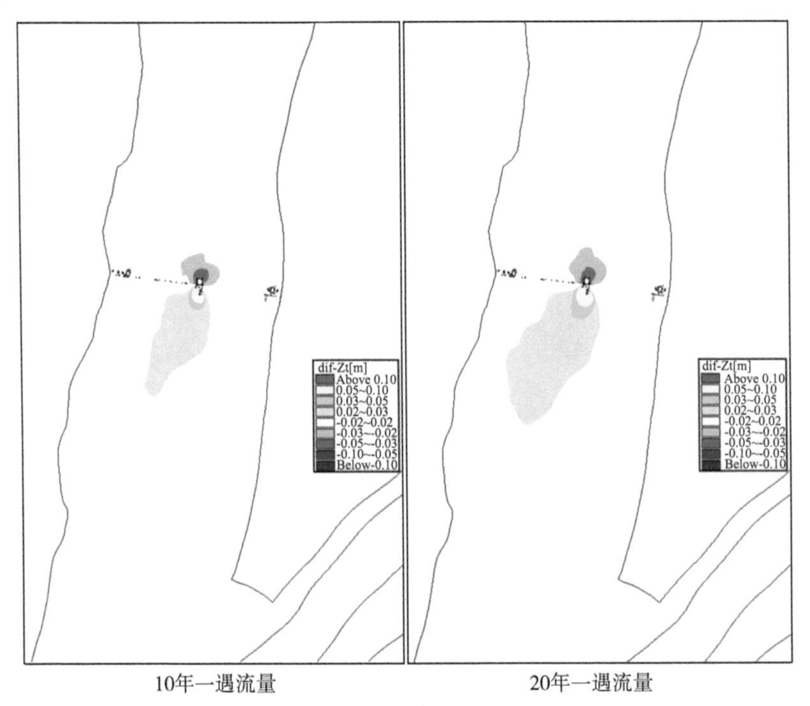

图 6.2-1 不同流量级条件水位变化

(2) 近岸流速变化

工程实施后桥轴线上下游一定范围内近岸流速有所调整(表 6.2-1),近岸测点位置见图 6.2-2。右岸 Z5#墩下游 700 m 临时码头掩护范围内近岸流速略有减小,下游掩护区域外至上何家洲洲头近岸侧流速略有增加,增加幅度一般在 0.02～0.09 m/s。

(3) 分流比变化

不同流量级条件下分流比变化较小,施工期桥+临时工程实施后,下游心滩左汊分流比有所减小,右汊分流比有所增加,心滩左汊分流比减小幅度一般在 0.1%～0.38%。

综上所述,桥+临时工程实施对水位的影响限于上游 2.6 km 范围内;近岸流速局部有所增加,增幅一般在 0.02～0.09 m/s。

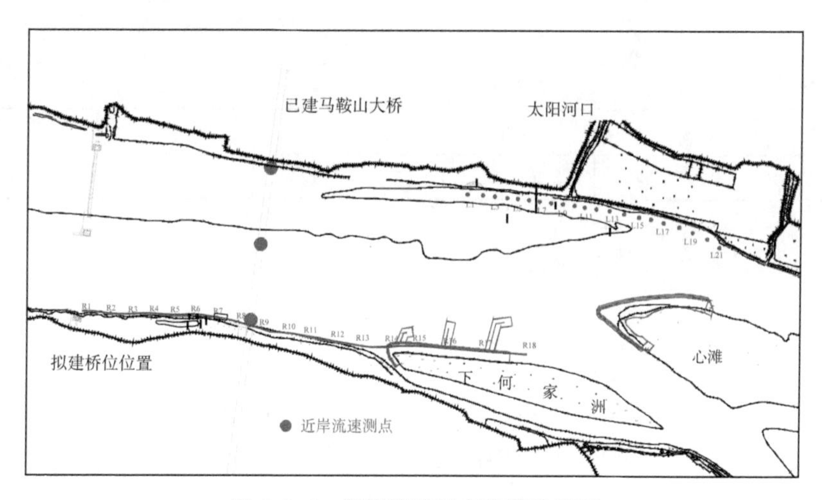

图 6.2-2 近岸流速测点布置示意图

表 6.2-1 20 年一遇流量工程前后近岸流速变化

测点	坐标-X(m)	坐标-Y(m)	工程前流速(m/s)	工程后流速(m/s)	变化(m/s)
R-1	632 921.779	3 497 604.665	1.14	0.60	−0.54
R-2	632 946.009	3 497 941.753	1.08	0.92	−0.16
R-3	632 960.304	3 498 237.184	1.16	1.17	0.01
R-4	632 949.574	3 498 504.143	1.35	1.37	0.02
R−5	632 965.864	3 498 803.174	1.31	1.36	0.05

续表

测点	坐标-X(m)	坐标-Y(m)	工程前流速(m/s)	工程后流速(m/s)	变化(m/s)
R-6	632 963.791	3 499 069.505	1.67	1.76	0.09
R-7	632 991.691	3 499 369.750	1.39	1.47	0.08
R-8	633 063.007	3 499 671.285	1.31	1.38	0.07
R-9	633 140.879	3 499 967.734	1.35	1.41	0.06
R-10	633 194.544	3 500 247.518	1.37	1.42	0.05
R-11	633 244.685	3 500 581.795	1.42	1.47	0.05
R-12	633 306.277	3 500 930.617	1.31	1.35	0.04
R-13	633 361.789	3 501 261.880	1.33	1.37	0.04
R-14	633 381.064	3 501 673.143	1.26	1.29	0.03
R-15	633 365.501	3 502 030.790	1.47	1.49	0.02
R-16	633 397.855	3 502 442.894	1.57	1.59	0.02
R-17	633 432.639	3 502 913.577	1.61	1.63	0.02
R-18	633 473.557	3 503 531.111	1.71	1.73	0.02

6.2.2 建桥对河势影响分析

6.2.2.1 总体河势的影响

随着桥梁施工期桥＋临时工程的实施，断面有所压缩，主航道内流速略有增加；桥墩下游掩护区范围内流速有所减小。不同流量级条件下，主航道内流速增幅一般在 0.05～0.16 m/s；牛屯河边滩一侧（Z3＃墩与 Z4＃墩之间）施工栈桥钢管桩之间及上下游流速均有所增加，增加幅度一般在 0.05～0.33 m/s；右岸临时工程下游近岸侧流速有所增加，增幅一般在 0.09 m/s 以内；工程区下游心滩两汊流速变化一般在 0.02～0.03 m/s。

桥＋临时工程方案实施引起的冲淤变化限于工程区域附近，不同水沙条件下冲淤趋势基本一致，数值有所变动。大水年末主航道内及施工栈桥钢管桩间区域由于过水面积束窄，流速增加，河床出现冲刷，其中，Z4＃、Z＃5 主墩间的主航道冲幅在 0.1～0.9 m，Z4＃墩、Z3＃墩间施工栈桥上下游冲幅在 0.1～1.2 m 之间；Z4＃墩（中主墩）上游 0.5 km 范围内淤厚为 0.1～1.2 m；Z4＃墩（中主墩）下游 2 km 范围内淤厚为 0.2～3.2 m；牛屯河边滩尾部淤积

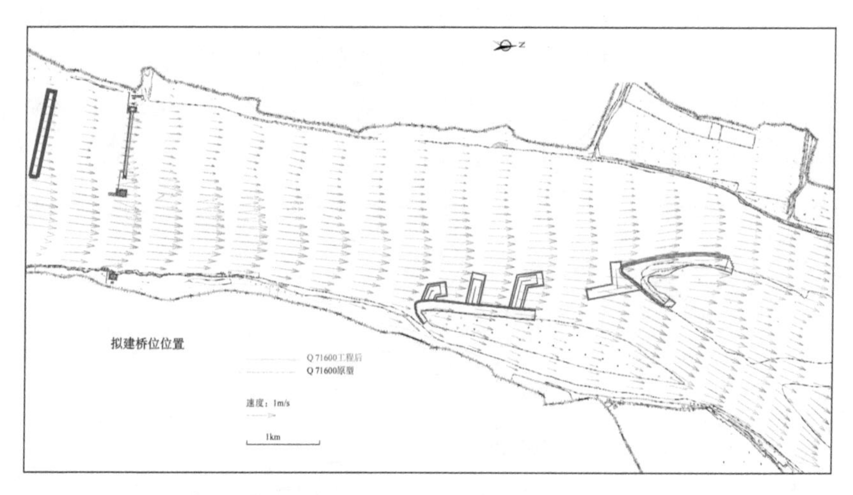

图 6.2-3 桥十临时工程前后局部流场图($Q=71\ 600\ m^3/s$)

0.1～0.5 m；太阳河口上下游淤积 0.1～0.3 m，局部区域淤积 0.5 m；其他区域总体变化较小。

6.2.2.2 对牛屯河边滩稳定的影响

拟建临时工程实施后局部水动力有所调整，主墩围堰及施工平台周围形成绕流，主墩位置上下游流速减小，工程的影响主要集中在拟建桥轴线下游侧，受其影响，下游牛屯河边滩尾部流速减小，减幅一般在 0.05～0.18 m/s，易于泥沙落淤。泥沙模型计算也表明，大水年末桥轴线下游牛屯河边滩尾部淤积 0.1～0.5 m。

牛屯河边滩中部桥位位置(Z3＃墩与 Z4＃墩之间)施工栈桥钢管桩之间及上下游流速、Z4＃墩与 1 800 t 提升站之间流速均有所增加，栈桥下游约 1.2 km 范围内流速增加幅度一般在 0.05～0.33 m/s。泥沙模型计算也表明，大水年末 Z4＃墩、Z3＃墩间施工栈桥上下游及 Z4＃墩与 1 800 t 提升站之间河床冲幅在 0.1～1.2 m 之间。

6.2.3 建桥对航道条件影响分析

6.2.3.1 水动力的影响分析

为了更好地分析航槽沿程流速变化，选取航槽中心线流速测点进行分析。研究表明，临时工程方案实施后航槽流速的变化限于工程区域附近，10.5 m航槽中心线沿程上下游5.9 km范围内流速略有增加，桥轴线断面局部流速增加较大，10年一遇流量条件下，主航道内（Z4#墩与Z#5墩之间）流速增加的幅度一般在0.05～0.16 m/s。

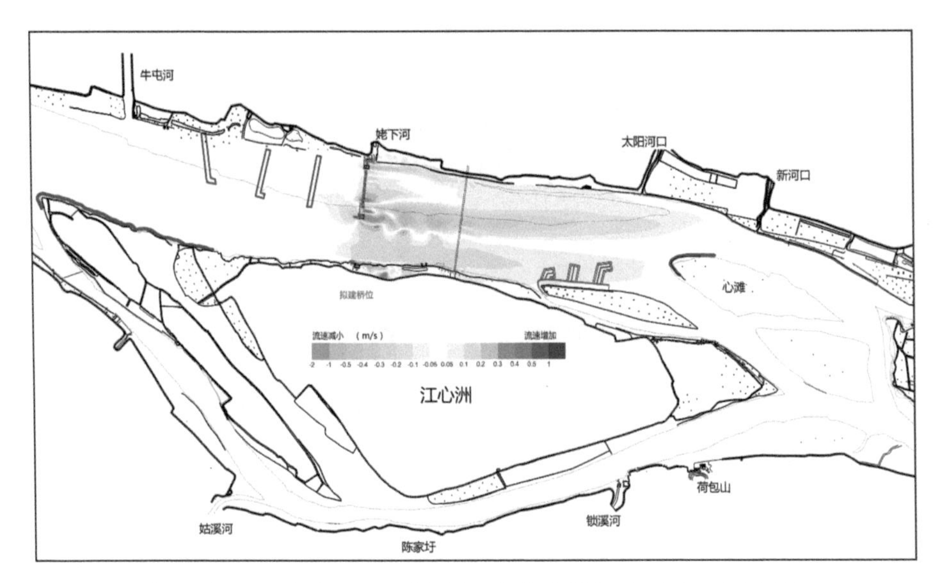

图6.2-4 桥+临时工程前后流速变化等值线图(10年一遇流量)

6.2.3.2 河床冲淤的影响分析

(1) 河床冲淤变化

桥+临时工程方案实施后工程引起的冲淤变化限于桥轴线上游0.7 km、桥轴线下游7.8 km，航槽沿程总体有所冲刷，幅度一般在0.1～0.9 m，桥轴线断面航槽冲刷最大。

(2) 10.5 m线变化

平常水沙年条件下，无工程条件下10.5 m航槽右缘有所冲刷展宽，桥轴线附近10.5 m左边线冲刷展宽约80 m，桥+临时工程方案实施后桥墩附近10.5 m线展宽约95 m，其他区域变化很小。

大水年条件下，无工程条件下桥轴线附近10.5 m左边线冲刷展宽约140 m，桥+临时工程方案实施后桥墩附近10.5 m线展宽约170 m，其他区域变化很小。

系列年条件下，无工程条件下桥轴线附近 10.5 m 左边线冲刷展宽约 220 m，桥＋临时工程方案实施后桥墩附近 10.5 m 线展宽约 265 m，下游心滩左汊过渡段 10.5 m 线宽度与无工程趋势预测相比缩窄 13 m 左右。

综上所述，桥＋临时工程方案实施后航槽内流速略有增加，桥轴线附近航槽有所冲刷；桥轴线下游心滩左汊过渡段航槽 10.5 m 线宽度与无工程趋势预测相比有所缩窄。

6.2.4 建桥对整治建筑物的影响分析

本河段已实施工程包括江心洲至乌江河段航道整治一期工程和江心洲水道航道整治工程。

（1）江心洲至乌江河段航道整治一期工程

江心洲至乌江河段航道整治一期工程包括：牛屯河边滩 3 条护滩带工程、彭兴洲洲头及其左缘护岸工程、江心洲洲头及左缘上部护岸工程，本工程于 2012 年竣工。

（2）江心洲水道航道整治工程

江心洲河段航道整治工程包括江心洲心滩滩头护岸工程、上何家洲洲头 3 条护底带及护岸工程、彭兴洲、江心洲左缘、太阳河口护岸加固工程，本工程于 2019 年竣工。

牛屯河边滩 3 条护滩带及彭兴洲洲头护岸工程均位于桥位上游，其中第 3 条护滩带与桥位之间最短距离为 1.2 km，从模型计算结果看，大桥施工期临时工程对桥位上游 3 条护滩带影响较小。

江心洲水道航道整治工程位于桥位下游，上何家洲洲头护底带与桥位距离 4.3 km，根据数学模型计算结果（见图 6.2-5），临时工程实施后，上何家洲洲头 3 条护底带周围流速均有所增加，增加幅度 0.01～0.04 m/s，河床相对冲刷 0.1～0.3 m，护底带头部冲刷幅度相对较大；心滩滩头护岸工程附近流

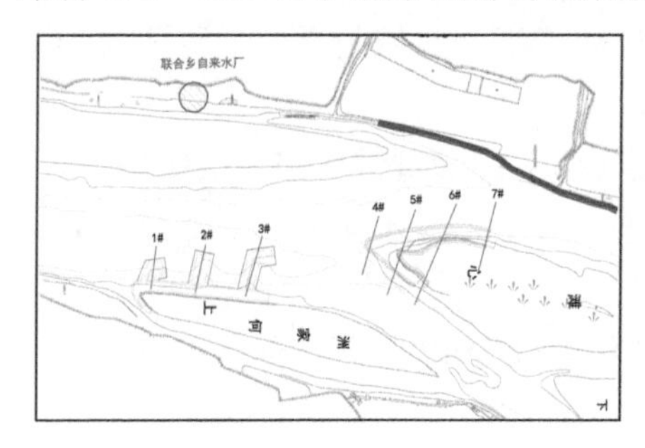

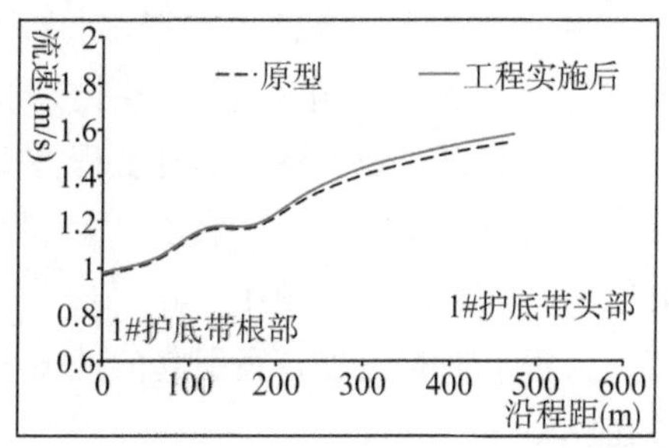

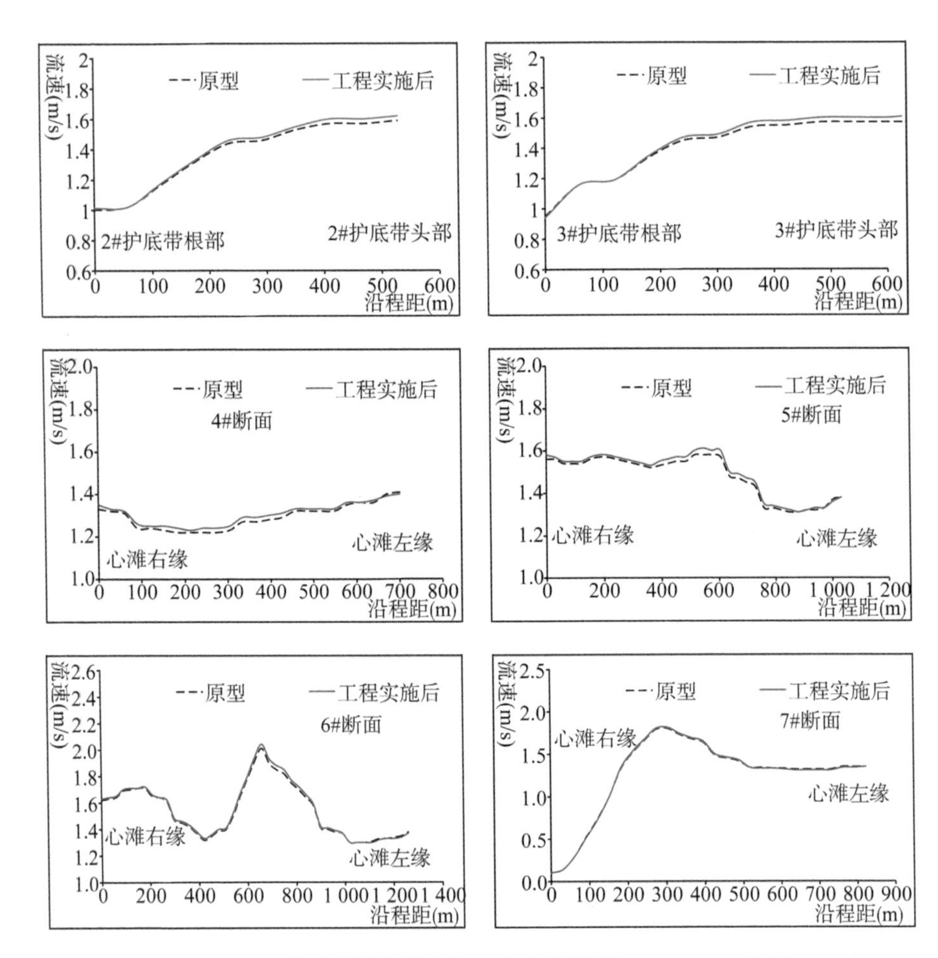

图 6.2-5　整治建筑物所在断面流速变化图(Q=45 000 m^3/s)

速有所增加，增加幅度 0.01～0.02 m/s，河床相对冲刷 0.1～0.2 m。

6.2.5　建桥对郑蒲港港区的影响分析

20 年一遇水文条件下沿程水位变化限于工程区域附近。下游郑蒲港港区距离较远，水位变化对港区没有影响。

为了更好的分析桥＋临时工程方案实施对郑蒲港港区流速的影响，本次研究在太阳河口上下游选取了 21 个测点，20 年一遇水文条件下郑蒲港港区附近流速减小幅度一般在 0.02～0.06 m/s。

从桥＋临时工程方案引起的冲淤变化可以看出，郑蒲港港区附近淤积一般在 0.1～0.3 m。

表6.2-2 20年一遇流量工程前后郑蒲港港区沿程流速变化

测点	坐标-X(m)	坐标-Y(m)	工程前流速(m/s)	工程后流速(m/s)	变化(m/s)
L-1	631 395.266 3	3 502 736.780 5	0.69	0.63	−0.06
L-2	631 407.088 3	3 502 941.008 8	0.68	0.62	−0.06
L-3	631 423.977 0	3 503 099.665 4	0.66	0.63	−0.03
L-4	631 439.176 5	3 503 251.570 6	0.60	0.57	−0.03
L-5	631 443.200 4	3 503 390.005 5	0.51	0.48	−0.03
L-6	631 465.562 3	3 503 545.106 6	0.45	0.42	−0.03
L-7	631 483.441 2	3 503 685.280 5	0.44	0.41	−0.03
L-8	631 501.313 4	3 503 837.101 9	0.42	0.39	−0.03
L-9	631 522.197 6	3 503 993.711 9	0.37	0.35	−0.02
L-10	631 537.091 2	3 504 142.556 3	0.44	0.42	−0.02
L-11	631 556.452 6	3 504 279.493 4	0.37	0.35	−0.02
L-12	631 584.781 6	3 504 431.783 0	0.36	0.34	−0.02
L-13	631 602.653 8	3 504 614.861 6	0.38	0.36	−0.02
L-14	631 642.866 0	3 504 806.870 9	0.40	0.38	−0.02
L-15	631 689.332 5	3 505 000.303 6	0.40	0.38	−0.02
L-16	631 714.730 6	3 505 164.754 7	0.40	0.38	−0.02
L-17	631 757.626 6	3 505 334.759 6	0.44	0.42	−0.02
L-18	631 815.711 1	3 505 538.676 6	0.49	0.48	−0.01
L-19	631 879.981 8	3 505 720.921 9	0.58	0.57	−0.01
L-20	631967.062 4	3 505 918.327 3	0.79	0.78	−0.01
L-21	632 086.001 9	3 506 081.770 6	1.16	1.15	−0.01

6.2.6 防护措施建议

天然条件下受牛屯河边滩淤积下延影响，郑蒲港码头前沿水域范围受到挤压近期已不满足5 000吨船舶的常年通航要求，同时牛屯河边滩尾部下延挤压下游心滩左侧主航道、心滩右汊发展，左汊过渡段主航道条件趋差。桥＋施工期临时工程实施对桥轴线附近江心洲左缘、下游郑蒲港港区、心滩及左汊存在一定不利影响；为减小临时工程对河段的不利影响，宜采取必要的应对措施，但河段已有多期航道整治工程研究均表明由于河段的敏感性和复杂性，无论对于天然变化还是人类活动造成的河段不利变化均不宜采取较激烈的调整手段。基于以上认识，为减少临时工程对心滩左汊和郑蒲港作业区的不利影响，桥梁及临时工程施工前后除加强观测外，还提出如下应对措施。

（1）桥梁施工前：应先对桥轴线上游 300 m 至上何家洲之间流速增加明显区域岸坡进行守护加固；对 Z4＃墩（中主墩）周边（尤其在 Z4＃墩和 1 800 t 提升站间边滩低滩区域）流速增大幅度较大且局部冲刷明显区域采用抛枕进行预防护。

根据 Z4＃墩至 1 800 t 提升站周围局部冲淤范围和河段已有岸滩防护的经验初步确定预防护范围：右侧至－10 m 水深，左侧至 Z4＃墩左 200 m，下游至桥轴线以下 550 m，上游至桥轴线以上 220 m。

（2）桥梁施工期

为不影响施工期左汊 10.5 m 水深航道通畅和郑蒲港正常运营，应在目前航道维护尺度和港区实际运行水深的基础上进行防护，当富余水深在 1.0 m 左右时，应加密观测频次，做好预警工作；当富余水深小于 0.5 m 时，应及时定点进行清淤工作，确保郑蒲港港区、心滩左汊航道正常运行。

同时在施工期河床地形动态观测基础上，开展跟踪研究分析工作，每年度枯水期及时采取必要的疏浚措施，避免由于临时工程影响产生累积性淤积影响航道和港区运行。

（3）临时工程拆除后：心滩左汊主航道、郑蒲港区及进出港航道进行恢复疏浚。

心滩左汊主航道恢复疏浚范围：以江乌二期航道整治工程设计整治线为准，面积约 87 万 m^2（数学模型基于试验地形和已有水文条件计算确定，下同）。疏浚深度：桥＋临时工程影响条件下心滩左汊主航道地形—现状无桥预测地形，疏浚深度 0.2～0.6 m（加适当超深）。

郑蒲港区恢复疏浚范围：按照确保船舶靠离泊要求按 10 000 t 级集装箱船船型尺度最小回旋水域计算，面积约 13 万 m^2。疏浚深度：桥＋临时工程影响条件下港区地形—现状无工程预测地形，疏浚深度 0.2～0.6 m（加适当超深）。

6.2.7 应对方案效果

针对上述桥梁施工后恢复性疏浚范围和深度，开展了认识性计算，在桥＋临时工程施工后系列年末地形基础上，拆除临时工程，并对郑蒲港港区及进出港航道、心滩左汊过渡段进行恢复性疏浚措施，对心滩两汊分流比变化和断面流速变化进行了计算。

(1) 分流比变化

心滩两汊分流比变化见表6.2-3。由表可知:通过实施应对措施,与桥+临时工程实施后相比,心滩左汊分流比有所增加,50 000 m³/s流量下,心滩左汊分流比增加幅度为0.18%。

表6.2-3　与现状相比心滩左汊分流比减小值

(单位:%)

工况	40 000 m³/s	45 000 m³/s	50 000 m³/s
桥+临时工程	−0.10	−0.26	−0.38
仅建桥	−0.06	−0.11	−0.12
应对方案后	−0.08	−0.15	−0.20

注:表中分流比均较现状相比,“−”表示减小。

(2) 流速变化

在桥+临时工程系列年末地形基础上,拆除临时工程并对郑蒲港港区、进出港航道、心滩左汊过渡段进行恢复性疏浚措施后,心滩左汊过渡段流速有增有减,45 000 m³/s平滩流量下,变化幅度±0.05 m/s;郑蒲港港区流速有增有减,变化幅度±0.18 m/s,随着流量增加,流速变化幅度越来越小。

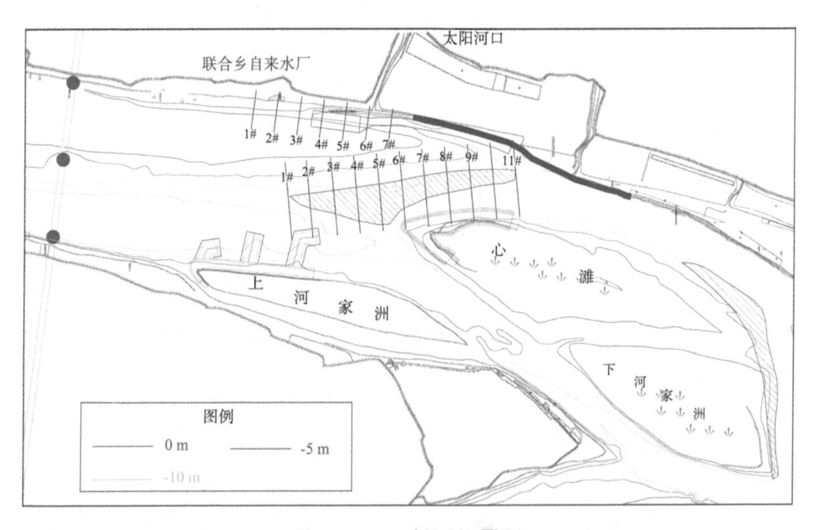

图6.2-6　断面位置图

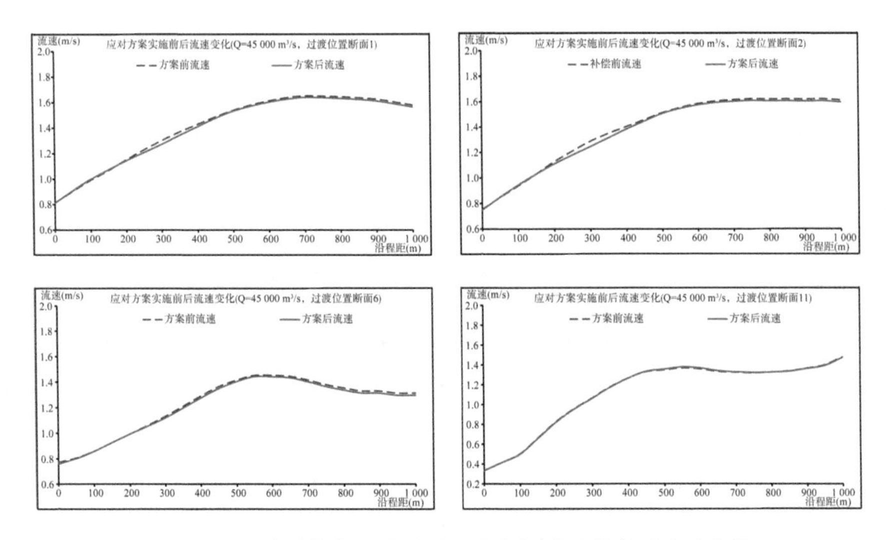

图 6.2-7　应对措施实施前后心滩左汊过渡段断面流速变化

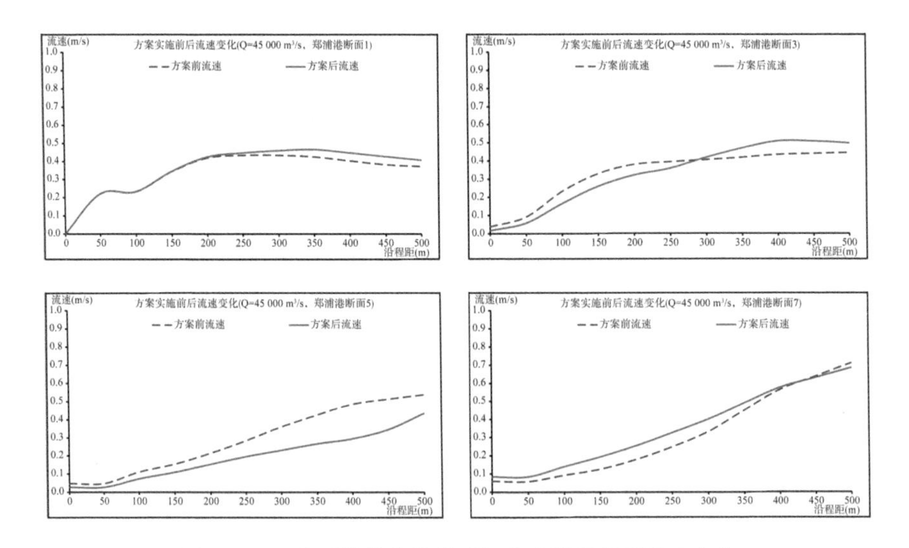

图 6.2-8　应对措施实施前后郑蒲港港区断面流速变化

6.3　本章小结

以长江中游戴家洲河段燕矶大桥、长江下游马鞍山长江公铁大桥为例，研究了建桥及施工期涉水影响，提出了桥梁建设期防护措施建议。

(1) 建桥对燕矶大桥桥区河段河势、航道以及防洪等未带来明显的不利影响，但桥墩位于两侧岸坡，冲刷对桥址附近两侧岸坡的稳定有一定影响，建议加强桥址附近岸坡防护。

（2）研究表明系列年马鞍山长江公铁大桥桥区河段整体冲淤影响至太阳河口附近，大洪水条件下桥下游牛屯河边滩冲淤范围增加，影响至太阳河口下游，甚至心滩左汊中下段也存在零星淤积，因此，大洪水年不仅要关注郑蒲港和心滩左汊主航道冲淤，还应关注该区域变化对下游河段的影响。

（3）桥轴线附近牛屯河边滩局部滩面流速增加明显，建议对牛屯河边滩滩面局部流速增大明显区域加强观测，必要时实施一定的防护措施。

（4）桥梁＋临时工程实施不会对桥轴线附近航道造成明显不利影响，但由于施工期施工船舶作业区位于左、右侧航道边缘，从实测船舶航迹线来看，Z4＃主墩周围临时工程位于高水期上行中小船舶航迹线边缘，因此，要加强施工水域通航安全管理，避免过往船舶驶入施工水域。

参考文献

[1] 钱宁,张仁,李九发,等.黄河下游挟沙能力自动调整机理的初步探讨[J].地理学报,1981(2):143-156.

[2] 钱宁,万兆惠.泥沙运动力学[M].北京:科学出版社,1983.

[3] 张晓鹤.近期长江河口河道冲淤演变及其自动调整机理初步研究[D].上海:华东师范大学,2016.

[4] 石盛玉.近期长江河口潮区界变动及河床演变特征[D].上海:华东师范大学,2017.

[5] 石盛玉,程和琴,郑树伟,等.三峡截流以来长江洪季潮区界变动河段冲刷地貌[J].海洋学报,2017,39(3):85-95.

[6] 吴帅虎.河口河槽演变对人类活动的响应[D].上海:华东师范大学,2017.

[7] 张细兵,余新明,金琨.桥渡壅水对河道水位流场影响二维数值模拟[J].人民长江,2003,34(4):23-24+40+48.

[8] 李光炽,周晶晏,张贵寿.高桩码头对河道流场影响的数值模拟[J].河海大学学报(自然科学版),2004,32(2):216-220.

[9] 曹民雄,甘小荣,周丰年,等.潮汐河段桥墩对水流影响的数值计算与分析[J].人民长江,2006,37(4):81-84.

[10] 袁雄燕,徐德龙.丹麦 MIKE21 模型在桥渡壅水计算中的应用研究[J].人民长江,2006,37(4):31-32+52.

[11] 陈绪坚,胡春宏.桥渡壅水平面二维数学模型模拟研究[J].中国水利水电科学研究院学报,2003,1(3):194-199.

[12] 张玮,吴苏舒,徐宿东.南京外秦淮河三山桥拓宽工程洪水壅高数值模拟[R].南京:河海大学交通学院,2004.

[13] 王晓姝.上海近海风电场桩群对潮流影响数值研究[D].南京:河海大学,2007.

[14] 解鸣晓,张玮.桩墩影响下的水动力数值模拟[J].水利水电科技进展,2008,28(3):20-24.

[15] 张玮,解鸣晓.桩墩壅水数值计算方法[J].水利水电科技进展,2008,28(5):25-28+70.

[16] CHARBENEAU R J,HOLLEY E R. Backwater effection bridge piers in subcritical flow[R]. Austin:Center for transportation research,2001.

[17] 周华兴,孙玉萍. 墩柱受水流作用时阻力系数的试验研究[R]. 天津:交通部天津水运工程科学研究所,1985.

[18] SMAGORINSKY J S. General circulation experiments with the primitive equations: the basic experiment[J]. Monthly Weather Review,1963,91:99-164.

[19] 李家星,赵振兴. 水力学[M]. 南京:河海大学出版社,2001.

[20] 陆浩,高冬光. 桥梁水力学[M]. 北京:人民交通出版社,1991.

[21] SARKER M D. Flow measurement around scoured bridge piers using Acoustic-Doppler Velocimeter(ADV)[J]. Flow Measurement and Instrumentation,1998,9(4):217-227.

[22] BALL D J. Simulation of piers in hydraulic models[J]. Jourmal of the Waterways, Harbors and Coastal Engineering Division,ASCE,1974,100(1):18-27.

[23] BALL D J. ,Hall C D. Drag of yawed pile groups at low reynolds numbers[R]. New York:ASCE,1980:106(WW2).

[24] 唐士芳,李蓓. 桩群阻力影响下的潮流数值模拟研究[J]. 中国港湾建设,2001,10(5):25-29.

[25] 唐士芳. 二维潮流数值水槽的桩群数值模拟[J]. 中国港湾建设,2002,6(3):14-16+21.

[26] 赵晓冬. 桩群阻力研究及模型码头桩群计算[R]. 南京:南京水利科学研究院,1996.

[27] 邓绍云. 桩柱水流绕流阻力特性及其计算[J]. 中国港湾建设,2007(1):4-6.

[28] 邓绍云,张嘉利. 桩群阻力测试的研究[J]. 华北水利水电学院学报,2007,28(2):86-90.

[29] 邓绍云. 桩基绕流阻力特性研究现状与展望[J]. 水运工程,2006,9(9):10-15.

[30] AHAMED A, KHAN M. Visualization and image processing of juncture vortex system[C]//proceedings of the 7th ISFV. New York:Beyell Hause,1995.

[31] BAKER C J. The laminar horseshoe vortex [J]. Journal of Fluid Mech,1979,95(2):347-367.

[32] Gill,M A. Erosion of sand beds around spur dikes [J]. J Hydr,ASCE,1972,98(9):1587-1602.

[33] LAI X,YIN D,FINLAYSON B L,et al. Will river erosion below the Three Gorges Dam stop in the middle Yangtze? [J]. Journal of Hydrology,2017,554:24-31.

[34] LIU G F, ZHU J R, WANG Y Y,et al. Tripod measured residual currents and sediment flux:Impacts on the silting of the Deepwater Navigation Channel in the Changjiang Estuary [J]. Estuarine Coastal & Shelf Science,2011,93(3):192-201.

[35] U. S. Department of Transportation FHWA. User's manual for FESWMS FST2DH [Z]. 2002.

[36] YANG Y P, ZHANG M J, LIU W L, et al. Relationship between waterway depth and low-flow water levels in reaches below the Three Gorges Dam[J]. Journal of Waterway Port Coastal and Ocean Engineering, 2019, 145(1): 04018032.

[37] YANG S L, MILLIMAN J D, Li P, et al. 50,000 dams later: Erosion of the Yangtze River and its delta [J]. Global & Planetary Change, 2011, 75(1): 14-20.

[38] ZHENG S W, CHENG H Q, SHZ S Y, et al. Impact of anthropogenic drivers on subaqueous topographical change in the Datong to Xuliujing reach of the Yangtze River[J]. Science China Earth Sciences, 2018, 61(7): 1-11.

[39] ZHENG S W, CHENG H Q, ZHOU Q P, et al. Morphology and mechanism of the very large dunes in the tidal reach of the Yangtze River, China[J]. Continental Shelf Research, 2016, 139: 54-61.

[40] ZHANG W, YUAN J, HAN J Q, et al. Impact of the Three Gorges Dam on sediment deposition and erosion in the middle Yangtze River: a case study of the Shashi Reach [J]. Hydrology Research, 2016, 47(S1): 175-186.

[41] 陈晓云. 福姜沙水道深水航道选汊分析[J]. 水运工程, 2014, 489(3): 1-7.

[42] 陈小莉. 局部绕流冲刷机理及数值模拟研究[D]. 北京: 清华大学. 2008.

[43] 高正荣, 黄建维, 卢中一. 长江河口跨江大桥桥墩局部冲刷及防护研究[M]. 北京: 海洋出版社, 2005.

[44] 黄建维, 高正荣, 卢中一. 大型群桩基础局部冲刷防护技术专题报告[R]. 南京: 南京水利科学研究院, 2006.

[45] 姜宁林, 陈永平, 费锡安. 长江口福姜沙河段河床演变分析[J]. 水利科技与经济, 2011, 17(6): 8-9+20.

[46] 假冬冬, 夏海峰, 陈长英, 等. 岸滩侧蚀对航道条件影响的三维数值模拟——以长江中游太平口水道为例[J]. 水科学进展, 2017, 28(2): 223-230.

[47] 中华人民共和国交通运输部. 公路工程水文勘测设计规范: JTG C30—2015[S]. 北京: 人民交通出版社, 2015.

[48] 李奇, 王义刚, 谢锐才. 桥墩局部冲刷公式研究进展[J]. 水利水电科技进展, 2009, 29(2): 85-88+94.

[49] 李勇, 余锡平. 往复流作用下悬移质泥沙运动规律的数值研究[J]. 水动力学研究与进展 A 辑, 2007, 22(4): 420-426.

[50] 李明. 长江中下游浅滩演变对水沙条件变化的响应机理及治理对策研究[D]. 武汉: 武汉大学, 2013.

[51] 刘洪春, 张伟, 李文全, 等. 东流水道左岸边滩演变特征及其对航道条件影响分析

[J]. 水运工程,2013,482(8):110-114.

[52] 刘星童,徐一民,渠庚. 长江马鞍山河道演变影响因素分析[J]. 中国水运,2020(4):88-90.

[53] 曲红玲,马洪亮. 长江南京以下 12.5 m 深水航道福姜沙河段整治效果分析[J]. 水运工程,2019,564(12):7-13+38.

[54] 孙计超,何友声,刘桦. 一种新的往复流试验平台及其泥沙冲刷试验研究[J]. 力学季刊,2000,21(2):149-156.

[55] 沈淇,王巍,顾峰峰. 长江下游江阴—福姜沙弯曲与分汊过渡河段边滩演变研究[J]. 泥沙研究,2020,45(2):23-30.

[56] 孙昭华,冯秋芬,韩剑桥,等. 顺直河型与分汊河型交界段洲滩演变及其对航道条件影响——以长江天兴洲河段为例[J]. 应用基础与工程科学学报,2013,21(4):647-656.

[57] 王飞. 砂质河床桥墩局部冲刷深度预测及数值模拟研究[D]. 北京:中国地质大学,2017.

[58] 王晨阳,李孟国,李文丹. 港珠澳大桥工程二维潮流数学模型研究[J]. 水道港口,2010,31(3):187-194.

[59] 王建军,杨云平,申霞,等. 长江下游福姜沙河段边心滩演变及对航槽冲淤影响研究[J]. 应用基础与工程科学学报,2020,28(4):751-762.

[60] 汪飞,李义天,刘亚,等. 三峡水库蓄水前后沙市河段滩群演变特性分析[J]. 泥沙研究,2015(4):1-6.

[61] 闻云呈,徐华,夏云峰,等. 新水沙条件下靖江边滩演变特性及影响因素研究[J]. 人民长江,2018,49(S1):6-10.

[62] 徐元,龚鸿锋,张华. 长江下游福姜沙河段 12.5 m 水深主航道选汊研究[J]. 水运工程,2014,491(5):1-7.

[63] 徐韦,程和琴,郑树伟,等. 长江南京段近 20 年来河槽演变及其对人类活动的响应[J]. 地理科学,2019,39(4):663-670.

[64] 应翰海,谭志国,闻云呈,等. 长江下游高港边滩演变趋势及其对深水航道的影响[J]. 水运工程,2020,571(7):111-114.

[65] 杨云平,张明进,樊咏阳,等. 长江河口悬沙颗粒特征变化趋势及成因[J]. 应用基础与工程科学学报,2016,24(6):1203-1218.

[66] 杨云平,李义天,韩剑桥,等. 长江口潮区和潮流界面变化及对工程响应[J]. 泥沙研究,2012(6):46-51.

[67] 杨云平,郑金海,张明进,等. 长江下游潮流界变动段三益桥边滩与浅滩演变驱动机制分析[J]. 水科学进展,2020,31(4):502-513.

[68] 杨兴旺,林强. 长江下游福姜沙北水道近期演变分析及维护对策研究[J]. 水道港口,

2013,34(1):50-54.
[69] 郑树伟.长江汉口至吴淞口河槽冲淤与微地貌演变对人类活动的自适应行为研究[D].上海:华东师范大学,2018.
[70] 张为.水库下游水沙过程调整及对河流生态系统影响初步研究[D].武汉:武汉大学,2006.
[71] 张明进.新水沙条件下荆江河段航道整治工程适应性及原则研究[D].天津:天津大学,2014.
[72] 张华庆,魏庆鼎.墩前角涡实验研究[J].水动力学研究与进展A辑,2003,18(2):217-223.
[73] 张春江.秦皇岛近海海区往复流周期分析算法初探[J].科技创新导报,2010(16):113-115.
[74] 张旭东,金震宇,刘红,等.福姜沙北水道12.5 m深水航道疏浚方案的难点与对策[J].水运工程,2017,536(11):146-151+185.
[75] 周玉利,王亚玲.桥墩局部冲刷深度的预测[J].西安公路交通大学学报.1999,19(4):48-50.
[76] 朱炳祥.国内桥墩局部冲刷研究的主要成果[J].中南公路工程,1986(3):39-45.
[77] 朱玲玲,张为,葛华.三峡水库蓄水后荆江典型分汊河段演变机理及发展趋势研究[J].水力发电学报,2011,30(5):106-113.
[78] 张植堂,林万泉,沈勇健.天然河弯水流动力轴线的研究[J].长江水利水电科学研究院院报,1984(1):47-57.
[79] 张瑞瑾.河流泥沙动力学[M].北京:水利电力出版社,1998.
[80] 韩其为.非均匀悬移质不平衡输沙[M].北京:科学出版社,2013.
[81] 窦国仁,赵士清,黄亦芬.河道二维全沙数学模型的研究[J].水利水运科学研究,1987(2):1-12.
[82] 唐存本.泥沙起动规律[J].水利学报.1963(2):1-12.
[83] 吴伟明,李义天.非均匀沙水流挟沙力研究[J].泥沙研究,1993(4):81-88.
[84] Van Rijn. Unified view of sediment transport by currents and waves. Ⅰ:Ⅰ initiation of motion, bed roughness, and bed-load transport [J]. Journal of Hydraulic Engineering, 2007,133(6):649-667.
[85] Van Rijn. Principles of sediment transport in rivers, estuaries and coastal seas[M]. Den Haag:Aqua Publications, 1993.
[86] 张红武,汪家寅.沙石及模型沙水下休止角试验研究[J].泥沙研究,1989(3):90-96.
[87] 金腊华,石秀清.试论模型沙的水下休止角[J].泥沙研究,1990(3):87-93.